高等院校计算机教育规划教材

Java 程序设计

王建新　编著

中国铁道出版社
CHINA RAILWAY PUBLISHING HOUSE

内 容 简 介

本书共有9章，重点内容是Java语言中类和对象等面向对象特征、接口和泛型、常用类、异常处理、输入/输出、图形界面设计、多线程编程、小应用程序和网络编程等。

本书的第一个特点是不只单纯介绍Java语言的语法，而是用几条基本原理解释Java规定其语法的原因，便于读者更好地理解、记忆和运用Java语法。第二个特点是全书的知识讲解配合了大量的实例，通过实际程序理解抽象概念，并增强动手能力。

本书适合作为高等院校的教材，也可以作为计算机等级考试二级Java的考试参考书，还可供希望全面了解Java的自学者使用。

图书在版编目（CIP）数据

Java程序设计/王建新编著. —北京：中国铁道出版社，2008.4

（高等院校计算机教育规划教材）

ISBN 978-7-113-08734-0

Ⅰ.J… Ⅱ.王… Ⅲ. JAVA语言－程序设计－高等学校－教材 Ⅳ.TP312

中国版本图书馆CIP数据核字（2008）第043787号

书　　名：Java程序设计
作　　者：王建新　编著

策划编辑：严晓舟　　秦绪好
责任编辑：翟玉峰　　刘彦会　　　　**编辑部电话：**（010）63583215
封面制作：白　雪　　　　　　　　　**责任印制：**李　佳

出版发行：中国铁道出版社（北京市宣武区右安门西街8号　　邮政编码：100054）
印　　刷：河北省遵化市胶印厂
版　　次：2008年5月第1版　2008年5月第1次印刷
开　　本：787mm×1092mm　1/16　印张：18.25　字数：418千
印　　数：1～5 000册
书　　号：ISBN 978-7-113-08734-0/TP·2766
定　　价：28.00元

高等院校计算机教育规划教材

编委会名单

出版说明

自20世纪80年代开始，随着我国教育事业的不断发展，在非计算机专业的大学生中普及计算机知识与应用技能的计算机基础教育也在不断发展和完善。在我国普通高校计算机基础教育中，目前普遍采用1+X课程体系，即开设一门涉及计算机（信息）知识面较广泛的计算机基础公共课和若干门有一定深度的计算机应用技术课的课程体系。为了适应广大高校师生对计算机教材的需求，本社特邀请（按学校名称拼音排序）北方工业大学、北京城市学院、北京理工大学、北京联合大学、北京林业大学、中国人民大学、中国政法大学及社内一些专家组成编委会，请有丰富教学经验、从事计算机基础教育多年的教师编写了这套高等院校计算机教育规划教材。本系列教材特点如下：

1. 读者对象明确，内容符合教育部对大学计算机教育的基本要求

本系列教材的主要读者是普通高校非计算机专业大学低年级学生。本系列教材从应用出发，以1+X方式组织教学内容，适应不同专业的需求。本系列教材主要包括有关程序设计、数据库技术、多媒体与网络技术、硬件技术等方面的基础知识。本书在编写过程中统筹考虑主要知识点在各课程中的分布与比重，满足教育部提出的对大学计算机教学的基本要求，为学生今后结合所学专业，进一步学习和应用计算机打下坚实的基础。

2. 贯彻以学生为主的教学思想

目前入学的多数大学生已在中学学习了一些信息技术方面的基础知识，但由于各种原因，实际知识水平有些差别。为了满足部分学生在达到本校计算机课程学习目标的同时，也能满足参加校外各种计算机等级考试的需求，本系列教材中，作为选修部分也涵盖了《全国计算机等级考试考试大纲（2004 年版）》的主要内容，特别在习题与实验指导书中也增加了这方面有针对性的训练内容。

3. 提供立体化教材，方便教与学

本系列教材包括主讲教材、辅助教材和自学辅导光盘，另外从我社的网站可免费下载相关课程的电子课件及习题答案。

主讲教材采用任务驱动的教学模式，引导学生在完成若干任务的过程中学习计算机的基本理论与技术知识，每一教学单元的前面都有相关知识点提示。

辅助教材包括习题课与实验课的主要内容。教材中以大量实例讲解分析问题的思路和解决问题的方法。

自学辅导光盘包括我社专为参加计算机等级考试的读者出版的模拟考试环境软件，读者可以通过自学，熟悉某课程考试的过程，通过试做光盘中提供的多套模拟考题取得一定的参加考试的经验。

4. 广泛采用专家研究成果

我国的计算机基础教育经过 20 多年的研究与实践，在教育理念、教学目标、教学内容和教学方法各个方面的研究中取得了丰硕成果。在本系列教材的编写过程中，广泛地吸收了教育部有关计算机教育的教学指导委员会、全国高等院校计算机基础教育研究会、教育部考试中心等单位的专家意见和研究成果，以确保教材的科学性、先进性和实用性。在此对各位专家表示衷心的感谢。

计算机技术发展迅速，读者需求面广，显然一本书、一套教材不能满足广大读者的需求。本社将继续本着对读者高度负责的态度，不断推出定位准确、内容翔实、技术先进、符合教学规律的计算机教材，为我国计算机教育事业的发展和信息化建设做出贡献。

欢迎广大读者对本系列教材的不足之处提出宝贵的批评和建议。

中国铁道出版社

2005 年 7 月

前　言

Java 语言因为其简单性和平台无关性等优秀特性，已经成为软件开发组织和人员的首选语言。Java 语言有强大的网络支持能力，很快成为 Internet 世界的通用语言。

本书全面讲解 Java 语言的基础知识和基本编程技巧，原理性和实用性并重。与 C++语言比较，Java 语言虽然简单，但有些语法规定也是难于理解的。编者根据自己的 Java 开发和教学经验，总结了 Java 语言的几条基本原理，用于分析 Java 中难以理解的语法规定。例如，简单化原理可以解释 Java 做出的重大取舍，“三段论”原理可以透彻地解释对象上转型、接口回调、重写方法访问权限不变窄的规定和异常声明不变宽的规定等。

除了讲解基本原理外，本书非常重视实用化和学以致用。全书共有 120 多个能够独立运行的实例程序，涵盖了 Java 编程中最常用和最需要的内容。本书以 JDK 1.4 为基础，并介绍了 JDK 1.5 的一些新特性，全书实例程序全部在 JDK 1.5 环境中通过了编译和运行测试。

全书共分为 9 章。第 0 章介绍了 Java 的历史和特点，给出了编者总结出的 Java 的基本原理，以及介绍了 Java 的开发、运行环境和阅读本书的注意事项等。第 1 章讲述 Java 语言的基础语法，这是必须掌握的内容；但由于这些内容和其他许多语言相似，本章的重点在 Java 独特的基础语法。第 2 章和第 3 章介绍了 Java 语言的面向对象的特点，包括类和对象、继承和多态、接口和泛型等重要概念。这两章是本书的重中之重。第 4 章介绍 Java 编程中最常用的几个重要的类。第 5 章全面讲述了 Java 的异常处理机制。第 6 章讲述 Java 的输入/输出和对象串行化等内容。第 7 章以较大篇幅讲述图形化编程，也是本书的重点。第 8 章介绍 Java 语言的一些高级特性，包括多线程编程、Java 小应用程序、网络编程和 Java 的数据库编程等内容。

本书全部由王建新编写完成。在本书的策划和编写过程中还得到了毛汉书教授的多次指导和帮助；在书稿的修改阶段，于海萍、王娜、李力人、李生珍、黄金燕、张慧萍等提出了许多有益的修改意见和建议，在此表示衷心的感谢。

Java 技术博大精深，发展异常迅猛。鉴于作者的水平有限，书中如果存在不妥之处，恳请读者批评指正。

我们的联系电话是 010-62338372。电子信箱是 wangjx5000@yahoo.com.cn。

编　者

2007 年 12 月

目　录

第0章 绪 论

自计算机诞生之日起，人们为了利用计算机解决实际问题，就发明了与计算机进行交流的各种语言，即计算机语言。Java 语言是其中优秀的代表之一。经过十多年的发展，Java 已经成为编程人员的首选语言。

本章主要内容：

- Java 语言的历史和现状
- Java 语言的特征
- Java 虚拟机和 Java 运行平台
- 学习 Java 语言的技巧

0-1 Java 的起源与发展

为了更好地学习 Java 这门编程语言，首先需要了解 Java 的历史和现状，以及它的发展前景。

0-1-1 Java 的起源

Java 诞生于 1995 年，它来自于 Sun 公司的一个称为 Green 的项目，主要贡献者是 James Gosling。其最初的目的是为家电消费电子产品开发一个分布式系统，这样用户可以把电子邮件发给电冰箱、电视机等家用电器，对它们进行控制。当时，C 语言已经很难满足人们的这一愿望，因为 C 语言总是针对特定的芯片将源程序编译为机器码，该机器码的运行就与特定的芯片指令有关，在其他不同类型的芯片（如不同类型、不同厂商的电子产品的芯片）上可能无法运行或出现运行错误，甚至可能引起设备的毁坏等灾难性后果。解决这个问题需要一门独立于特定芯片的语言，在这个需求下，Java 语言诞生了。

Java 的取名也很有趣。James Gosling 的办公室外面有一棵大橡树，他最初将 Java 语言命名为橡树的英文单词 oak，但后来发现已经有一门计算机语言叫 oak。有一天，几位 Java 的成员组人员讨论给这门新语言取什么名字时，他们当时正在咖啡馆喝着爪哇岛（Java）产的咖啡。有一个人建议说就叫 Java 怎么样？他的提议得到了其他人的赞赏，于是 Java 这个名字就传开了。

0-1-2 Java 的现状

Java 不仅适合开发大型的桌面程序，而且特别适合开发网络通信应用程序，已经成为目前技术开发中最常用的一种语言。Java 作为软件开发的革命性技术的地位已经确立。企业的解决方案正在从客户端/服务器（C/S）方式转换到浏览器/服务器（B/S）结构。在传统的 C/S 架构中，要针对不同的机器类型和操作系统类型编写不同的应用程序，开发难度大，而且难于维护。而在 B/S 结构中，终端用户的界面统一为 Internet 浏览器，这其中 Java 起了不可替代的巨大作用。Sun 公司是 Java 语言不断发展和完善的主要推动者，比较通用的编译环境有 JDK（Java Developers’ Kit）。Java 的发展还得到了许多软件开发商的大力支持，有很多其他公司正在开发 Java 语言的编译器与集成环境，如 IBM 的 Eclipse、微软公司的 Visual J++和 Borland 公司的 Jbuilder 等。

IT 行业对 Java 人才的需求正在不断增长，在 IT 行业发达的北美，有将近 60%的软件开发人员使用 Java 进行程序开发。

0-1-3 Java 与 C/C++的关系

Java 是在 C/C++的基础上提出的，其基本语法和风格与 C/C++的语法很接近，从某种意义上可以认为 Java 语言是 C++的一个变种。因为 C/C++已经被广泛接受，Java 可以借助 C/C++的流行而容易被接受。但是，Java 和 C++又是两种完全不同的语言，它们各有各的优势。C/C++的最大优势在于效率，而 Java 要比 C++简单，C++中许多容易混淆的概念或者被 Java 弃之不用，或者以一种更清楚、更容易理解的方式实现，如 Java 不再有指针的概念，也不再让程序员管理内存。Java 语言既易学又好用，但它并不是 C++语言的简化版，不是 C++的子集。

由于 C/C++的提出和推广比较早，它们比 Java 语言有着得天独厚的历史优势。但由于 Java 的许多优秀特点，已经有 Java 赶超 C/C++的趋势。Evans Data 公司在 2002 年做过一项调查发现，在北美，Java 的使用率已经接近 C/C++。

0-2 Java 的特征

Java 是一种简单、与平台无关、面向对象、健壮、安全、分布式、支持多线程、高性能、动态的程序设计语言。

1. 简单

Java 语言虽然继承了 C/C++的一些语法和风格，但它摒弃了 C/C++中一些含混不清且容易出问题的地方。例如，Java 放弃了 C/C++中指针的使用，这可以使程序的错误率大大降低。另外，Java 的内存管理是由系统自动完成的，这样，就把程序员从复杂的内存管理工作中释放出来，而专心于解决问题本身。

2. 平台无关性

与体系结构无关的特性使得 Java 应用程序可以在配备了 Java 解释器和运行环境的任何计算机操作系统上运行，不管这个操作系统是 Windows 还是 UNIX，或者是 Linux 等。能够在所有的计算机上运行，这也是 Java 风靡全球的主要原因。Java 语言确实具备了“一旦写成，处处可用”的特点。

3. 面向对象

面向对象编程是一种先进的编程思想，更加容易解决复杂的问题。面向对象编程主要体现在 3 个特性：封装、继承和多态。Fortran、C 等语言都是面向过程的语言，而 Visual Basic、Java 等是面向对象的语言。面向对象方法的出发点和基本原则，是尽可能地模拟人类习惯的思维方式，使软件开发的方法与过程尽可能接近人类认识世界解决问题的方法与过程，也就是使描述问题的问题域与实现解法的求解域在结构上尽可能一致。

与 C++语言相比，Java 语言是更纯粹的面向对象的语言。为了与 C 语言兼容，C++语言既有面向对象的成分，也有面向过程的成分。面向对象的方法可以缩小人的思维模式与计算机实现之间的差距，使得软件开发更容易实现，尤其是开发大型软件时，面向对象的方法比面向过程的方法更能体现出优越性。另外，面向对象的方法能够更好地实现软件的重用，提高软件开发的效率。面向对象的优越性在 Java 这门编程语言中充分体现出来。

更具体的面向对象的特点和方法将在第 2 章、第 3 章详细介绍。

4. 健壮

Java 进行强制的类型检查，即在编译和运行时都要查看变量是不是符合规定的类型。这种类型检查的操作能够帮助发现许多开发早期出现的错误。Java 不允许程序员操纵内存，而是系统自己控制内存，这样就减少了内存出错的可能性。

5. 分布式

Java 具有分布式计算的特征。分布式计算中，“分布”具有两层含义：一是数据分布，即应用系统所操作的数据可以分散存储在不同的网络节点上；二是操作分布，即应用系统的计算可由不同的网络节点完成。Java 实现了这两种层次上的分布。

Java 应用程序可以打开并访问网络上的对象，其访问方式与访问本地文件系统几乎完全相同。在分布环境中，尤其是 Internet 上，提供和访问动态分布式内容无疑是一项非常庞大的工作，但 Java 的分布式特性却使这项工作比较容易实现。

6. 安全

在分布式环境中，安全是一个非常重要的问题。当用户准备从网络上下载一个程序时，最大的担心是程序中包含有恶意代码，例如试图读取或删除本地计算机上的一些重要文件的恶意程序，甚至是一个病毒等。Java 主要从两个方面保证安全性。一方面，去掉了 C++ 中指针操作和释放内存等操作，避免了非法内存操作，使得程序运行在可控的范围内；另一方面，Java 语言在执行前要经过很多次的测试和校验，以确保以下几点：

（1）不存在伪造的引用。

（2）没有违反访问权限。

（3）访问对象时严格遵循访问对象的规范。

（4）用合适的参数调用方法。

（5）没有栈溢出等。

通过语言内在机制的控制，再加上字节码的严格验证，Java 建立了一套严密的安全体系。

7. 多线程

线程是比进程更小、更为经济的并发执行单位，它与进程的差异在于它不拥有单独的资源，而是与其他线程共享它们所属进程的部分资源。Java 提供的多线程功能使得在一个程序里可以同时执行多个小任务。目前单处理器的计算机在同一时刻只能执行一个线程，但通过不同线程之间的快速切换，感觉好像多个任务在同时执行。这是因为处理器速度非常快，远远超过了人们接收信息的速度，给用户以并发的感觉。而 C++没有内置的多线程机制，因此必须调用操作系统的多线程功能来进行多线程的程序设计。Java 的多线程技术能够使程序更加灵活和健壮。更重要的是它能使程序具有更好的交互性和实时控制的性能。

8. 高性能

Java 语言采用字节码解释运行的方式，这在一定程度上限制了 Java 程序的运行速度。

但由于字节码与机器码十分接近，使得字节码到机器码的转换十分快捷。Sun 公司用直接解释器 1 秒内可以调用 300 000 个过程，解释和翻译目标代码的速度与 C/C++的性能没有什么区别。

另外，Java 还提供了即时编译技术（Just In Time，JIT），即把将要执行的字节码一次编译成为机器代码，然后直接执行编译后的大块代码。这些技术使得 Java 语言在实现了可移植等特性的同时，又具有高性能。

9. 动态

Java 的动态性是其面向对象设计的延伸，是面向对象方法的发展。它允许程序动态地装入运行过程中所需要的类，这是 C++语言所无法实现的。在 C++程序设计中，每当在类中增加一个变量或一个成员函数后，引用该类的所有子类都必须重新编译，否则将导致程序崩溃。C++的类库升级之后，如果想让程序具有新类库提供的功能，程序就必须重新修改、编译。

Java 采用了新的方式解决这个问题。Java 编译器不是将实例变量和成员方法的引用编译为数值引用，而是将引用信息在字节码中保存并传给解释器，然后由解释器在程序执行时将引用信息转换为数值偏移量。这样，对类中的变量和方法进行更新时就不至于影响现存的代码，只要重新编译发生改变了的类即可。

0-3　Java 虚拟机与 Java 运行平台

Java 具有平台无关性，即 Java 的可执行程序独立于任何具体操作系统，而支撑 Java 的这种平台无关性特征的机制是 Java 的虚拟机。Java 的运行平台是 Sun 公司提供的用于开发和运行不同 Java 程序的不同版本。

0-3-1　Java 虚拟机

用 Fortran、C、C++、Java 等这些高级语言编写的程序是不能直接在机器上运行的，必须把源文件转换成机器指令，然后计算机去执行相应的机器指令。将高级语言编写的源程序转化成机器指令，经常使用两种方式：编译方式和解释方式。所谓编译方式，就是针对当前的 CPU，将源程序全部翻译成机器指令（称为目标程序），然后在计算机上执行目标程序。而解释方式不产生整个目标程序，而是根据当前的 CPU，边翻译边执行，翻译一句执行一句。无论哪种高级语言都必须提供相应的编译器或解释器。Fortran、C、C++等语言是编译执行的，脱离了编译时针对的运行环境后，要重新编译甚至重写程序才能运行。

而 Java 是解释执行的。Java 提供的编译器把源程序编译成被称为“字节码”的一个中间代码。“字节码”可以看作是 Java 的通用代码，是有别于具体语言的“世界语”。字节码是很接近机器码的二进制文件，不能被机器直接识别，但是可以在提供了 Java 运行环境平台的任何系统上被解释执行。所谓的 Java 运行环境平台，即 Java 虚拟机（JVM）。JVM 中的解释器负责将字节码解释成本地的机器码，这样就实现了 Java 语言的跨平台性，即程序在一次编写之后，可以到处执行，而不用再绑定到固定的机器或机型。

0-3-2 Java 的 3 种运行平台

为了实现 Java 平台无关性，必须为 Java 程序提供相应的运行平台，以便做到“编写一次，到处运行”。Sun 公司提供的 Java 运行平台分为下列 3 个版本：

（1）J2SE（Java 2 Standard Edition），Java 标准版或标准平台。利用该平台可以开发 Java 的桌面应用程序和低端的服务器应用程序。

（2）J2EE（Java 2 Enterprise Edition），Java 企业版或 Java 企业平台。J2EE 包含了 J2SE，并增加了附加类库，以便支持目录管理、交易管理和企业级消息处理等功能。

（3）J2ME（Java 微型版或 Java 小型平台）。这是一种很小的 Java 运行环境，用于嵌入式的消费产品中，包括移动电话、掌上电脑或其他无线设备等。

以上 3 个版本中，J2SE 是基础，学习 Java 必须从 J2SE 入手。上述 3 种平台中，J2EE 被认为是成长最快的技术应用框架，全球 87%的新应用都是由 J2EE 分布式应用体系支撑的。J2ME 的策略是赋予手机等移动终端本地计算的能力。这 3 种 Java 运行平台都包括了相应的 Java 虚拟机。登录 Sun 公司的网站 http://java.sun.com，就立刻能看到有关 J2SE、J2EE 和 J2ME 的介绍。

0-3-3 安装 J2SE 平台

本书基于 J2SE 学习 Java 语言和 Java 体系。J2SE 最早的名字叫 JDK（Java Developers' Kit），现在称为 SDK（Standard Developers'Kit）。J2SE 最早的 1.0 版本大约在 1996 年 2、3 月份开发出来，1.2 版本在 1998 年 12 月份开发出来，称为 Java 2。目前，Sun 公司已经发布了 J2SE 的 1.5 版本，本书除介绍 1.4 版本及以前的内容和特性外，还要介绍 1.5 版本的新特性。

安装 J2SE 平台，要分 4 步走：首先下载 JDK，再在机器上安装该产品，然后设置系统环境变量，最后进行系统环境 classpath 的设置。

（1）产品下载。登录 Sun 公司的网站 http://java.sun.com，可以免费下载 JDK 1.5（例如安装于 Windows 系统上的版本 jdk-1_5_0_06-windows-i586-p.exe）。

（2）安装 JDK 时可以自行选择安装目录。例如，如果把 JDK 安装到 D 盘的 D:\java\ jdk1.5.0_06 目录下，就会生成如图 0-1 所示的结构。

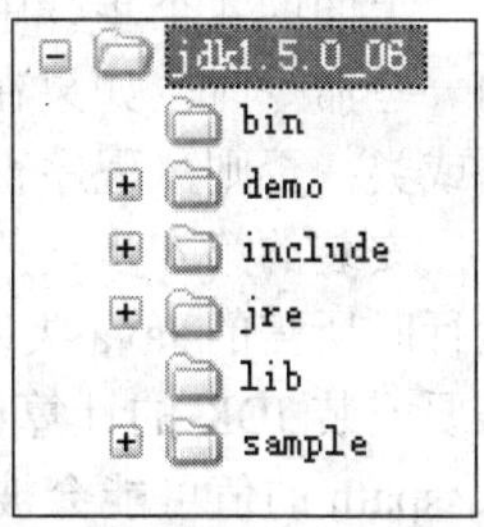

图 0-1 J2SDK 目录结构

（3）设置系统环境变量。对于 Windows 系统，右击“我的电脑”图标，在弹出的快捷菜单中选择“属性”命令，弹出“系统属性”对话框，再单击该对话框中的“高级”选项卡，如图 0-2 左图所示。然后单击“环境变量”按钮，选择“系统变量”选项区域中 Path 一行，如图 0-2 右上图所示；最后如图 0-2 右下图所示，修改环境变量，需要注意的是，与原来系统已经具备的值之间要用英文的分号隔开。

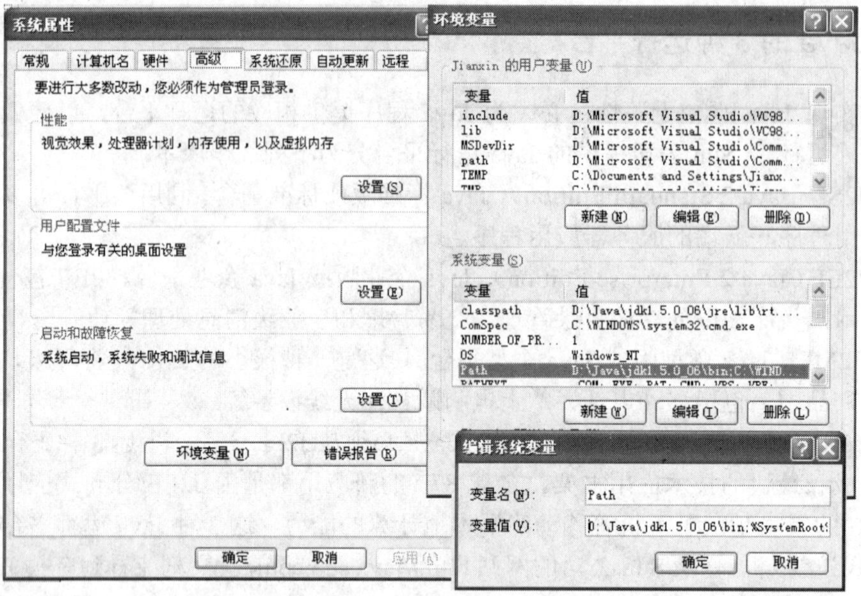

图 0-2　设置系统环境变量

（4）设置系统环境变量 classpath。在“系统变量”选项区域中选择 classpath 的一行，设置 classpath 变量的值如图 0-3 所示。

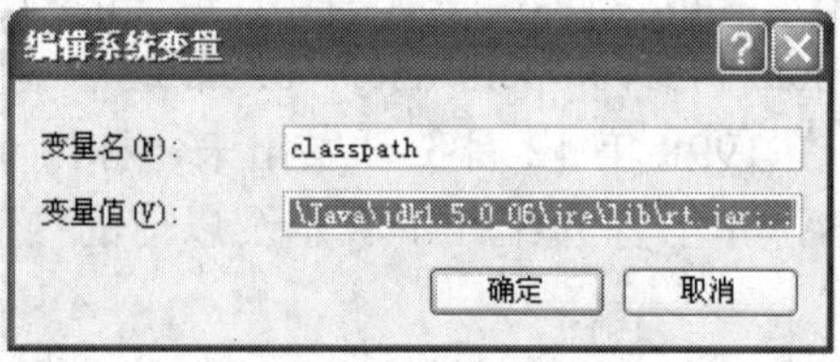

图 0-3　设置 classpath 变量

上面的 4 个步骤中，前 3 步是安装和使用 JDK 所必需的。第 3 步的意义在于执行 Java 的一些命令时，如果在当前目录中不存在，它可以在环境变量所设的目录中查找需要的文件或类；否则，程序查找的范围仅仅限于当前目录。

安装的第 4 步一般是不需要的。JDK 的安装目录的 jre 文件夹中包含着 Java 应用程序运行时所需的 Java 类库，这些类库被包含在“jre\lib”文件夹中的压缩文件 rt.jar 中。如果需要安装 JDK 的计算机安装过一些商业化的 Java 开发产品或带有 Java 技术的一些产品，classpath 的值可能会被修改了。这种情况下就需要修改 classpath 的值，如图 0-3 所示。

安装 JDK 后，安装程序会提示继续安装 JRE（Java 运行环境），所以一般不需要单独安装 JRE。但如果待安装的计算机只用于程序运行，而不进行 Java 程序开发，则可以只安装 JRE，例如 JRE 的安装软件“jre-1_5_0_06-windows-i586-p.exe”。

0-4　Java 程序开发

使用 J2SE 开发的程序分为两种，一种称为 Java 应用程序（Java Application），另一种称为 Java 小应用程序（Java Applet）。Java 应用程序可以在安装了 Java 标准平台的任何计算机上运行。也就是说，用 Java 标准平台编译得到的字节码文件，可以正确地运行在任何具有 Java 标准平台的计算机上。运行 Java 小应用程序并不需要安装 Java 标准平台，例如它可以由支持 Java 的浏览器直接运行，该浏览器必须含有相应的 Java 虚拟机。有些 Java 开发系统中也可以直接运行 Java 小应用程序，例如 Eclipse 等。

开发一个 Java 应用程序需经过 3 个步骤：编写源文件→编译源文件生成字节码→加载运行字节码。

0-4-1 编写源文件

用来编写 Java 源文件的工具有很多，本书使用 Windows 的“记事本”程序作为 Java 程序的编辑器。此处的工作目录是 D:\enjoy，本书中的所有程序都保存在这个目录或其子目录下。

首先在目录 D:\enjoy\chp0\pr0-1 下新建一个文本文件“Welcome.txt”，双击这个文件，输入“程序 0-1”给出的代码。然后，保存文件，把文件的名称由“Welcome.txt”强制重命名为“Welcome.java”，这个文件即为 Java 源文件。

【程序 0-1】 Welcome.java

```
class Welcome{
    public static void main(String[] args){
        System.out.println("欢迎来到 Java 世界！");
    }
}
```

0-4-2 编译源程序

创建了源文件 Welcome.java 后，就要使用编译器对其进行编译。首先需要打开 MS-DOS 命令行窗口，进入 D:\，然后进入 D:\enjoy 目录下，如图 0-4 所示。“javac”是一个命令，它的功能是把跟在它后面的源文件进行编译。当执行 javac Welcome.java 这个命令之后，命令行窗口中没有出现任何提示，这说明编译成功；如果有信息提示，说明在编译过程中发现源程序有错误。

当程序编译后，在与源文件 Welcome.java 相同的文件夹下，会产生一个新的文件：Welcome.class，这是一个字节码文件，可以运行。

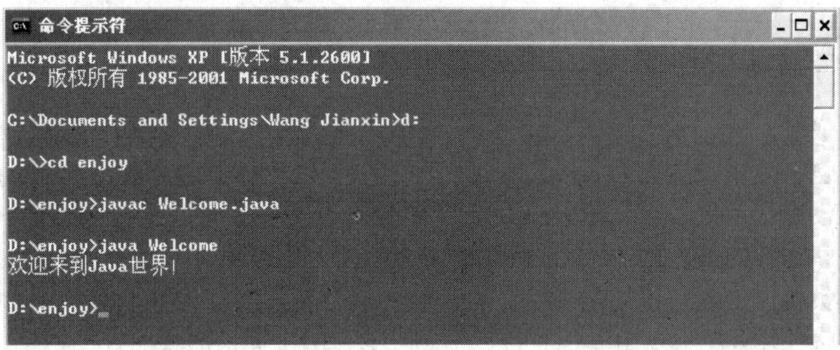

图 0-4 编译和运行 Java 源程序

0-4-3 运行应用程序

程序编译后可以马上运行，也可以在任何需要的其他时候运行。运行程序之前，要找到字节码所在的目录，如图 0-4 所示，因为字节码在目录 D:\enjoy 下，因此，要在这个目录下运行字节码程序。使用的命令是“java Welcome”。注意，文件名后面不能有后缀“.class”，否则 Java 运行环境就找不到这个文件，从而出现运行错误。“程序 0-1”运行的结果如图 0-4 所示。

“程序 0-1”的入口是第 2 行的 main()方法。任何一个 Java 应用程序都是从一个称为主类的 main()方法开始执行的，但 Java 小应用程序的入口不是 main()方法。

System.out.println()是一个显示方法，用来在屏幕上显示括号中给出的字符串，并另起一行。

0-4-4 Java 编程的基本规则

下面以“程序 0-1”作为例子，介绍 Java 编程的一些基本规则。

（1）“程序 0-1”中的语句 class Welcome 说明 Welcome 是一个类。class 是 Java 的关键字，用来进行类的声明。Welcome 后面的一对大括号中包含的是类体。Java 程序全部是由类构成的。

（2）一个 Java 应用程序中必须至少有一个类含有 public static void main(String[] args)方法，否则应用程序将没有开始执行的入口。这个类称为应用程序的主类。

（3）如果源文件中有多个类，那么最多只能有一个类是 public 类，而且源文件的名称必须与这个 public 类的名称完全相同，扩展名是.java。

（4）如果源文件没有 public 类，那么源文件的名称只要与某个类的名称相同，并且扩展名是.java 就可以了。

0-5 Java 的学习技巧

要学好 Java 这门优秀的计算机编程语言，需要掌握学习的规律和一些技巧。除了阅读本书或其他参考书的内容外，还要学习 Sun 公司提供的帮助文档，以及理解 Java 的一些核心理念等。

0-5-1 熟悉 Java API

类是构成 Java 程序的基本单元，任何 Java 程序都是由类构成的。Java 中存在某种关系的类形成包。包中类的关系可以是任何关系，例如比较相似的类，同一个人编写的类，或者类之间没有任何关系。包是 Java 用来管理类的手段。包和类之间的关系类似于文件系统中文件夹和文件的关系。

编程人员可以创建自己的包，以管理自己开发的类。JDK 提供了很多基础的类供程序开发人员直接使用，而不是由编程者自己写这些类。JDK 提供的类的性能稳定，效率较高，具有很好的重用性。Sun 提供的使用 Java 开发的类集合是 Java 开发平台的重要组成部分，是 Java 应用程序编程接口，即 Java API。Java API 形成树型结构的类包。下面介绍几个重要的包。

（1）java.lang：由 Java 语言的核心类组成，包括了基本的数据类型、多线程和出错处理方法等。后面的章节将介绍包的使用方法。对包的使用需要使用“import”语句（或在类的前面直接写包名），但对 java.lang 包的引用不需要 import 语句。

（2）java.io：Java 语言的标准输入和输出库，提供系统的输入和输出方法。

（3）java.awt：抽象窗口工具集（Abstract Window Toolkit），提供创建用户界面和绘制图形所需要的类，以及事件监听、容器布局等方面的类。

（4）javax.swing：提供图形界面的轻型组件，其中的组件类已逐渐取代 java.awt 包中的组件类。

（5）java.awt.event：图形化用户界面中的事件处理方面的类。

（6）java.applet：提供实现 Java 小应用程序相关的类。

（7）java.util：集合类和时间日期类等。

（8）java.net：提供实现网络应用所需要的类。

（9）java.sql：提供 JDBC 等数据库访问操作的类。

读者可以下载 Sun 公司提供的 JDK 的帮助文档，在编写程序时经常查看这些类的功能和使用方法，这样可以快速提高 Java 编程水平。另外，还可以阅读这些类的源代码，学习怎样编写优秀的类。通过本书的指导，配合学习 Java API，可以使自己的 Java 水平迅速提高。

0-5-2 理解 Java 核心理念

Java 语言在设计之初就规定了核心的理念，而在以后的发展中始终遵循这些理念。如果能在学习 Java 的一开始就熟悉、理解这些理念，对学习 Java 的语法规则将有很大益处。Java 的设计理念中最基本的一个就是：如果一个环境中允许某个类的运行，那么这个类的任何一个实例都可以在这个环境中运行。由于读者对类和对象的概念可能还不是很清楚，因此这里举一个例子。如果一台电视机放置在一个家庭中能够娱乐家庭成员，那么一台海尔 37 英寸的电视机放在这个家庭中也能娱乐家庭成员。

Java 的这个设计理念与逻辑学中的“三段论”很相似。逻辑学中的“三段论”是古希腊大哲学家亚里士多德（Aristotle）提出来的。任何一个“三段论”都包含三个不同的部分，分别是大前提、小前提和结论。关于“三段论”，亚里士多德（Aristotle）有一个著名的例子：

“所有人都是要死的。亚里士多德是人。所以亚里士多德也是要死的。”

上面的这个“三段论”的例子中，大前提是“所有人都是要死的”，小前提是“亚里士多德是人”，结论是“亚里士多德也是要死的”。读者会很自然地理解这个逻辑推理的原理。“三段论”虽然简单，但它却是演绎逻辑的核心和基础，它所揭示的原理与 Java 的核心设计理念是一致的。我们称之为三段论原理。在本书后面的章节中还要多次介绍如何用“三段论”原理简洁地描述和深刻地解释复杂的语法。三段论原理解释的语法现象包括第 2 章、第 3 章中的对象上转型、方法重写的权限规定、接口回调和方法异常声明的范围规定等。

Java 中的另一个核心理念是简单化，Java 对 C++的语法作了许多改动，其主要目的就是简单化和方便编程。在后面的课程中如果碰到 Java 和 C++的许多不同之处，我们都可以用这条原理以便理解。

0-6 小　　结

Java 语言是一门被广泛使用的面向对象的编程语言，在 Internet 世界里具有举足轻重的地位。Java 语言最吸引人的地方就是它的跨平台性，用 Java 语言开发出的应用程序能够运行在不同的机器上，而不需要修改代码。本章只是讲解了 Java 编程的一个小例子，目的是给读者一个感性的认识。要学好 Java，需要勤动手，自己编程实现功能；还要经常阅读 JDK 的帮助文档和 JDK 类库的源代码，也要理解三段论原理等 Java 设计的核心理念。

思考与练习题

一、思考题

1. 发明 Java 语言主要是哪个公司的贡献？
2. 发明 Java 语言的原因是什么？
3. Java 语言源文件编译生成的字节码和机器码有什么区别？
4. Java 语言有哪些重要特点？
5. 什么是 JVM？它在 Java 程序运行过程中起到什么作用？

二、选择题

1. Java 语言的许多特点中，下列哪一个特点是 C++所不具备的？（　）

   A．面向对象　　B．高性能
   C．跨平台　　D．提供了编程所需的大量 API

2. 下列哪个不是 Sun 公司提供的 Java 运行平台？（　）

   A．J2ME　　B．J2EE　　C．J2SE　　D．J2LE

3. 安装 Java 虚拟机后，jre 文件夹中包含着 Java 应用程序运行时所需的 Java 类库，这些类库被包含在 jre\lib 中的哪个文件中？（　）

   A．rt.jar　　B．jce.jar　　C．jsse.jar　　D．javaws.jar

4. 字节码是什么？（　）

   A．机器码　　B．接近机器码的二进制文件
   C．文本文件　　D．注释文件

5. 为了确保安全，Java 语言在执行前要经过很多次的测试和校验。下列哪条不是测试和校验要确保的内容？（　）

   A．没有违反访问权限
   B．访问对象时严格遵循访问对象的规范
   C．用户是否创建了足够数目的新类型
   D．没有栈溢出

三、填空题

1. Java 不允许程序员操纵内存，而是________自己控制内存，这样就减少了内存出错的可能性。
2. Java 去掉了 C++中________和释放内存等操作，避免了非法内存操作，使得程序运行在可控的范围内。

3. C++没有内置的多线程机制，因此必须调用________的多线程功能来进行多线程的程序设计。
4. 将高级语言编写的源程序转化成机器指令，经常使用两种方式：________和________。而Java主要使用后者。
5. 分布式计算中，“分布”具有两层含义：一是数据分布；二是________。

第 1 章　Java 语言基础

为了使用 Java 语言编写程序，必须遵循 Java 语言的语法和数据的组织及表示形式，也就是要求编写出来的源代码能够通过 Java 编译器翻译成 Java 虚拟机能够理解和运行的程序。本章是学习 Java 语言的基础，涉及到 Java 中最基本的规定，是学习 Java 语言的必经阶段。由于 Java 语言的基本语法与 C/C++类似，所以熟悉 C/C++的读者可以略过本章的部分内容。但“引用类型变量”和“数组”这两部分内容是必读的，因为在这两方面 Java 有独特的机制。

本章主要内容：

- Java 的关键字和标识符
- Java 的数据类型和变量
- Java 的运算符和表达式
- Java 的语句
- Java 中的数组

1-1　基本语言符号

Java 语言的基本符号由标识符、关键字、分隔符和注释等构成。这些符号与基本数据类型、运算符等配合，形成 Java 的语句和 Java 程序。

1-1-1　关键字

关键字就是 Java 语言中已经被赋予特定意义的一些单词，它们在程序上有着不同的用途。关键字对 Java 编译器有特殊的意义，不可以把关键字作为名字来使用。表 1-1 中列出了 Java 语言中的关键字，部分关键字的具体意义和使用方法将在后面的章节中给出。

表 1-1　Java 中的关键字

关键字 a～d	关键字 e～i	关键字 i～s	关键字 s～w
abatract	else	interface	super
boolean	extends	long	switch
break	false	native	synchronized
byte	final	new	this
case	finally	null	throw
catch	float	package	throws
char	for	private	transient
class	if	protected	true
continue	implements	public	try
default	import	return	void
do	instanceof	short	volatile
double	int	static	while

从上表可以看出 Java 中的关键字全部都是小写的，不存在大写的关键字。

1-1-2　标识符

在 Java 语言中，标识符是用来标识变量、类、对象、方法、数组等的名称。变量、类、对象、方法、数组、方法等的名称都是标识符。标识符必须由有效字符序列构成。简单地说，标识符就是一个名字。

Java 语言规定，标识符只能由字母、下画线“_”或美元符“$”开始，后面可以跟字母、数字、下画线和美元符号。标识符区分大小写。例如，标识符“Student”与“student”是不一样的标识符。标识符没有长度限制，可以是任意长度的名称。另外，标识符不能是关键字，但可以用关键字作为名称的一部分。

例如，下面是几个有效的标识符：

```
first_variable
thisDay
_No_2_classroom
money30$
```

但下面的几个就是非法的标识符：

```
boolean(为 Java 保留的关键字)
2007_Book(首字符为数字)
-xyz(含有非法字符“-”)
classroom#2(含有非法字符“#”)
```

标识符中的字母不仅仅指 A~Z 与 a~z 之间的字母，而是 Unicode 中相当于一个字母的任何 Unicode 字符，即 Unicode 中序号大于 0x00c0 的所有国际语言中相当于一个字母的 Unicode 字符。Unicode 字符占 2 个字节，因此，Unicode 字符最多有 65 535 个。

在编程过程中定义标识符时，不但要遵循标识符的定义规则，还要符合标识符的风格约定。

（1）类、变量和方法的名称采用大、小写混合的形式。若一个标识符由若干个单词构成，要把每个单词的首字母大写，其余字母小写。但当标识符为变量或方法的名字时，第一个单词的首字母要小写。例如：

```
class MyClass
int theFirstNumber
void drawMeneyFromBank
```

（2）常量（表示的是数值或引用值不变的量）的名称完全大写，并且用下画线作为标识符中各个单词的分隔符。例如，SQUARED_P2（表示固定的数 p2）。

（3）方法名应该使用动词或动词词组，而类名称等应该使用名词。

（4）变量名称应该能够表示一定的含义，要尽量不使用单个字符作为变量名。但临时性变量可以使用单个字符，例如循环控制变量可以使用 *i*、*j*、*k* 等。

1-1-3　分隔符

Java 语言的分隔符包括空白、小括号、花括号和分号等。每条语句无论是一行还是多行都以分号结束。但按照 Java 规范，最好一行中至多只有一条语句。空白是指空格、制表符、换行和回车符。Java 程序的元素之间可以插入任意数量的空白，编译器将会忽略多余的空白。

1-1-4 注释

注释是源程序的说明，本身并不运行。在编译期间，编译器会把所有的注释都去掉。因此，注释对程序并不起作用。但注释可以增加程序的可读性。Java 的注释分为 3 类：单行注释、多行注释和文档注释。

1. 单行注释

当一行代码中出现双斜线“//”时，双斜线至本行末尾之间为注释内容。例如：

```
System.out.println("欢迎进入 Java 世界！") //在屏幕上打印“欢迎进入 Java 世界！”
```

2. 多行注释

在符号“/*”和“*/”之间的内容为注释内容，不管这一对符号是不是在同一行上。例如：

```
System.out.println("欢迎，欢迎！") /*这个语句中的
System.out.println()是一个方法，
它负责在屏幕上另起一行，并打印出“欢迎，欢迎！”*/
```

去掉注释后，这段程序的有效成分仅仅是第 1 行的“/*”之前的部分。

3. 文档注释

符号“/**”和“*/”之间的内容为注释内容，它与多行注释类似，只不过这些注释的内容可以被专门的注释提取软件从程序中提取出来自动形成程序的文档。可以用 javadoc 文档生成软件自动读入这些符号中的注释，最终形成程序文档。

1-2 数据类型和变量

数据类型是程序语言依据数据的特性所设置的数据表示方法，程序语言中的任何数据都有数据类型。程序中要处理的数据类型有很多，不同的数据类型的表示方法和处理方法也不相同。

Java 语言中有两大数据类型：一个是原始数据类型（也称为基本数据类型），另一个是非原始数据类型（也称为复合数据类型）。基本数据类型有 4 类，共 8 种；而复合数据类型包括数组、接口和泛型（泛型是 JDK1.5 新增加的类型）等。

Java 的数据类型设置体现了 Java 的跨平台性和稳定性。Java 的各种数据类型占用固定长度的内存，与操作系统和硬件均无关。这种做法在一定程度上降低了 Java 程序的效率。例如，在 64 位计算机上运行长整型（64 位）加法时，两个整数相加仅用一个机器周期。但 Java 的做法是先把长整型转换成 32 位整型，相加之后的结果再做合成的处理。这种做法虽然降低了效率，但对编程人员却是极大的解放，因为编程人员可以不考虑机器的具体位长而专注于程序设计本身，这符合 Java 的简单性原理。并且，固定长度的数据类型使程序的可移植性得到了保证。

1-2-1　基本数据类型

基本数据类型也称为简单数据类型。Java 语言有 8 种简单数据类型，分别是：boolean，char，byte，short，int，long，float，double。

这 8 种数据类型习惯上可分为以下 4 大类型：

- 逻辑类型：boolean。
- 字符类型：char。
- 整数类型：byte，short，int，long。
- 浮点类型：float，double。

1. 逻辑类型

boolean（布尔）数据类型有两种取值：true 和 false。true 表示“真”，false 表示“假”，布尔值占一个字节（8 位）的空间，主要用于程序流程控制。

2. 整数类型

在 Java 语言中有 4 种整数类型，每种类型都是带符号的，不存在像 C/C++中的无符号整数。整数型数字（也叫整数型常量）可以使用十进制、八进制和十六进制表示。整数常量的首位为“0”的表示八进制，首位为“0x”或“0X”表示十六进制。例如，17 表示十进制的 17，八进制 017 表示十进制的 15，而十六进制的 0x17 表示十进制的 23，十六进制的 0xAB 表示十进制的 171(10×16+11)。

4 种整数类型的长度、最小值和最大值的表示范围是不一样的。表 1-2 中列出了与 4 种整数类型有关的信息。

表 1-2　与 4 种整数类型有关的信息

整 数 类 型	长度（byte）	长度（bit）	最 小 值	最 大 值
byte	1	8	-2^{7}	$2^{7}-1$
short	2	16	-2^{15}	$2^{15}-1$
int	4	32	-2^{31}	$2^{31}-1$
long	8	64	-2^{63}	$2^{63}-1$

从表 1-2 中可以发现整数类型的以 bit 计量的长度与表示范围的关系：假设某整数类型共有 *k* bit，则该整数类型的表示范围是：

$$-2^{k-1} \sim 2^{k-1}-1$$

整数常量的默认类型是 int 型，如果整数常量要表示长整型的数值，则要在其后面跟一个字母“L”或“l”。由于小写字母“l”容易与数字“1”混淆，所以建议采用大写字母“L”。例如，0x1L 表示长整型的数值 1，它在计算机内存表示时，最低位为 1，其余 63 位均为 0。

3. 字符类型

Unicode 表中的字符就是一个字符常量，例如，'0'、'A'、'语'等。一个单引号之间的字符表示一个字符常量。但有些字符（如回车符）不能通过键盘输入到字符串或程序中，这时就需要使用转义字符常量。转义字符常量以反斜线（\）开头，将其后面的字符或字符序列转变为另外的含义。表 1-3 列出了 Java 的转义字符。

表 1-3　Java 的转义字符

转义字符	含　义
'\ddd'	表示 1～3 位八进制数字 ddd 对应的 Unicode 字符
'\uxxxx'	表示 1～4 位十六进制数字 xxxx 对应的 Unicode 字符
'\''	表示单引号
'\\'	表示反斜线
'\r'	表示回车
'\n'	表示换行
'\f'	表示走纸换页
'\t'	表示跳格
'\b'	表示退格

4. 浮点类型

Java 中的浮点类型有 2 种：float 型（单精度型）和 double 型（双精度型）。如果一个数包括小数点或者包括指数（科学计数法，用 e 或 E 后面的整数表示 10 的幂次），则该数为浮点数。float 类型的数值占 4 个字节，而 double 型的数值占 8 个字节。浮点类型的数值默认是 double 型的，如果要指明该浮点数值是一个 float 型的，则要在数值后面跟一个字符“f”或“F”。也可以在一个数字后面增加“D”或“d”强调该数是 double 型的。

1-2-2　基本数据类型间的转换

把一种基本数据类型变量的值赋给另一种基本数据类型变量时，就涉及到数据转换。数据类型的转换分为自动数据类型转换和强制类型转换。数据之间的转换与数据类型的精度有关。Java 基本数据类型的精度比较有如下的关系：

（1）byte < short < int < long < float < double。其中任何两种数据类型之间允许进行相互转换。

（2）char < int < long < float < double。其中任何两种数据类型之间允许进行相互转换。

（3）数据类型 char 与 byte 之间没有精度高低的关系，但两者相互之间可以进行转换；数据类型 char 与 short 之间没有精度高低的关系，但两者相互之间可以进行转换。

（4）数据类型 boolean 与任何其他数据类型之间没有精度高低的比较关系，也不能进行相互之间的转换。

1. 自动类型转换

当把精度级别低的变量或常量的值赋给级别高的变量时，也就是两个变量同时处于上述两条精度排列线之一，而处在左边的把值赋给处在右边的变量时，系统自动完成数据类型的转换。例如：

```
int count=5;
float amount=count;            //第（1）条排列线
```

又例如：

```
char c='我';
int mark;
mark=c;                        //第（2）条排列线
```

2. 强制类型转换

当把精度级别高的变量或常量的值赋给级别低的变量时，也就是两个量同时处于上述两条精度排列线之一，而处在右边的把值赋给处在左边的变量时，必须进行强制类型转换才能实现，否则在编译时会报错。例如：

```
int value=257;
byte b=(byte)value;      //执行后 b 的值是 1
```

又例如：

```
double d=251.0;
short s=d;               //编译时错误，因为 short 的精度要比 double 的低
```

当两个数据类型之间不能进行精度比较，但两者之间允许相互转换时（精度关系第 3 条所描述的情况），需要进行强制类型转换。例如：

```
char c='我';
byte b=(byte)c;
```

又例如：

```
int j=5;
byte b=(byte)5;          //正确
//char c=b;              //编译时错误，因为 char 和 byte 之间没有精度比较的关系
char c=(char)b;          //上面的语句更改为这条语句则编译成功，运行也成功
```

3. 类型转换的特殊情况

虽然整型常量默认为 int 型，但当整型常量的值赋给 byte 或 short 等更低精度的整型变量且常量值没有超出变量的表示范围时，不需要进行强制类型转换。按照数据类型的转换原则，int 向 byte 的类型转换应该写成如下所示的形式：

```
byte b=(byte)3;
```

但是，由于数值 3 在 byte 型变量的范围之内，上面的语句可以简单地写为：

```
byte b=3;
```

这种写法不会产生编译错误。Java 这样的规定虽然没有完全遵循类型转换的原则，但这样的语句很常用。为了方便和直观，去掉了强制类型转换的要求。这个规定也体现了 Java 的简单化原则。

但是，上面的例子中如果把整型常量 3 变为整型变量 3，则需要进行强制类型转换：

```
int n=3;
/*虽然 n 的值为 3，并没有超出 byte 的范围，但一定要进行强制类型转换，否则会出现编译错误*/
byte b=(byte)n;
```

类型转换的这个特殊情况可以体现 Java 的简单性原则：在不产生不良影响的情况下尽量使编程变得简单。

1-2-3 复合数据类型

前面介绍了 Java 中的 4 类 8 种基本数据类型，这些都是 Java 的内置类型。在很多应用程序的开发过程中，仅仅这几种数据类型是远远不够的。例如，要表示一个学生的年龄、性别、身高和体重等基本信息，如

```
int age;boolean gender;float height;float weight;
```

上面这 4 条信息表明需要的 4 个变量，它们的类型分别是：int，boolean，float，float。

还要为这 4 个变量分配存储空间。这种方式表示一个学生的信息，虽然容易理解，但存在明显的不足。主要原因是变量太多，容易造成混乱，并且没有把 4 个孤立的变量联系起来。

许多高级程序语言都允许程序设计者把相互之间有联系的变量组织起来，建立自己的新的类型，而 Java 中建立新类型的手段就是建立新的类。例如，可以把上述的 4 个变量放置到一个类中，形成一个新的复合数据类型“Student”：

```
class Student{
    int age;
    boolean gender;
    float height;
    float weight;
}
```

复合数据类型由程序员在源程序中自己定义。一旦有了定义，该类型就可以像其他类型一样使用。在把年龄、性别、身高和体重等变量封装为一个类 Student 之后，各个变量之间就建立了关系，操纵这些变量也要通过 Student 类型的变量。Java 中使用类这样的复合数据类型，不仅反映了现实世界事物的本质形态，还使得程序简练并且更可靠。

1-2-4 基本类型变量与引用类型变量

变量其实就是内存中的一块区域（以字节为单位），并且由变量的类型决定了它能进行的操作。Java 中的数据类型分为两大类：基本数据类型和复合数据类型。相应地，变量也有两种类型：基本类型变量和引用类型变量。这两种类型的变量的存储结构不同，系统对它们的处理也不相同。

基本类型的变量对应着内存的一块区域，这块区域中包含了这个变量类型的一个数据值，如图 1-1（a）所示。

引用类型变量与基本类型的变量不同，一个变量名称对应着一块内存区域，该区域并没有存放这个变量的值，而是存放了一个引用，这个引用指向了另一块区域，该区域是一个对象或数组，这个对象或数组的值才是引用类型变量对应的值，如图 1-1（b）所示。

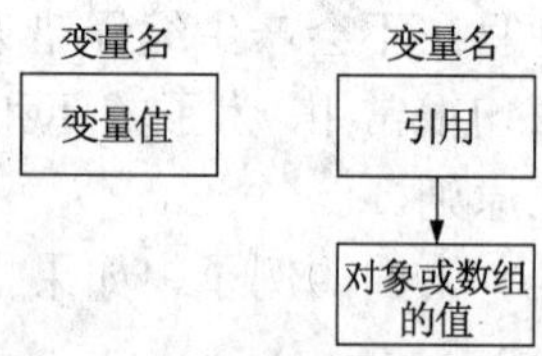

（a）基本类型变量　（b）引用类型变量

图 1-1　基本类型与引用类型在内存中的结构

Java 中对两种变量的处理方式不一样。对基本数据类型的变量，系统直接给该变量分配内存空间，程序可以直接操作这些变量。例如：

```
int j;              //声明变量 j 的同时，系统给 j 分配了 4 个字节的内存空间
j=2007;             //系统改变这个空间的状态，从而为变量 j 赋值
```

但引用类型变量声明时，只是给该变量分配引用空间，数据空间没有分配。对应到图 1-1 中，声明一个引用类型变量时，只是把“引用”所在方框对应的内存空间开辟，而没有开辟“对象或数组的值”所在的方框对应的内存空间。例如：

```
Student first;      //此声明开辟了 first 变量的引用空间
first.age=21;       //这条语句错误，因为还没有为 age 所在的对象开辟空间
```

改正上述错误的方式如下：

```
Student first;
first=new Student();    //为引用类型变量 first 开辟了其引用对应的空间
first.age=21;
```

1-3 运算符与表达式

Java 的运算符在类型和功能上与 C/C++很类似，C/C++语言中提供的运算符几乎完全适合于 Java，但有两方面不同。首先，Java 是强类型检查语言，对类型的限制比 C/C++严格。另外，C/C++语言中的指针运算符等在 Java 中不再提供，而是增加了对象与类的关系判断运算符“instanceof”和填充 0 的无符号右移运算符“>>>”等。

按功能的不同，Java 的运算符可分为：算术运算符、关系运算符、逻辑运算符、条件运算符、位运算符和赋值运算符等。Java 的表达式就是用运算符及操作元连接起来的符合 Java 规则的式子，一个 Java 表达式必须能求值，即按照运算符的计算法则，可以计算出表达式的值。运算符的优先级决定了表达式中运算执行的先后顺序，运算符的结合性决定了并列的相同级别运算符运算时的先后顺序。本节将介绍这些运算符、相关的表达式和运算符的优先级。

1-3-1 算术运算符和算术表达式

算术运算符包括加和减运算符、求正和求反运算符、自增自减运算符和乘除求余运算符等。

算术运算符和它的操作元结合形成算术表达式。

1. 加减运算符

加减运算的运算符的符号分别为+和-，是双目运算符（即连接两个操作元的运算符）。加减运算的结合性是从左到右。例如，7+8+9 要先计算 7+8，结果 15 再和 9 相加得 24。

2. 求正和求反运算符

求反运算符的符号是-，与加减运算符的减的符号相同，但二者意义完全不同。减法运算符是双目的，而求反运算符是单目的。例如，如果 x 的初值为-5，则 x=-x 语句执行之后，x 的值变为 5。与求反运算符对应的是求正运算符+，它的作用是用来强调，其运算结果与操作元一致。

3. 自增和自减运算符

自增和自减运算符的符号分别为++、--，都是单目运算符。自增和自减运算符可以放在操作元之前，也可以放在操作元之后，但操作元必须是一个整型或浮点型变量（不能是常量或表达式）。自增和自减运算符的作用是使变量的值增加 1 或减少 1。例如，给定变量 x，

```
++x;--x;                //表示在使用 x 之前，先使 x 的值加（减）1
x++;x--;                //表示在使用 x 之后，使 x 的值加（减）1
```

下面是更具体的例子：

```
int x=5;
int y=10;
int z=++x;              //该语句执行之后，x 的值为 6，z 的值也为 6
z=++y;                  //该语句执行之后，y 的值为 11，z 的值为 10
```

4. 乘、除、求余运算符

乘、除和求余运算符的符号分别为*、/、%，都是双目运算符。*、/和%运算符的结合性是从左到右。例如，2*3%5 的结果是 1。

5. 算术运算的精度转换

Java 按算术运算符两边的操作元的最高精度保留结果的精度。操作元必须是数值类型，数值类型的精度是：

byte < short < int < long < float < double

例如，9/4 要按照 9 和 4 的最高精度（int）决定结果的精度，其值是 2，而不是 2.25。要想得到精确的 2.25，可以写成 9.0/4，或者 9/4.0，或者 9f/4，或者(float)9/4。

字符类型也可以参与算术运算。任何操作元进行算术运算的结果精度遵循这样的原则：结果精度是能够覆盖操作元精度的最小精度类型。这条规则在其他运算符中同样成立。例如，char 和 byte 最小精度覆盖是 int，因此，'a'+(byte)3 的运行结果是 int 型的。

需要注意的是，(float)9/4 的结合是(float)9 先结合，得到一个 float 类型的临时变量，其值为 9，然后 float 类型的值 9 再和 4 相除，得到 2.25。强制转换符“()”和除运算符“/”的优先级别决定了表达式最后的值，这就涉及到运算的优先级问题，这个问题将在本节的后面讨论。

1-3-2 关系运算符和关系表达式

关系运算符用来比较两个值的关系，关系运算符的运算结果是 boolean 类型数据，当运算符对应的关系成立时，运算结果是 true，否则是 false。关系运算符包括 2 类：大小关系运算符和等与不等运算符。大小关系运算符的符号分别是>、>=、<、<=，都是双目运算符，操作元是数值型的常量、变量或表达式。等与不等关系运算的符号分别是“==”和“!=”，都是双目运算符，操作元也是数值型的常量、变量或表达式。

关系运算符和它的操作元形成关系表达式。例如，大小关系运算符“>”和它的两个操作数 2 和 3 构成一个关系表达式“2>3”，这个关系表达式有值，其值为 false（假）。

1-3-3 逻辑运算符和逻辑表达式

逻辑运算符共有 6 个，其含义、用法和运算规则如表 1-4 所示。

表 1-4 逻辑运算符

<table>
<tr><th>逻辑运算符</th><th>含　义</th><th>用法（a, b 是 boolean 型操作数）</th><th>运 算 规 则</th></tr>
<tr><td>&</td><td>非短路与</td><td>a & b</td><td>只有 a，b 都为真时结果为真</td></tr>
<tr><td>|</td><td>非短路或</td><td>a | b</td><td>只有 a，b 都为假时结果为假</td></tr>
<tr><td>!</td><td>取非</td><td>!a</td><td>结果与 a 的状态相反</td></tr>
<tr><td>^</td><td>异或</td><td>a ^ b</td><td>只有 a，b 同真或同假时结果为假</td></tr>
<tr><td>&&</td><td>短路与</td><td>a && b</td><td>只有 a，b 都为真时结果为真</td></tr>
<tr><td>||</td><td>短路或</td><td>a || b</td><td>只有 a，b 都为假时结果为假</td></tr>
</table>

虽然逻辑运算符“&”和“&&”都是求两个操作元的与，但 Java 对其实际处理却不一样。“&&”被称为短路与，而“&”被称为是非短路与，原因是：使用“&”时，必须对“&”两边的表达式都进行判断才能得出结果；使用“&&”时，当运算符左边的表达式为真时再对右边的表达式求值判断，而当运算符左边的表达式为假时，就不再计算右边的表达式。

“||”被称为短路或，而“|”被称为非短路或，两者之间的关系与上面所述关系类似。

下面的例子说明了短路逻辑运算符和非短路逻辑运算符的区别。

【程序 1-1】 TestLogic.java

```
1:  public class TestLogic{
2:      public static void main(String[] args){
3:          int a=2,b=3,c=4;
4:          if(a<2&(b=13)>10)
5:              System.out.println("不可能！");
6:          if(a<2&&(c=14)>10)
7:              System.out.println("不可能！");
8:          System.out.println("b="+b);
9:          System.out.println("c="+c);
10:     }
11: }
```

“程序 1-1”编译后执行的结果如图 1-2 所示。

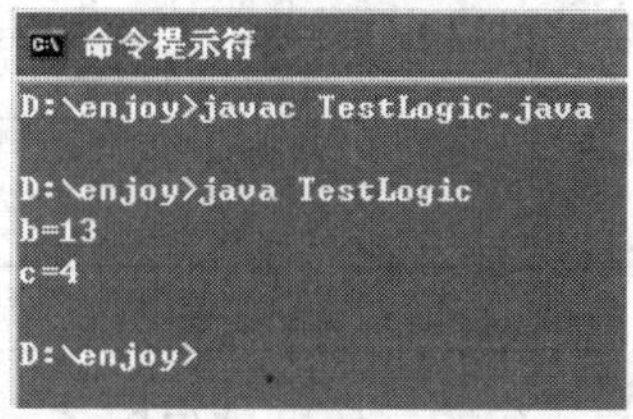

图 1-2 “程序 1-1”的执行结果

“程序 1-1”中，由于 a 的值是 2，因此“a<2”的逻辑值是假，故第 4 行和第 6 行的两个条件判断的结果都是假，但二者的执行情况却不一样。第 4 行中，当系统计算出“a<2”的逻辑值是假时，由于逻辑运算符“&”为非短路运算符，系统要继续执行后面的操作。b 被赋值 13（这时 b 的值已经发生了改变）。“&”后面的结果为真，但这不影响总体的逻辑结果为假，所以“不可能”没有输出。

但在第 6 行的程序中，当系统判断“a<2”的逻辑值是假时，后面的操作就被忽略了，这是因为“&&”为短路运算符。因此，c 没有被赋值 14，而是始终保持了值 4。

由逻辑运算符及其操作元构成的表达式是逻辑表达式。在“程序 1-1”中，“a<2 &(b=13) >10”和“a<2 &&(c=14)>10”都是逻辑表达式。

1-3-4 条件运算符和条件表达式

条件运算符由两个符号“?”和“:”构成，是 Java 中唯一的三目运算符，即它有 3 个操作元。条件运算符用法如下：

```
op1?op2:op3
```

条件运算符要求第一个操作元 op1 的值必须是 boolean 型数据。运算规则是：当 op1 的值是 true 时，“op1?op2:op3”运算的结果是 op2 的值；当 opl 的值是 false 时，“op1?op2: op3”运算的结果是 op3 的值。例如：

```
double result=(2>3)?2007.0:2008;
```

该语句执行后 result 的值是 2008.0；但是，如果这条语句改为：

```
int result=(2>3)?2007.0:2008;
```

那么，这条语句在编译时会报错。这是因为，条件运算符也存在精度变换的问题。如果冒号前后的精度不一样，则结果的精度是涵盖二者的最小精度类型。例如，int 和 double 的最小涵盖精度类型是 double；而 byte 和 char 的最小涵盖精度类型是 int。

条件运算符及其 3 个操作元构成条件表达式。

1-3-5 位运算符和位运算表达式

在 Java 语言中，位运算符分为两大类：位逻辑运算符和移位运算符。位逻辑运算符包括按位与运算符（&）、按位或运算符（|）、按位异或运算符（^）和按位取反运算符（~）。移位运算符包括左移位运算符（<<）、右移位运算符（>>）和补 0 的右移位运算符（>>>）。表 1-5 列出了位运算符的相关信息。

表 1-5 位运算符

位运算符	含义	用法	运算法则
&	按位与	a&b	把 a 和 b 对应的位进行与运算
|	按位或	a|b	把 a 和 b 对应的位进行或运算
^	按位异或	a^b	把 a 和 b 对应的位进行异或运算
~	按位取反	~a	把 a 的每一位求反
<<	位左移	a<<b	把 a 的每一位左移 b 个位置，右边补 0
>>	位右移	a>>b	把 a 的每一位右移 b 个位置，左边补 0 或 1，要补所有的位和 a 原来的最高位相同，是带符号的右移
>>>	位右移	a>>>b	把 a 的每一位右移 b 个位置，左边补 0，是不带符号的右移

位运算的操作仅限于 byte、short、int 和 long 型，并且以二进制形式按每一位进行，运算结果是 int 型或 long 型。即使 short 型和 short 型变量进行按位与操作，其结果也会是 int 型。下面将分别介绍 Java 中的这 7 种位运算符。

1. 按位与运算符（&）

按位与运算符（&）是双目运算符，对两个整型数据 a、b 按位进行运算，运算结果是一个整型数据 c，它是 int 型或 long 型。运算法则是：如果 a、b 两个数据对应位都是 1，则 c 的该位是 1，否则是 0。

运算结果 c 的精度不小于 a 和 b 的最大精度。如果 long 和 int 都满足结果的精度要求，则结果精度为 int 型。例如，short 型和 int 型相与的结果为 int 型；short 型和 byte 型相与的结果为 int 型，而不是 short 型，也不是 long 型。后面其他的位操作也遵循这样的结果类型规则。

2. 按位或运算符（|）

按位或运算符（|）也是双目运算符，对两个整型数据 a、b 按位进行或运算，运算结果是一个整型数据 c，它是 int 型或 long 型。运算法则是：参与运算的两个值，如果两个相应位都是 0，则该位运算结果为 0，否则为 1。

3. 按位异或运算符（^）

按位异或运算符（^）是双目运算符，对两个整型数据 a、b 按位进行异或运算，运算结果是一个整型数据 c，它是 int 型或 long 型。运算法则是：参与运算的两个值，如果两个相应位相同，则该位运算结果为 0，否则为 1。

4. 按位取反运算符（~）

按位取反运算符（~）是单目运算符，对一个整型数据 a 按位进行运算，运算结果是一个整型数据 c，它是 int 型或 long 型。运算法则是：按位取反运算生成与输入的数值的每一位相反的数值，如果输入的值是 0，则输出 1；如果输入的值是 1，则输出 0。

5. 位左移运算符（<<）

位左移运算符（<<）是双目运算符。位左移运算符左面的操作元称为被移位数，右面的操作元称为移位量，操作元必须是整型数据。该运算返回的整数是移位后的整数。如果被移位整数类型的精度小于 int，则返回的结果为 int，否则返回结果的类型与被移位的整数类型一致。通过位左移运算符移位时，右边移出后的空位补 0。操作符后面的整数是移位的数量。虚拟机操作时，先把这个数更换为它除以 32 的余数，然后再进行移位。

6. 位右移运算符（>>）

位右移运算符（>>）是双目运算符。位右移运算符左面的操作元称为被移位数，右面的操作元称为移位量，操作元必须是整型数据。该运算返回的整数是移位后的整数。如果被移位整数类型的精度小于 int，则返回的结果为 int，否则返回结果的类型与被移位的整数类型一致。通过位右移运算符移位时，左边移出后的空位补 0 或者 1，具体的值与移位前的最高位相同。由于整数在计算机中采用补码表示，最高位决定整数的正负，因此，位右移运算符（>>）也称为带符号的右移运算符。操作符后面的整数是移位的数量。虚拟机操作时，先把这个数更换为它除以 32 的余数，然后再进行移位。

7. 无符号位右移运算符（>>>）

无符号位右移运算符（>>>）与位右移运算符（>>）功能和运算性质类似，只不过无符号位右移运算符右移位时，整数左边（也就是高位）补 0。因此，“>>>”被称为无符号位右移运算符。

下面的程序用来解析给定 int 型整数的二进制串。

【程序 1-2】TestBitOperation.java

```
public class TestBitOperation{
    public static void showBits(int n){
        System.out.println("您输入了"+n+"，它的二进制串是：");
        int template=1;       //template 被赋值 1，二进制位串为 31 个 0 和一个 1
        template=template<<31;//二进制位串变为 1 个 1 和 31 个 0：即 2 的 31 次方
        int result;
        for(int i=0;i<32;i++){
            result=n&template; //n 和 1 进行与操作
            if(result==0)
                System.out.print(0);
            else
                System.out.print(1);
            n=n<<1;
        }
        System.out.println();
```

```
16:     }
17:     public static void main(String[] args){
18:         showBits(5);
19:         showBits(-3);
20:     }
21: }
```

上面程序的运行结果如图 1-3 所示。

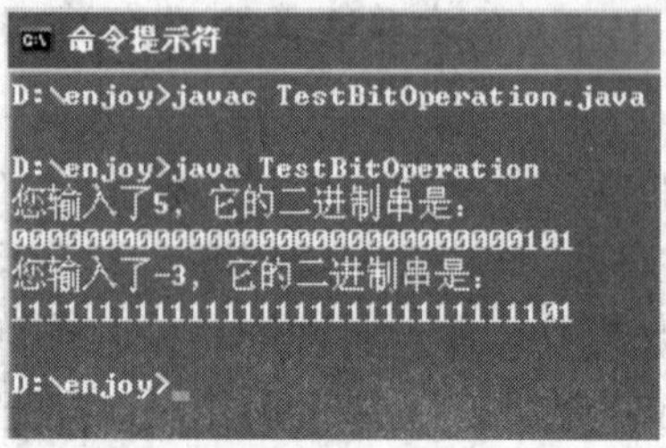

图 1-3 “程序 1-2”的运行结果

“程序 1-2”中，showBits(int n)方法把 n 的二进制串打印出来。第 4 行中定义的变量 template 是一个模板，它由一个 1 和 31 个 0 构成。随着 1 的位置的变化，这个模板可以得到某个整数的指定位置上的二进制数值。

例如，如果要得到某个数 n 的第 5 位（从低位 0 数起）上的数值，可以把模板中的“1”移位至第 5 位（其他位置上都为 0），template 和 n 相与的结果是一个整数，至少有 31 个 0。而根据与操作的性质，结果整数第 5 位上的数值是 0 还是 1 取决于 n 在第 5 位上的数字，这是因为模板上第 5 位的数字是 1。通过单个位的操作，n 的各个位置上的数字会依次得到。

1-3-6 赋值运算符和赋值表达式

赋值运算符等号“=”是双目运算符，左面的操作元必须是变量，不能是常量或表达式。若 x 是一个 int 型变量，y 是一个 boolean 型变量，x=15 和 y=true 都是正确的赋值表达式。赋值运算符的结合方向为从右到左。赋值表达式的值就是“=”左面变量的值。例如，对于下面 3 条语句：

```
int x=5;int y=4;x=y=6;
```

当执行完这一组运算后，y 的值为 6，而 x 的值也为 6。语句“x=y=6;”是向左结合的，等价于 x=(y=6)。

注意：不要将赋值运算符“=”与比较运算符“==”混淆，它们具有完全不同的意义。

1-3-7 其他运算符和表达式

Java 中还有另外的运算符，这些运算符的运算法则如表 1-6 所示。

表 1-6 其他运算符汇总

运 算 符	运 算 法 则
()	括号中的表达式优先运算；方法的参数列表优先与方法绑定
(类型)	类型强制转换
.	用于对象属性或方法的引用；或类的静态属性和静态方法的引用
[]	下标运算符，用于数组对元素的访问
+	用于字符串合并

续上表

运 算 符	运 算 法 则
new	创建对象（包括特殊对象——数组）运算符，为对象分配内存
instanceof	判断一个对象是不是某个类型的实例

1-3-8　运算符的优先级

优先级决定了同一个表达式中多个运算符被执行的先后顺序，Java 的运算符的优先级如表 1-7 所示。

表 1-7　Java 运算符的优先级

优 先 级	运算符类别	运算符（x 表示表达式）
1	括号和后缀运算符	( )　(参数列表)　x.　x++　x--
2	一元运算符	++x　--x　+x　-x　~x　~x　!x
3	强制类型转换运算符和创建运算符	(类型)x　new
4	乘、除、求模	*　/　%
5	加、减	+　-
6	移位	<<　>>　>>>
7	关系运算	<　>　<=　>=　instanceof
8	相等判定	==　!=
9	按位与	&
10	按位异或	^
11	按位或	|
12	短路逻辑与和非短路逻辑与	&&　&
13	短路逻辑或和非短路逻辑或	||　|
14	条件运算	x1 ? x2 : x3
15	赋值	=　+=　-=　*=　/=　%=　&=　^=　|=　<<=　>>=　>>>=

上表中的优先级别复杂，没有必要刻意去记忆运算符的优先级别，可以在编写程序时尽量使用小括号“( )”来实现想要的运算次序，以免产生难以阅读或含糊不清的计算顺序。小括号的优先级最高，而内层小括号比外层小括号的优先级更高。

1-3-9　一般表达式

表 1-7 中的运算符及其操作元可以通过任意方式的、符合 Java 规范的组合，形成一般表达式。一个 Java 表达式必须能求值，即按照运算符的计算法则，可以计算出表达式的值。任何表达式都有结果，这个结果称为表达式的值。表达式是构成 Java 语句的主要成分，下面介绍 Java 的语句。

1-4 Java 语句

Java 语句以英文的分号（;）为终结符，一条语句构成一个执行单元。

1-4-1 Java 语句类型

Java 语句共有 5 种：表达式语句、声明语句、复合语句、类的位置说明语句和流程控制语句。

1. 表达式语句

一个表达式的后面添加一个英文的分号（;）就构成了一个语句，称为表达式语句。分号是语句不可缺少的部分。例如，赋值语句“n +=2;”把变量 n 的值增加 2。

2. 声明语句

声明语句用来声明变量或方法。例如，用来声明变量的语句：

```
int i,j,k;
```

又例如，用来声明方法的语句：

```
public void setValue(int value);
```

3. 复合语句

一组语句可以用一对大括号括起来，构成复合语句，一个复合语句也称为一个代码块。在代码块内部声明的变量是局部的，其作用范围不能超出大括号限制的范围。

4. 类的位置说明语句

类的位置说明语句是指 package 语句和 import 语句。Java 中类需要用包这种结构进行管理，因此要说明某个类或某个文件中全部的类属于哪个包，需要使用 package 语句；要说明需要用到哪个包中的类，需要使用 import 语句。

5. 流程控制语句

程序流程控制语句控制程序中语句的执行顺序。如果没有流程控制语句，程序会沿着语句的先后顺序，依次执行。流程控制语句包括条件分支语句、循环语句和跳转语句。本节后面的几个部分将介绍程序流程控制语句。

1-4-2 while 和 do…while 语句

while 语句使一个语句块在某种条件为“真”时不断循环执行，直至条件为假时停止执行循环。while 语句由关键字 while、括号和括号中的一个 boolean 类型表达式，以及一个复合语句组成，其中的复合语句称为循环体，循环体只有一条语句时，大括号可以省略不写。但一条语句时保留大括号可以增加程序的可读性。表达式称为循环条件。while 语句的一般格式如下：

```
while(条件表达式)
{
   若干条语句
}
```

while 语句的执行流程如图 1-4（a）所示。

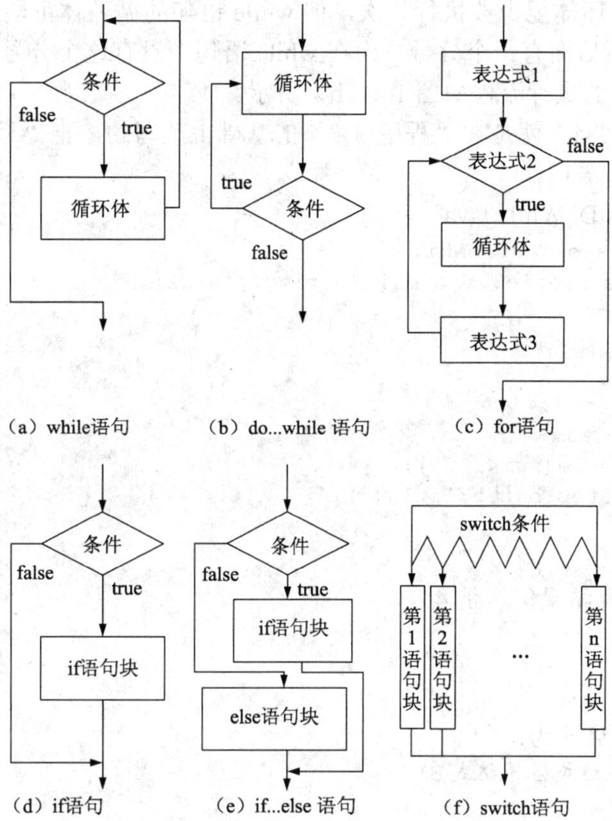

图 1-4　循环语句的执行流程

下面的“程序 1-3”寻找前 *n* 个正整数的和不小于 1 000 的最小的 *n*。

【程序 1-3】TestWhile.java

```
1:  public class TestWhile{
2:      public static void main(String[] args){
3:          int sum=0;
4:          int n=0;
5:          while(sum<1000){
6:              n++;
7:              sum+=n;
8:          }
9:          System.out.println(n);
10:     }
11: }
```

上面程序的运行结果是 45。事实上，前 45 个正整数之和为 1035，而前 44 个正整数之和为 990。上面程序的第 5 行用来测试条件“sum < 1000”是否满足，如果不满足就要向前面整数之和 sum 中继续添加下一个整数，直至 sum 的值等于或超过 1000。

与 while 语句的执行方式不同，do…while 在执行时，首先执行循环体，然后再求表达式的值。while 语句将一直执行循环块并在之后测试条件，直至条件表达式的值是 false。

```
do{
    若干语句
}while(表达式);
```

do…while 的循环体至少被执行一次，但 while 语句的循环体可能根本没有机会执行。注意 while 条件判断后面有一个分号，而在 while 语句中没有这个分号。

do…while 语句的执行流程如图 1-4（b）所示。

下面的“程序 1-4”就是在“程序 1-3”的基础上改写的，把“程序 1-3”中的 while 语句改用 do…while 语句。

【程序 1-4】TestDoWhile.java

```
public class TestDoWhile{
    public static void main(String[] args){
        int sum=0;
        int n=0;
        do{
            n++;
            sum+=n;
        }while(sum<1000);
        System.out.println(n);
    }
}
```

上面程序的运行结果仍然是 45。

1-4-3 for 语句

for 语句的一般格式为：

```
for(表达式 1;表达式 2;表达式 3)
{
    若干语句
}
```

for 语句由关键字 for、括号中用分号分隔的 3 个表达式以及一个由大括号包括的复合语句组成。“表达式 2”必须是一个 boolean 类型的表达式。复合语句称为循环体，循环体只有一条语句时，大括号可以省略，但不省略可以增加程序的可读性。“表达式 1”负责完成变量的初始化，“表达式 2”称为循环条件，“表达式 3”用来修整变量，改变循环条件。

for 语句的执行流程图如图 1-4（c）所示。

for 语句虽然结构比 while 语句和 do…while 语句复杂些，但它可以把许多条语句放在 3 个表达式中，使得程序变得更简洁，要习惯使用 for 循环语句。下面的例子是用 for 循环语句计算前 2 007 项正整数的和。

【程序 1-5】TestFor.java

```
public class TestFor{
    public static void main(String[] args){
        int sum=0;
        for(int n=1;n<=2007;n++)
            sum +=n;
        System.out.println(sum);
    }
}
```

上面的程序中，计算前 2 007 项正整数和的工作在第 3~5 行，简单明了。“程序 1-5”编译后的运行结果是 2015028。

1-4-4 if/if...else 语句

含有 if 的语句称为分支语句。分支语句能够基于某种条件判断有选择地执行某些语句。

1. if 语句

if 语句由 if、小括号中的条件表达式和一个大括号中的复合语句构成，语句的格式如下：

```
if(条件表达式)
{
    若干语句
}
```

当条件表达式的计算结果为真时，执行大括号中的复合语句；否则，跳过复合语句而执行后一个大括号“}”后面的语句。

if 语句的执行流程如图 1-4（d）所示。

2. if...else 语句

if...else 语句由 if、一个小括号中的条件表达式、else 和两个大括号中的复合语句构成，语句的格式如下：

```
if(条件表达式)
{
    第 1 组语句
}
else
{
    第 2 组语句
}
```

当条件表达式的值为真时，执行第 1 组语句，然后跳转至最后一个大括号后面的语句；当条件表达式的值为假时，执行第 2 组语句，然后跳转至最后一个大括号后面的语句继续执行。

if...else 语句的执行流程如图 1-4（e）所示。

3. 多条件语句

程序有时需要根据多个条件来选择某一操作，这时就可以使用由一个 if、若干个 else if、一个 else 与若干个复合语句按一定规则构成。语句的格式如下：

```
if(条件表达式 1)
{
    第 1 组语句
}
else if(条件表达式 2)
{
    第 2 组语句
}
…
else if(条件表达式 n)
{
```

```
    第 n 组语句
}
else
{
    第 n+1 组语句
}
```

有时为了编程的需要，复合语句中可以没有任何语句。但复合语句的大括号要保留，否则会使程序改变成另外的含义或发生错误。

下面的程序用来判断整数 2008 是不是 29 的倍数。

【程序 1-6】 TestIf.java

```
1: public class TestIf{
2:    public static void main(String[] args){
3:       int residue=2008%29;
4:       if(residue==0)
5:          System.out.println("2008 是 29 的倍数");
6:       else
7:          System.out.println("2008 不是 29 的倍数");
8:    }
9: }
```

上面程序的运行结果是在屏幕上打印输出“2008 不是 29 的倍数”。第 3 行计算 2008 除以 29 之后的余数，根据余数的值进行判断：如果余数为 0，则说明能整除；否则，不能整除。

1-4-5 switch 语句

switch 语句是多分支的开关语句，它的一般格式如下：

```
switch(表达式)
{
    case 常量值 1:
        若干语句
        break;
    case 常量值 2:
        若干语句
        break;
    …
    case 常量值 n:
        若干语句
        break;
    default:
        若干语句
}
```

switch 语句中表达式的值必须是整型或字符型，常量值 1～n 也必须是整型或字符型。switch 语句首先计算表达式的值，如果表达式的值和某个 case 后面的常量值相同，就执行该 case 里的若干语句，直到碰到 break 语句为止。若没有任何常量值与表达式的值相同，则执行 default 后面的若干语句。其中，default 是可有可无的，如果它不存在，并且所有的常量值都与表达式的值不相同，那么 switch 语句就不会进行任何处理。需要注意的是，在同一个 switch 语句中，case 后的常量值必须互不相同。

在某些问题中，switch 语句可以代替 if...else 语句。需要注意的是：switch 语句中表达式的值和某个 case 后面的常量值相同，就执行该 case 里的若干语句，如果没有遇到 break 语句，就会继续执行后面 case 所指示的若干语句。

switch 语句的执行流程如图 1-4（f）所示。

下面的“程序 1-7”利用 switch 语句，对输入的五分制成绩判断优秀、良好、及格等信息。

【程序 1-7】TestSwitch.java

```
1:  public class TestSwitch{
2:      public static void main(String[] args){
3:          if(args.length==0){
4:              System.out.println("没有输入成绩作为参数！");
5:              return;
6:          }
7:          int value=new Integer(args[0]).intValue();
8:          switch(value){
9:              case 5:
10:                 System.out.println("成绩优秀");
11:                 break;
12:             case 4:
13:                 System.out.println("成绩良好");
14:                 break;
15:             case 3:
16:                 System.out.println("成绩及格");
17:                 break;
18:             case 2:
19:             case 1:
20:                 System.out.println("成绩不及格");
21:                 break;
22:             case 0:
23:                 System.out.println("是不是没有参加考试？");
24:                 break;
25:             default:
26:                 System.out.println("成绩输入错误！");
27:         }
28:     }
29: }
```

“程序 1-7”的运行结果如图 1-5 所示。

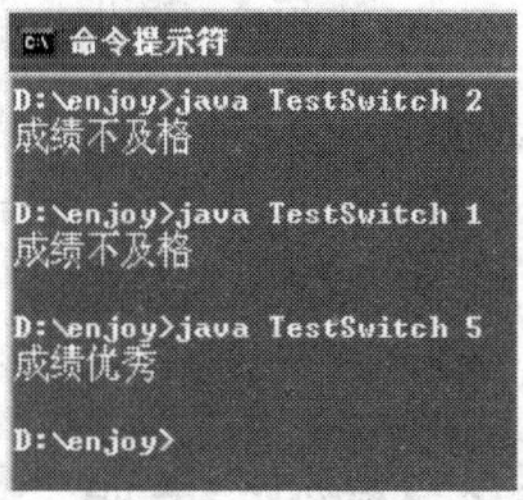

图 1-5 “程序 1-7”的运行结果

在“程序 1-7”中，第一次使用了 main()方法的参数 args，这是一个字符串数组，在命令行中可以作为命令的参数传到程序的执行过程中。

需要注意的是，“程序 1-7”中的第 18 行和第 19 行对两个判断结果用了一个处理方式。也就是说，当 switch 语句中的 case 匹配成功之后，它会执行 case 后面的所有语句，直到碰到 break 语句或 switch 的大括号。而在此过程中，遇到 case 语句或 default 语句不会影响程序继续执行后面的语句。

1-4-6 跳转语句

跳转语句是指用关键字 break、continue 或 return 加上分号构成的语句（有时 return 后面还要跟随要返回的值)，例如：

```
break;
```

可以在循环语句的循环体中使用跳转语句。例如在循环 100 次的循环语句中，如果某次循环体的执行过程中执行了 break 语句，那么整个循环语句就结束。如果在某次循环体的执行中执行了 continue 语句，那么本次循环就结束，即不再执行本次循环的循环体中 continue 语句后面的语句，而转入进行下一次循环。

下面的程序查找 1～50 的 50 个数中有多少个数既是 3 的倍数，又是 5 的倍数。

【程序 1-8】 TestContinue.java

```
public class TestContinue{
   public static void main(String[] args){
      int count=0;
      for(int i=1;i<=50;i++){
         if(i%3 !=0)
            continue;
         if(i%5 !=0)
            continue;
         System.out.println(i);
      }
   }
}
```

上面程序的运行结果如图 1-6 所示。

图 1-6 "程序 1-8"的运行结果

在"程序 1-8"中，利用一个 for 语句进行 50 次循环，对 1～50 这 50 个数进行判断。如果某个数不是 3 的倍数，它必定不满足要求，因此，直接结束本轮循环，而不需要继续判断它是不是 5 的倍数。

1-5 数 组

数组中的元素都属于同一种类型。数组是一种特殊的类，它的一个重要属性就是数组的长度 length。数组的长度在创建时确定，而且在创建后保持不变。与其他语言不同的是，Java 中没有高维数组，所有高维数组都是由一维数组构成的。Java 的这种机制比 Fortran、C/C++等高级语言在数组访问效率方面有一定程度的降低，也使得辅助内存的开销更大一些。但是，这样做可以带来很大的灵活性，方便程序员编程。

1-5-1 数组的声明

数组中的元素可以是基本类型的数据，也可以是类类型的数据。数组声明和其他类型的变量声明一样，包括数组的类型和数组的名称两个部分。数组声明语句有两种格式。

1. 中括号在数组变量之后

这种格式的数组声明模式为：数组类型+变量名称+ [ ]。例如：

```
int numbers[];            //声明了一个类型为 int、名称叫 numbers 的数组变量
int manyNumbers[][];      //声明了一个由 int 型一维数组构成的一维数组
```

```
String args[];          //声明了一个类型为 String（字符串）、名称叫 args 的数组变量
String args[][];        //声明了一个由 String 型一维数组为元素构成的数组
```

2. 中括号在数组类型之后

这种格式的数组声明模式为：数组类型+ [ ] +变量名称。例如：

```
int[] numbers;          //声明了一个类型为 int、名称叫 numbers 的数组变量
int[][] manyNumbers;    //声明了一个由 int 型一维数组构成的一维数组
String[] args;          //声明了一个类型为 String（字符串）、名称叫 args 的数组变量
String[][] args;        //声明了一个由 String 型一维数组为元素构成的数组
```

Java 中的数组是一种特殊的类，因此，作为复合类型的变量，声明数组变量时，只是创建了一个数组的引用，而不创建数组的对象。也就是说，数组声明之后，并没有为数组元素开辟内存空间，而只是给数组的引用开辟了内存空间。

1-5-2 数组的创建与初始化

创建数组的方式有两种：通过 new 运算符创建数组和通过初始化创建数组。

1. 通过 new 运算符创建数组

如果数组的创建是通过 new 运算符完成的，则数组元素所需要的内存空间在 new 运算符执行时分配。通过 new 运算符创建数组的格式如下：

```
new ElementType[size];
```

例如，对于上一部分声明的 int 型的数组变量 numbers，可以用下面的语句创建一个能够容纳 100 个 int 型整数的数组：

```
numbers=new int[100];
```

数组声明之后，还要进行初始化。如果不进行初始化，基本类型数据的数组中的所有元素都是系统给定的默认值；而类类型的数组在初始化之前所有的元素均为空引用。例如，上面的例子中 numbers 数组未初始化之前，所有元素的值为 0。要初始化 numbers 数组，可以采用下面的方式：

```
numbers[0]=100;numbers[1]=99;…;numbers[100]=1;
```

下面是一个类类型的数组的例子：

```
String args[]=new String[5];
```

这个例子中，new 运算符为 String 型数组变量 args 开辟了 5 个元素的引用空间，每个引用都是 null。如果这时要使用数组中的元素，会出现运行时错误。为类类型的数组初始化时，要为数组中的每一个元素（一个引用）创建对象。例如，对刚才的例子，可以用下面的方式进行初始化：

```
args[0]=new String("学");args[1]=new String("习"); …
```

下面的程序创建了一个 int 型一维数组，然后为这个数组的所有元素赋值，然后再把数组的所有元素按照倒序打印出来。

【程序 1-9】TestArray.java

```
public class TestArray{
    public static void main(String[] args){
        int[] myArray=new int[6];
        for(int i=0;i<6; i++)              //初始化
           myArray[i]=11+i;
```

```
        System.out.println("数组的元素是: ");
        for(int i=0;i<6;i++)
           System.out.print(""+myArray[i]+",");
        System.out.println("\n 倒序输出元素为: ");
        for(int i=5;i>=0;i--)
           System.out.print("" +myArray[i]+",");
        System.out.println();
    }
}
```

上面程序的运行结果如图 1-7 所示。

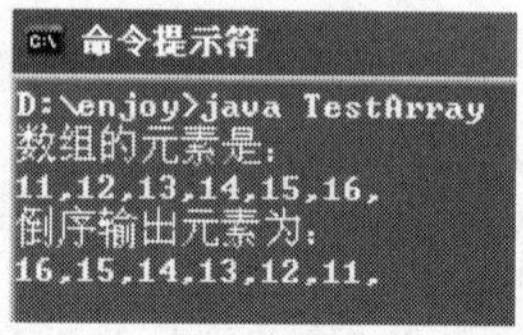

图 1-7 “程序 1-9”运行结果

2. 通过初始化创建数组

数组的声明、创建和初始化可以一次完成，这是一种简捷的方法，给编程带来了方便。下面的两个例子分别声明、创建和初始化一个基本类型的数组和一个类类型的数组。

```
int[] numbers={5,4,3,2,1};
String[] directions={"东","西","南","北"};
```

注意：用初始化的方式声明和创建数组之后，数组的长度随着元素的数量而确定，并且不能再改变。

作为一种特殊的类，数组有一个 length 属性，这个属性中的整数值记录了这个数组的实际长度，即数组引用所指向的数组对象中元素的个数。

1-5-3 Java 数组在内存的存储特点

本节开始时曾介绍，Java 中没有高维数组，只有一维数组，所有的高维数组都是由一维数组构成的。这是因为，Java 中数组在内存中的存储机制是独特的。Java 数组在内存中的存储机制如图 1-8 所示。

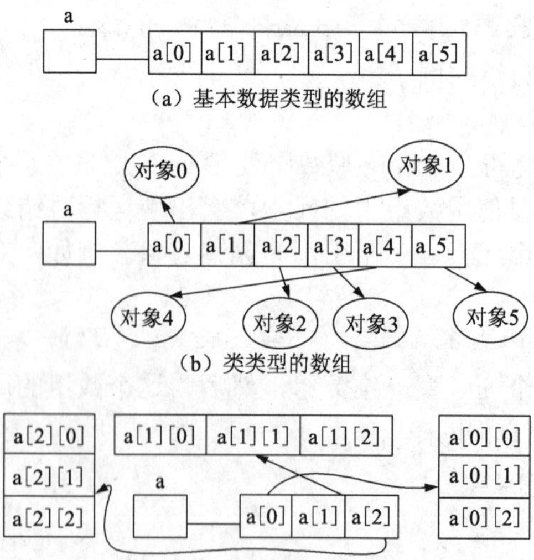

图 1-8 Java 数组在内存中的存储方式

从图 1-8 可以看出，基本数据类型的一维数组的存储最简单。事实上，基本数据类型的一维数组的存储方式和 C/C++中的一维数组存储方式是一样的。但类类型的数组存储方式把各个对象的引用放在一个一维数组中，各个对象可以放在内存的任何位置，而不需要物理地排列在一起。由于数组是特殊的类，可以把“二维”数组看作一个类类型的数组，只不过每一个元素是一个特殊的对象——一个一维数组的引用。“二维”数组中的每个一维数组可以长度不一样，从而增加了编程的灵活性，这在其他类型的语言（像 C/C++）中是不能做到的。下面的例子体现了 Java 中数组的灵活性。

【程序 1-10】TestDimension.java

```
1:  public class TestDimension{
2:      public static void main(String[] args){
3:          //声明、创建和初始化由一维数组构成的数组
4:          int[][] n=new int[2][];
5:          n[0]=new int[3];          //第一个一维数组长度为 3
6:          n[0][0]=1; n[0][1]=2; n[0][2]=3;
7:          n[1]=new int[2];          //第二个一维数组长度为 2
8:          n[1][0]=11; n[1][1]=12;
9:          //声明、创建和初始化一个一维数组
10:         int[] a={101,102,103,104};
11:         //引用重新指向
12:         n[0]=a;
13:         System.out.println("n[0][2]的值是 3 还是 103? ");
14:         System.out.println("n[0][2]的值是"+n[0][2]);
15:     }
16: }
```

上面的程序编译后，运行的结果如图 1-9 所示。

在“程序 1-10”中的第 5 行，n 的第 1 个元素（一维数组）被创建为具有 3 个元素的一维数组，在第 7 行中，n 的第 2 个元素被创建为具有 2 个元素的一维数组。这两个数组的长度是不一样的。在第 12 行中，n[0]（一个一维数组的引用）被指向另外一个一维数组 a，于是 n[0][2]不是原来的元素 3，而是 a[2]，即 103。

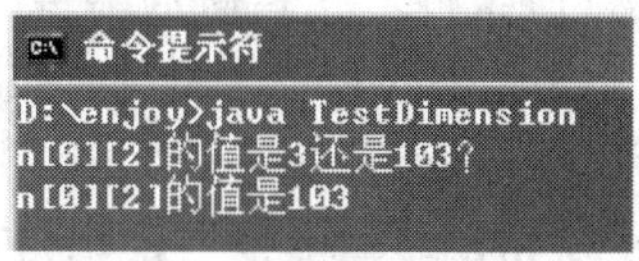

图 1-9 “程序 1-10”的运行结果

从“程序 1-10”可以看出，在 Java 中的高维数组并不是一个不可分割的整体，而是由一层层的一维数组构成。

1-6 小 结

本章对 Java 语言的基本语法进行了介绍，包括关键字、标识符、常量和变量、运算符、表达式、语句、流程控制和数组等内容。在这些基本语法方面，Java 把 C/C++的很多机制继承过来，因此，这些内容与 C/C++有很多一致的地方。但是，Java 中的许多基础语法和 C/C++也存在着差异，在学习过程中要注意区分这些差异。

Java 中基本类型的长度固定，不会随着机型和操作系统的变化而变化，并且 Java 中的所有整数类型都是有符号的，没有无符号整数。在基本语法中，Java 与 C/C++最大的不同就是把数组作为类来处理，并且所有的数组本质上都是一维数组。理解这个原理可以帮助我们正确地使用数组。

思考与练习题

一、思考题

1. Java 中有哪几种基本数据类型？
2. 关键字是否必须全部小写？请写出有关程序流程控制的 3 个关键字。
3. 怎样理解“Java 中没有高维数组，所有数组都是一维数组构成的”这句话？
4. 三目运算符的语法是什么？三目运算符冒号前后的数据类型可以不一致吗？如果可以，那么结果应该是什么类型？
5. Java 中基本数据类型在内存中所占字节数是否固定？如果是，请解释原因。

二、选择题

1. 以下哪个不是 Java 的关键字？（　）

   A．interface　　B．sizeof　　C．super　　D．throws

2. 表达式 11<<2 的运算结果是什么？（　）

   A．13　　B．3　　C．22　　D．44

3. 以下哪组语句不能初始化一个数组？（　）

   A．int array={11, 12, 13, 14, 15};　　B．int array[]={11, 12, 13, 14, 15};

   C．int[] array={11, 12, 13, 14, 15};　　D．int[] array=new int[5];
   for (int i=0; i<5; i++){array[i]=11+i;}

4. 以下哪个是短路运算符：（　）

   A．&&　　B．|　　C．～　　D．!

5. 以下哪个是短整型数据的取值范围？（　）

   A．0～216　　B．-216～216　　C．-215～215　　D．-215～215-1

三、填空题

1. Java 语言规定，标识符只能由字母、下画线“_”或美元符号“$”开始，后面可以跟字母、________、下画线和美元符号。
2. 所有的基本类型中，只有________型和其他类型之间是不允许转换的。
3. 无符号位右移运算符是________。
4. 提前终止当前循环而进入到下一次循环的关键字是________。
5. 数组本质上也是________。

第 2 章　Java 的面向对象特征

本章和下一章是学习的重点，介绍 Java 的面向对象特征和相关内容。面向对象特点是 Java 语言的基调，只有深入理解 Java 语言的面向对象特征才能真正掌握这门语言。

本章主要内容：

- 面向对象的概念和特征
- Java 中的类和对象
- Java 中的继承和多态
- 访问权限控制

2-1　面向对象概述

相对于传统的面向过程的软件开发方法，面向对象的软件开发是一种更先进的软件开发理念和技术，在最近 20 年左右的时间中逐渐得到了广泛的应用。面向对象的软件开发方法已经成为现在人们开发软件时的首选方法。

2-1-1　面向对象的基本概念

计算机程序设计语言的发展经历了几个阶段，早期是面向机器的程序设计语言，以及机器语言的抽象——汇编语言等；后来是面向过程的程序设计语言，例如 Frotran 和 C 语言，以及现在广泛使用的面向对象的程序设计语言，例如 C++、Java 等。在面向对象的语言之后还出现了面向结果的语言，例如数据库的结构化查询语言 SQL 等。

面向机器的程序设计与特定的硬件系统有关，程序实现起来既困难又有局限，而且可读性和可移植性很差。随着软件开发规模的扩大，面向机器的程序设计逐渐被面向过程的程序设计所取代。

面向过程的程序设计以具体的解题过程为研究和实现的主体，数据结构和算法是其解决问题的核心组成部分。面向过程的问题求解可以精确、完备地描述具体的求解过程，但随着软件规模和复杂度的不断增加，面向过程的程序设计语言不能将复杂的系统表述清楚，程序员越来越力不从心。

面向对象的技术为软件设计提供了一种全新的程序设计思路，与传统的面向过程的开发方法不同，面向对象的程序设计是以求解问题中所涉及的各种对象为主体的，力图求解过程符合人们日常的思维习惯，降低了求解问题的难度和复杂性，提高了编程的效率。

面向对象的问题求解就是力图从实际问题中抽象出封装了数据和操作的对象，通过定义属性和操作来表述它们的特性和功能，通过定义接口来描述它们的地位以及它们与其他对象的关系，最终形成一个广泛联系、可理解、可扩充、可维护以及更接近于问题本来面目的动态对象模型系统。相对于传统的面向过程的程序设计方法，面向对象的程序设计具有以下优越性：

（1）对象的数据封装特性彻底消除了传统结构方法中数据与操作分离所带来的种种问题，提高了程序的可复用性和可维护性，减轻了程序员保持数据与操作相容的负担。

（2）对象的数据封装性还可以把对象的私有数据和公共数据分开，保护了私有数据，减少了可能的模块间干扰，达到了降低程序复杂性、提高可控性的目的。

（3）对象作为独立的整体具有良好的自理性，即它可以通过自身定义的操作来管理自己。一个对象的操作可以完成两类功能，一是修改自身的状态，二是向外界发布消息。当一个对象欲影响其他对象时，它需要调用其他对象自身的方法，而不是直接去改变这个对象的状态。对象的这种自理性使所有修改对象的操作都能以对象自身一部分的形式存在于对象的整体之中，维护了对象的完整性，有利于对象在不同环境下的复用、扩充和维护。

综上所述，面向对象的程序设计是将数据及对数据的操作封装在一起，成为一个不可分割的整体。同时，将具有相同特征的对象抽象成为一种新的数据类型——类。通过对象间的消息传递使整个系统运转。

2-1-2 面向对象的重要特征

面向对象的 3 个重要特征是：封装、继承和多态。

1. 封装

抽象是人类固有的认识问题的能力。通过抽象，可以从具体的实例中抽取共同的性质形成一般的概念，例如面向对象语言中常见的类的概念。面向对象方法的封装特性是一个与抽象特性密切相关的特性。面向对象编程的核心思想之一就是将数据和对数据的操作封装在一起。具体地说，封装就是利用抽象数据类型将数据和作用在数据上的操作封装在一起，数据被保护在抽象数据类型的内部，数据类型外的系统的其他部分只有通过包裹在数据外的被授权的操作才能与这个抽象数据类型中的数据进行信息传递。

例如，一台电视机可以看作是一个抽象数据类型，它内部有复杂的电路系统和声音、图像等系统。包裹在电视机外层的是一些简单的操作，如开关电视和转换频道等。我们只能通过外面的这些授权的操作控制电视机，而不能拆开电视机，通过改变内部的电路连接对其进行操作。这样做的好处是：电视机内部受到了很好的保护，而使用电视机也变的简单而方便。

2. 继承

继承体现了一种先进的编程模式，使先前编写过的代码可以重复利用。继承也是面向对象技术中最具特色、与传统编程方式区别最大的特点。一个类可以继承另一个类，被继承类的所有具有继承权限的属性和方法都可以被继承类全部继承。当两个类具有继承关系时，被继承的类称为父类或超类，继承类称为子类。

例如，如果“交通工具”是一个类，那么“汽车”就是“交通工具”的子类，它将继承“交通工具”的属性（重量、出厂日期等）和方法（能行驶、能载物等）。而“小汽车”又是“汽车”的子类，继承“汽车类”的属性和方法。

3. 多态

多态是面向对象编程的又一个重要特征。多态的含义可以简单地表述为“对外同一个接口，内部多种实现”。有两种意义的多态，一种是操作名称的多态，另一种是有关继承的多态。

操作名称的多态与自然语言中的处理是很相似的。例如，我们要洗衣服和洗车，“洗”是动作，而“衣服”或“车”是动作的对象。其实两个“洗”的动作完全不同，但我们可以用同一个词“洗”来代表。如果自然语言不用这种多态的表示方法，那么我们和别人交流会很费劲。例如，让别人帮助我们洗车和洗衣服则必须说：请用洗车的“洗”方式帮我洗车，请用洗衣服的“洗”方式帮我洗衣服。在 Java 中，如果没有操作名的多态，则实现上述自然语言的功能必须编写方法：clothesWash(衣服)和 carWash(汽车)。但如果有操作名的多态性，这两个方法就可以直接编写为 wash(衣服)和 wash(汽车)。这样做不但直观，而且为编程带来很大的方便。这种类型的多态叫做过载（overload）。

上述的第一种多态在 Java 程序编译时表现，称为编译时多态。第二中多态在 Java 程序运行时表现，称为运行时多态，运行时多态将在方法的重写部分详细介绍。

2-2　类 和 对 象

Java 是面向对象的语言，类和对象是 Java 程序的基本要素。类描述了同一类型的对象都具有的属性和行为，同一类型的对象抽象成类的概念。创建了一个新类，就意味着创建了一个新的数据类型，这个类型如同 Java 中的基本数据类型一样，有自己的数据结构和能在类型上进行操作的方法。

类是编译的最小单元，一个 Java 程序至少要包含一个类，Java 的源文件就是由若干个书写形式互相独立的类构成的。

构成类的两个基本要素是属性和方法。类的属性就是一组数据，刻画了类的对象的状态；类的方法就是其他编程语言中的函数，类的方法刻画了类的对象的功能。

2-2-1　类的基本结构

类的基本结构就是类定义本身，包括类的声明和类体。

1. 类的声明和类体

Java 程序设计就是定义一系列的类的过程。如果一个所需要的具有某些属性和方法的数据类型在基本数据类型和 JDK 提供的类中没有提供，则需要定义自己的类。

类定义包括两个部分：类声明和类体。其基本格式为：

```
class 类名
{
    //类体的内容，可以为空
}
```

类名必须是合法的 Java 标识符，建议首字母大写。大括号之间的内容称为类体。class 是关键字，用来说明将要定义一个类。关键字 class 和类名构成类声明。

以下是一个简单的类声明的例子：

```
class Student{
    int age;
    boolean gender;
    float height;
    float weight;
}
```

“class Student”叫做类声明，“Student”是类名，类的名字不能是 Java 中的关键字，要符合标识符规定。习惯上，类名的第一个字母大写，但这不是必须的。类名必须是合法的 Java 标识符，但要遵循以下约定俗成的命名习惯：

（1）类名的首字母使用大写，如 Example、Student 等。

（2）当类名由几个单词组成时，每个单词的首字母都要大写，例如，CollegeStudent、MyExample 等。

2. 类体的构成

类的成员变量和成员方法在类体中定义。成员变量和成员方法在类体中出现的先后顺序几乎没有限制，可以先定义成员变量再定义成员方法，也可以先定义成员方法再定义成员变量，两种成员的定义也可以交错进行。

下面还是一个 Student 类，它的类体中定义了 4 个属性和 2 个方法：

```
class Student{
    int age;
    boolean gender;
    float height;
    float weight;
    public float getWeight(){
        return weight;
    }
    public void setWeight(float givenWeight){
        weight=givenWeight;
    }
}
```

要定义类中的成员变量，变量类型是必不可少的。成员变量的类型可以是 Java 中的任何一种数据类型，包括 Java 基本数据类型和其他已存在的类型。

成员变量在整个类内都有效，它在类体中书写的先后顺序不影响它的意义和作用。前面的 Student 类可以写成如下形式而不改变类的意义和性质：

```
class Student{
    int age;
    boolean gender;
    public float getWeight(){
        return weight;
    }
    float height;
    float weight;
    public void setWeight(float givenWeight){
        weight=givenWeight;
    }
}
```

但为了使类定义清楚直观，建议把类的成员变量集中在一起声明，把成员方法集中在一起声明。

2-2-2 构造方法

创建一个类的对象时要调用这个类的构造方法完成对象的初始化工作。构造方法的名称必须与类名相同，并且不返回任何数据类型，也不能在方法名前面强调说明它是 void 类型。不过，可以用后面将要介绍的访问权限控制符（public、private 等）修饰构造方法。Java

允许一个类中有若干个构造方法，也允许这些构造方法之间相互调用，但这些构造方法的参数列表必须不同。这种同名不同参的现象也就是前面介绍的面向对象中的一种多态——方法过载。

下面的 Circle 类有两个构造方法：

```
class Circle{
    double radius=10.0;
    Circle(){
    }
    Circle(double givenRadius){
        radius=givenRadius;
    }
    double getArea(){
        return 3.1416*radius*radius;
    }
    double getGirth(){
        return 2.0*3.1416*radius;
    }
}
```

构造方法的唯一用途是用来构建类的对象。如果编程人员没有为类定义构造方法，那么系统将为这个类默认定义一个空的构造方法，没有形式参数，也没有任何具体的语句。上面的 Circle 类如果没有两个构造方法，则系统会自动为其添加一个构造方法，形式和内容完全与第一个构造方法 Circle()相同。

但是，如果类定义中显式地给出了构造方法，那么系统就不会为它再添加默认的构造方法。例如，Circle 类的定义中如果只定义了 Circle(double givenRadius)构造方法，那么就无法调用构造方法 Circle()，因为这个方法根本不存在。

2-2-3　对象的创建

Java 程序定义类的最终目的是使用这些类。就像为基本数据类型声明、初始化和使用变量一样，可以使用一个类创建它的一个对象。创建一个对象包括对象的声明和创建对象两个步骤。

1. 对象的声明

像声明基本类型变量一样，对象声明的一般格式为：

```
类的名字 对象名字;
```

例如：

```
Circle aCircle;
```

其中，Circle 是一个已经存在的类的名字， aCircle 是声明的对象的名称。对象声明后，系统创建了一个能够指向对象的引用，而没有为对象开辟内存空间，因此，引用为空。当用 Circle 类声明一个 aCircle 对象时，aCircle 只是一个空引用，还没有任何对象存在于内存中。这时不能用 aCircle 访问其成员变量和成员方法，否则会在运行时（而不是编译时）出现错误。声明对象后必须为对象分配内存空间、分配成员变量后才能得到一个实体对象。

2. 创建对象

创建对象的过程与程序中创建一个基本类型变量是不一样的。可以用下列语句声明一个 int 型变量 x：

```
int x;
```

基本类型变量的这种声明方式为变量开辟了内存空间，但类的对象创建必须使用 new 运算符。使用 new 运算符构造类的对象的一般形式是：

```
变量名=new 构造方法名(参数列表);
```

也可以把声明对象和创建对象合在一起进行：

```
类型名 变量名=new 类型的构造方法名(参数列表);
```

例如，上述的 Circle 类提供了 2 个构造方法，下面都是合法的创建对象的语句：

```
aCircle=new Circle();
aCircle=new Circle(5.0);
```

如果类中定义了构造方法，那么 Java 不提供默认的、不带参数列表的构造方法。如果上述 Circle 只提供一个带参数的构造方法，那么下面的创建类对象的方法是非法的，在编译时不能通过：

```
aCircle=new Circle();
```

考察下面创建对象的代码执行时会发生哪些动作：

```
aCircle=new Circle(5);
```

上面的语句执行过程中系统会先后执行下面 5 件事情：

（1）为对象开辟合适大小的内存空间。对象所需的内存空间是其所有基本类型的成员变量所需存储空间、所有类类型成员变量引用所需空间、以及对象附注信息空间的总和。一个 int 型变量需要 4 个字节，一个 long 型变量需要 8 个字节，一个数组型变量只需要存储其引用，也是 4 个字节，一个 Circle 对象只需要存储其引用，需要 4 个字节。附注信息用来记录对象的实际类型。

（2）为对象中的每一个成员变量赋初始值。在方法中声明一个变量后是没有初值的，但在创建对象的过程中，当为对象开辟空间后，所有变量都有了初值。对于 boolean 类型成员变量，默认初值是 false；整型默认初值是 0；浮点型默认初值是 0.0；引用型（类类型或数组类型等）的引用初值为空，即初始化后的引用并不指向任何实体。

（3）执行类定义中的初始值设定。如果在类的定义中变量要赋初值，则要在这一步赋予其初值。例如，如果类 Circle 的定义中存在变量声明“double radius = 10.0”，则在这个步骤中要把 radius 的初值由上一步的 0.0 重新设置为 10.0。

（4）执行构造方法。这个步骤中需要按照构造方法中的语句。由于我们使用了第 2 个构造方法 Circle(double givenRadius)，那么执行“aCircle =new Circle (5)”之后，会把第 3 步中设置的 radius 的值由 10.0 更改为 5.0。

（5）返回一个引用的值。创建完成 Circle 的对象之后，会返回一个指向这个对象的引用。如果语句不是“aCircle = new Circle (5)”，而是“new Circle (5)”，则返回的引用被记录在系统中，程序员无法得到；如果是“aCircle = new Circle (5)”的形式，则返回的引用赋值给 aCircle。一般要把返回的引用赋值给一个变量，但有些情况下不需要赋值，这时生成的对象就称为匿名对象，程序员无法再得到这个对象的引用。但系统会记录这个匿名对象的引用。

对象创建后，就拥有自己的空间存放自己的成员变量，每一个对象都有自己独立的内存空间。所以指向不同对象的引用值一定不一样，但两个不同的引用可以指向同一个对象，这时两个引用的值相同。例如，下面的 3 条语句：

```
Circle c1=new Circle(2);
Circle c2=new Circle(7);
Circle c3=c1;
```

上述语句执行后，产生了两个 Circle 对象，它们占有不同的存储空间，引用 c1 和 c3 的值相同，也就是它们指向了同一个对象。

2-2-4　对象的使用

对象创建之后的使用要通过其引用和操作符“.”进行。其一般形式有两种：

```
对象引用.成员变量
对象引用.成员方法(参数列表)
```

对象的第一种使用方式是通过对象的引用实现对自己的变量的访问，这种方式可以获得对象的状态或设置对象的状态；第二种使用方式是通过对象的引用实现对自己成员方法的调用，这种方式可以实现对象的操作和功能。

用计算标准田径场的面积来说明对象的使用。标准田径场的形状是 2 个半圆加 1 个矩形。标准田径场共有 4 个边，2 个直边和 2 个弧边，长度均为 100 m，如图 2-1 所示。

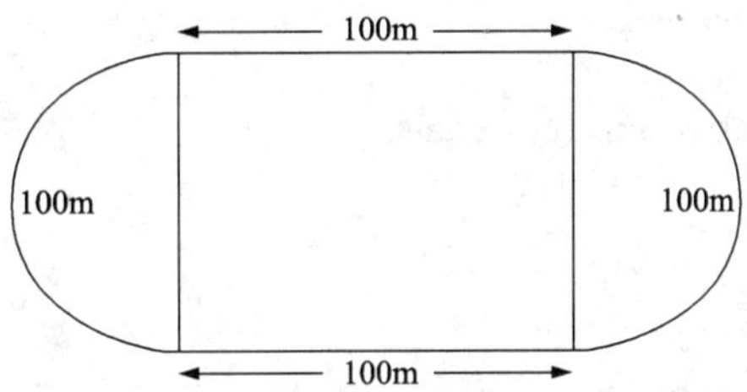

图 2-1　标准田径场形状

下面的程序中有 2 个类：长方形类 Rectangle 和圆类 Circle。这个程序计算了如图 2-1 所示的标准田径场地的面积。

【程序 2-1】 TestObject.java

```
class Circle{
    double radius;
    Circle(){                                          //无参数构造方法
    }
    Circle(double givenRadius){                        //由半径构造圆
        radius=givenRadius;
    }
    public void setRadius(double givenRadius){         //由半径设定圆
        radius=givenRadius;
    }
    public double getRadius(){
        return radius;
    }
    public double computeArea(){
        return 3.1416*radius*radius;
    }
    public double computeRadiusFromGirth(int givenGirth){
```

```
18:         return givenGirth/3.14/2;                //由周长计算半径
19:     }
20: }
21:
22: class Rectangle{
23:     double sideA, sideB;                         //边长
24:     Rectangle(){                                 //无参数构造方法
25:     }
26:     Rectangle(double givenA, double givenB){     //由长和宽构造矩形
27:         sideA=givenA;
28:         sideB=givenB;
29:     }
30:     public void setSide(double givenA,double givenB){//由长和宽设定矩形
31:         sideA=givenA;
32:         sideB=givenB;
33:     }
34:     public double getSideA(){
35:         return sideA;
36:     }
37:     public double getSideB(){
38:         return sideB;
39:     }
40:     public double computeArea(){
41:         return sideA*sideB;
42:     }
43: }
44:
45: public class TestObject{
46:     public static void main(String[] args){
47:         Circle circle=new Circle();
48:         //计算由两个百米弯道构成的圆的半径
49:         double radius=circle.computeRadiusFromGirth(200);
50:         circle.setRadius(radius);
51:         Rectangle rect=new Rectangle(2*radius,100);
52:         double circleArea=circle.computeArea();
53:         double rectArea=rect.computeArea();
54:         double totalArea=circleArea+rectArea;
55:         System.out.println("标准田径场的面积是：");
56:         System.out.println(totalArea+"平方米");
57:     }
58: }
```

上面程序的运行结果如图 2-2 所示。

图 2-2 “程序 2-1”的运行结果

在“程序 2-1”中，首先定义了一个 Circle 类（1~20 行），然后定义了一个 Rectangle 类（22~43 行），并利用这两个类提供的功能，实现了计算标准田径场的面积。

“程序 2-1”的设计思路是：根据弯道的长度，计算弯道部分的半径，从而可以计算两个弯道所围成的两个半圆的面积；由弯道半径，可以计算直道部分矩形的宽（弯道半径的两倍）。由于圆形半径和矩形的长、宽确定，所以可以计算总面积。Circle 类有 2 个构造方

法，包括一个无参数的构造方法和一个有参数的构造方法；Rectangle 类也有 2 个构造方法，包括一个无参数的构造方法和一个有参数的构造方法。

2-2-5　对象的清除

在 C++中，程序员需要跟踪所创建的所有对象，并且要显式地删除不用的对象。这种内存管理方式对提高程序效率是有益的，但它也有重大的弊端。因为这种内存管理方式不仅烦琐而且还容易导致内存错误，例如指针悬挂和内存泄露等问题。Java 采用了一种完全不同的内存管理方法。在 Java 中，我们可以创建所需要的许多对象，而不必关心对象的删除，Java 运行系统会在确定某个对象不再被使用时自动将其删除，这个过程称为垃圾收集（Garbage Collection）。

垃圾收集器收集的对象是被确认不存在任何引用的对象。一个变量中保存的引用通常在该变量的作用域之内有效，在变量的作用域之外变量及其包含的引用将不复存在。另外，也可以显式地删除一个对象的引用，方法是将该引用型变量的值赋为 null。例如，

```
Circle circle1=new Circle(31.85);
…
circle=null;
```

对于一个对象，程序中可能存在多个引用（这些不同引用的值相同），只有对该对象的所有引用都删除，垃圾收集器才能回收这个对象。

Java 运行系统中的垃圾收集器周期性地释放不再被引用的对象所占有的内存，自动执行内存回收。但垃圾收集器却以较低的优先级在系统空闲周期中执行，因此，垃圾的收集速度比较慢。在某些情况下，可以通过调用 System.gc( )方法显式地建议执行垃圾收集（但不能强制系统执行垃圾回收操作）。例如，在产生大量废弃对象的代码段后，或在需要大量内存的代码段前，可以显式地建议进行垃圾收集。

2-2-6　成员变量

成员变量是类和对象的静态属性，用来刻画类创建的对象属性，变量值表示了对象所处的状态。成员变量分为两种，其中一种成员变量称为实例变量，另一种称为静态变量或类变量。静态变量或类变量用关键字 static 修饰；实例变量不用关键字 static 修饰。

例如，下面的类定义中既有实例变量，又有类变量。

```
class Employee
{
   boolean qualified;
   static int serialNumber;
}
```

上面的类定义中，qualified 是实例变量，属于创建的对象，每个对象都会为实例变量开辟一块内存空间。serialNumber 是静态变量，或者是类变量，属于类 Employee，只开辟一份内存空间，所有的 Employee 对象共享这个静态变量。

我们知道，当 Java 程序执行时，类的字节码文件被加载到内存，与此同时，类变量（静态变量）便会被分配内存空间。但这时还没有对象，因此，任何实例变量都没有被分配内存空间。只有当创建了类的对象之后，才会为每一个对象中的每一个实例变量开辟内存空

间。也就是说，类变量只有一份，而实例变量有很多份，其数量与创建的对象的数量相同，不同对象的实例变量互不相同，即分配不同的内存空间，改变其中一个对象的实例变量不会影响其他对象的相应实例变量。

可以用对象的引用访问类变量（因为类变量被所有对象共享），可以用对象引用访问对象的实例变量（因为实例变量属于各自的对象），但不可以用类名称直接访问实例变量（因为对象有很多个，访问哪个对象的实例变量不能确定；甚至不能确定是否有对象存在），可以用类名称直接访问类变量。实例变量仅仅是与相应的对象关联的变量。也就是说实例变量必须通过对象访问。

下面的例子中，把圆周率看作是一个变量。因为根据不同的精度要求，圆周率可以写成 3，3.14，3.1416 等。那么一个 Circle 类就有两个成员变量：radius 和 pi。但所有的圆都共享同一个属于 Circle 类的圆周率（只是由于技术的发展，圆周率越来越精确）。

【程序 2-2】 TestVariable.java

```
class Circle{
    static double pi;
    double radius;
    public void setPi(double givenPi){
        pi=givenPi;
    }
    public void setRadius(double givenRadius){
        radius=givenRadius;
    }
    public double getRadius(){
        return radius;
    }
    public double computeArea(){
        return pi*radius*radius;
    }
}

public class TestVariable{
    public static void main(String[] args){
        Circle.pi=3;
        Circle circle1=new Circle();
        circle1.setRadius(10);
        Circle circle2=new Circle();
        circle2.setRadius(100);
        System.out.println("现在的圆周率是: "+Circle.pi);
        System.out.println("第一个圆的面积是: "+circle1.computeArea());
        System.out.println("第二个圆的面积是: "+circle2.computeArea());
        System.out.println();
        Circle.pi = 3.14;
        System.out.println("现在的圆周率是: "+circle2.pi);
        System.out.println("第一个圆的面积是: "+circle1.computeArea());
        System.out.println("第二个圆的面积是: "+circle2.computeArea());
    }
}
```

上面程序的运行结果如图 2-3 所示。

在上面的程序中，Circle 的两个对象 circle1 和 circle2 共用一个变量 pi，注意程序第 2 行，这个变量的声明是 public static double pi，其中的 static 关键字说明变量 pi 是属于类的，被所有对象共享。

当圆周率设定为 3 时（程序第 20 行），所有对象共享的圆周率就变为 3 了。注意 pi 的设置方式有两种，一种是通过类 Circle 设置（第 20 行），另一种是通过对象对其进行设置（第 29 行），两种方式是等价的。也就是说，类的 static 成员可以被类直接访问，也可以被某个对象直接访问。

类成员变量（static 类型）在内存中只占有一个位置，它是伴随着类的，所以也称为类变量，在类的加载过程中就为这样的变量分配了内存空间；而实例变量要在每一个对象中占有一个内存位置（后面要讲的 final 类型除外），这些实例变量的内存空间需要在对象产生时分配。

“程序 2-2”中各个变量的内存分配如图 2-4 所示。

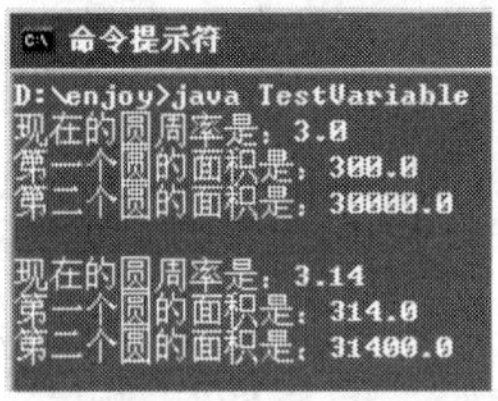

图 2-3　“程序 2-2”的运行结果

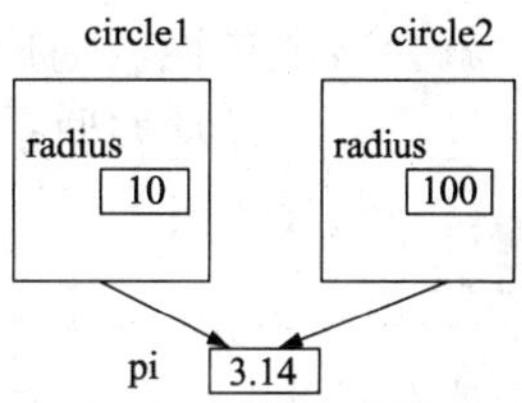

图 2-4　变量的空间分配

从图 2-4 可以看出，实例变量 radius 在对象 circle1 和 circle2 中分别占有独立的内存空间，而类成员变量 pi 在内存中只占有一份内存空间，并且被两个对象共享。

如果一个成员变量修饰为 final，就是常量，常量的名字习惯用大写字母，例如：

```
final int MAX;
```

对声明 final 成员变量要么显式初始化，要么在构造方法中对其初始化，否则，编译器会报错。如果 final 变量是简单类型，则其值不能发生变化；如果是复合类型，则其指向对象的引用不能发生变化。参照图 1-1，两种 final 类型的变量的第一行方框中的数据不能发生变化。但对复合数据类型，对象本身（参照图 1-1 第二行中的方框）是可以发生改变的。

性质类似的常量常常被集成到一个类中。形成的类可以方便地管理各个常量，在多个编程人员或开发机构应用时不至于混淆。例如，星期一至星期日可以用整数编码 0~6（星期一的代码是 0，依此类推）来代表，也可以把星期日的代码记为 0，而星期一至星期六的代码用 1~6 代表。下面的例子就用了后一种表示方式。

【程序 2-3】TestFinal.java

```
class Week{
    public static final int Sunday=0;
    public static final int Monday=1;
    public static final int Tuesday=2;
    public static final int Wednesday=3;
    public static final int Thursday=4;
    public static final int Friday=5;
    public static final int Saturday=6;
}

```

```
public class TestFinal{
    public static void main(String[] args){
        int x=0;                    //假设 x 是从其他开发者那里传来的数据
        if(x==Week.Friday)          //比较与 if(x==5)的区别
            System.out.println("要放假了！");
        if(x==Week.Sunday)          //比较与 if(x==0)的区别
            System.out.println("还没玩儿够呢！");
    }
}
```

上面程序的运行结果是在屏幕上打印出“还没玩儿够呢！”。“程序 2-3”中的 Week 类用于管理星期一至星期日的代码。如果不同的开发者共用这样一个管理常量的类，则不会出现代码混乱。如果没有这样一个常量管理类，那么不同的开发者只能通过某种口头的或者书面的协议确定代码的含义。在上面的例子中，如果发送变量者用了第一种编码方式（x=0 的意义是星期一），而接收方用了第二种编码方式（x=0 的意义为星期日），那么这两个开发者的程序就会出现错误，而原因正是没有管理常量的类 Week。使用常量管理类是 Java 程序设计时，尤其是开发大型系统时经常使用的手法。

2-2-7 成员方法

方法是类的动态属性，用来刻画类的对象的动态性质，即操作和功能。

类的方法中有一部分方法是构造方法，供类创建对象时使用，用来给出类所创建的对象的初始状态，这一部分方法与其他的成员方法有着显著的区别。对象不可以调用构造方法，构造方法是专门用来创建对象的。另一部分成员方法可分为实例方法和类方法。用 static 修饰的方法是类方法，也称为静态方法；不用 static 修饰的方法是实例方法，也称为非静态方法。

方法的定义包括两部分：方法声明和方法体。其一般格式为：

```
方法名(参数列表)
{
    //方法体的内容，如果返回类型为 void，则方法体可以为空
}
```

1. 方法声明和方法体

最基本的方法声明包括方法名和方法的返回类型，返回类型也简称为方法的类型，例如：

```
double computeArea()
{
    //计算面积的具体实现
}
```

上面的方法名是 computeArea，返回类型是 double。当一个方法不需要返回数据时，返回类型必须是 void（但构造方法除外，构造方法不能有任何返回类型，即使是 void 类型也不能写）。方法返回的数据类型可以是任意的 Java 数据类型。

方法后面的括号中是参数列表，参数列表可以为空。如果有多个参数，则参数之间需要用逗号隔开。每个参数都必须由类型和参数名两部分构成。

方法名是一个 Java 标识符。在给方法起名称时应遵守以下习惯：如果名称由一个单词

构成，则全部小写；如果由多个单词构成，则每个单词的首字母大写，但第一个单词的首字母小写。例如：

```
double getRadius()
void setRadius()
```

方法声明之后必须有方法体，方法体是一对大括号及其之间的所有内容。方法体不能省略。最简单的方法体只有一对大括号，其中没有任何内容，但这种情况下方法的返回类型必须是 void。非 void 返回类型的方法的方法体中至少有一个 return 语句。

类的方法体中只有 4 种变量可用：实例变量、类变量、形参变量和方法体内部声明的变量。实例变量的生命周期与对象的生命周期相同，方法退出后仍然存在；类变量与类的生命周期相同，从类的加载到程序退出一直存在；形参变量的生命周期贯穿于方法的整个执行过程，随着方法的执行完毕而消亡；方法内部声明的变量从声明和赋值之后开始，直至变量所在的语句块执行结束。

2. 实例方法与类方法

构造方法有很多特殊的性质，除了构造方法外，其他的方法可以分为静态方法和非静态方法。静态方法可以访问静态方法和静态变量；非静态方法可以访问静态方法和静态变量，也可以访问非静态方法和非静态变量；但静态方法不可以访问非静态方法和非静态变量。方法访问变量或方法的情况如表 2-1 所示。

表 2-1　方法对变量或方法的访问情况

访 问 方 法	静态变量或方法	非静态变量或方法
静态	√	×
非静态	√	√

下面的例子是关于静态或非静态方法对变量或方法的调用情况。

【程序 2-4】TestMethod.java

```
class Circle{
    static double pi;
    double radius;
    public static void setValue(double givenPi,double givenRadius){
       pi=givenPi;
       //radius=givenRadius 错误！静态方法不能访问非静态方法
    }
    public void setPi(double givenPi){
       pi=givenPi;              //非静态方法可以访问静态变量。
    }
    public void setRadius(double givenRadius){
       radius=givenRadius;
    }
    public double getRadius(){
       return radius;
    }
    public double computeArea(){
       return pi*radius*radius;
    }
}
```

```
21:
22: public class TestMethod{
23:     public static void main(String[] args){
24:         Circle myCircle=new Circle();
25:         Circle.setValue(3.1416, 100);
26:         System.out.println("myCircle 的面积是: " );
27:         System.out.println(myCircle.computeArea());
28:         myCircle.setRadius(10);
29:         System.out.println("myCircle 的面积是: " );
30:         System.out.println(myCircle.computeArea());
31:     }
32: }
```

上面程序中，类 Circle 既有静态方法，又有实例方法。第 4 行的静态方法 setValue 不能访问 Cirle 的非静态变量 radius，否则就会出现编译错误。读者可以把第 6 行中最前面的注释号去掉，重新编译，看一看到底会发生什么编译错误。上面程序的运行结果如图 2-5 所示。

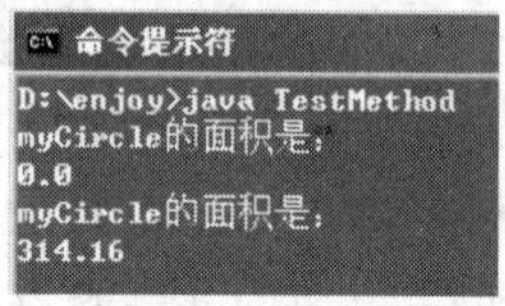

图 2-5　“程序 2-4”的运行结果

无论类方法或实例方法，当被调用执行时，方法中的局部变量才被分配内存空间，方法调用完毕，局部变量即刻释放所占的内存。

在“程序 2-4”中，如果仅仅想使用类 Circle 中的 setValue 方法（它的作用就是设定圆周率），就没必要用类 Circle 创建对象，如果创建对象，实例变量 radius 就要被分配内存，浪费不必要的内存。

3. 参数传值

方法是对某一项操作或功能的抽象，它会对不同的输入值产生反应，返回相应的结果。当方法被调用时，形参（方法定义时括号中的参数）必须和实参（实际数值）结合。实参的值传送给形参。但有一个问题：Java 中方法的形参和实参是如何结合的？参数值是如何传递的？Java 中的参数传递分为两种不同的情形：基本数据类型的参数传递和引用类型的参数传递。

（1）基本数据类型参数的传值

基本数据类型参数传递时传送的是实参的一份备份，实参变量并未真正参与方法体中的运算。在传递时如果类型不匹配，还要进行一些转换，即：当实参级别低于形参级别时，类型自动转换；反之，将出现编译错误。

下面的程序是一个基本类型数据的参数传递的例子，这个例子中的方法试图互换两个基本类型的变量的值。

【程序 2-5】TestBasicParameter.java

```
public class TestBasicParameter{
    public static void exchange(int first,int second){
        //该方法试图交换两个输入参数的值
        int temp=first;
        first=second;
        second=temp;
    }
    public static void main(String[] args){
        int x=10;
```

```
        int y=20;
        System.out.println("交换前，x="+x+"; y="+y);
        exchange(x,y);
        System.out.println("交换后，x="+x+"; y="+y);
    }
}
```

上面程序的运行结果如图 2-6 所示。

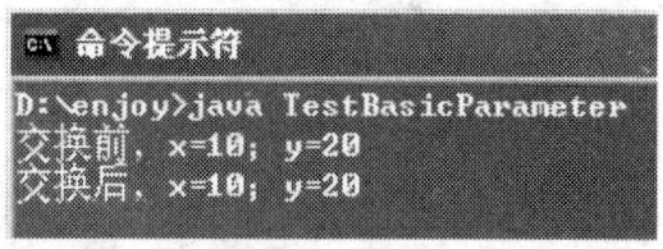

图 2-6　“程序 2-5”的运行结果

“程序 2-5”中的方法 exchange 试图交换两个输入的参数的值，但这是无法做到的，因为 Java 中方法的参数传递是传值的，而不是像 C/C++那样可以传地址。Java 中的方法在接收到基本类型变量的参数之后，先要产生这个变量的一个备份，然后对这个备份进行处理，并不影响原来的变量的值。基本数据类型参数的传值方式如图 2-7 所示。

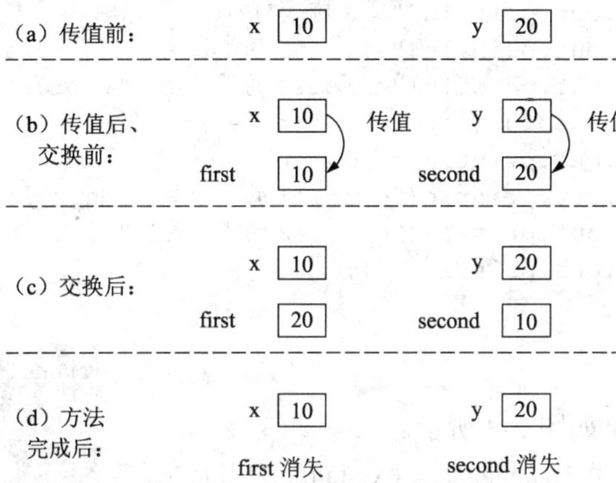

图 2-7　基本类型参数传值

（2）引用类型参数的传值

Java 的引用型数据包括对象、数组以及后面将要学习的接口和泛型等。当参数是引用类型时，“参数传递”操作传递的是变量的引用而不是变量所引用的实体。具体地说，系统产生实参对象引用的一份备份，让这份备份参与到方法体的运算之中。

通过对象的任何引用都可以改变对象中的属性值，因此，产生的实参备份能够改变实参对象的值。

下面的程序示例了引用型参数的传值过程。

【程序 2-6】TestClassParameter.java

```
class Circle{
    double radius;
    public void setRadius(double givenRadius){
        radius=givenRadius;
    }
    public double getRadius(){
        return radius;
    }
    public double computeArea(){
        return 3.14*radius*radius;
```

```
11:     }
12: }
13:
14: public class TestClassParameter{
15:     public static void exchangeRadius(Circle first,Circle second){
16:         double tempRadius=first.getRadius();
17:         first.setRadius(second.getRadius());
18:         second.setRadius(tempRadius);
19:     }
20:     public static void main(String[] args){
21:         Circle circle1=new Circle();
22:         Circle circle2=new Circle();
23:         circle1.setRadius(10);
24:         circle2.setRadius(20);
25:         System.out.println("交换前: ");
26:         System.out.println("circle1 的半径是: "+circle1.getRadius());
27:         System.out.println("circle2 的半径是: "+circle2.getRadius());
28:         exchangeRadius(circle1, circle2);
29:         System.out.println("交换后: ");
30:         System.out.println("circle1 的半径是: "+circle1.getRadius());
31:         System.out.println("circle2 的半径是: "+circle2.getRadius());
32:         System.out.println("");
33:
34:     }
35: }
```

上面程序的运行结果如图 2-8 所示。

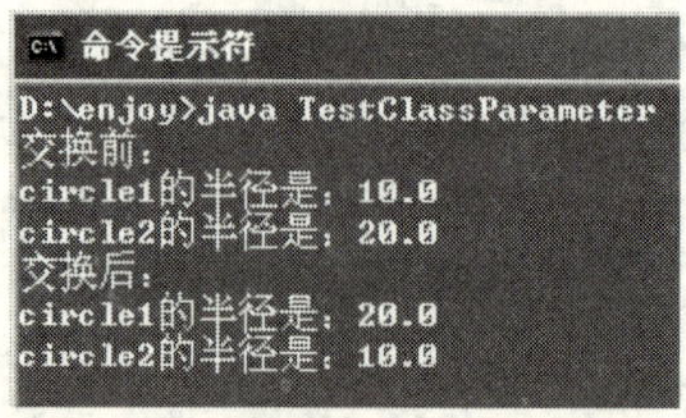

图 2-8 “程序 2-6”的运行结果

在“程序 2-6”中，第 15 行的方法 exchangeRadius 的功能是对两个 Circle 类对象中的成员变量 radius 进行交换。从运行结果上看，这种交换的操作是成功的。上面程序的传值过程如图 2-9 所示。

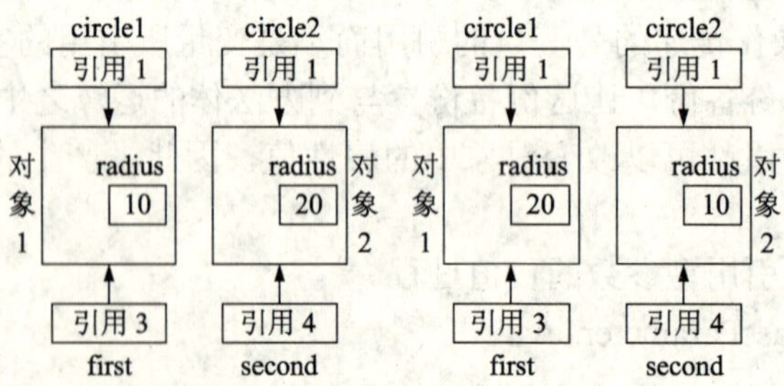

（a）交换前　　（b）交换后

图 2-9 引用类型参数传值

“程序 2-6”中，在交换前 circle1 有一个引用“引用 1”，circle2 有一个引用“引用 2”，它们分别指向一个对象“对象 1”和“对象 2”。当参数传递之后，形参 first 和 second 分别产生一个引用“引用 3”和“引用 4”。引用 3 虽然与引用 1 是不同的引用，但它们的值相同，即它们指向了同一个对象“对象 1”。同理，引用 2 和引用 4 也指向了同一个对象“对象 2”。由于引用能够操控对象中的值，因此，在执行语句 exchangeRadius(circle1,circle2)

后，对象 1 和对象 2 中的值已经交换完毕。但此时，circle1 的引用还是指向了对象 1，circle2 的引用指向了对象 2。因此，两者的变量值事实上已经发生了交换。

2-2-8 方法的过载

方法的过载是自然语言的简洁、优秀的特性在面向对象语言中的体现。对象可以根据向自己提供的参数列表的不同而选择合适的方法进行执行。这种特性体现出了对象的多功能性。

方法过载是指一个类中可以有多个方法具有相同的名字，但方法的签名必须不同。所谓方法的签名是指方法名、参数类型、参数数量和参数的排列顺序。返回类型不属于方法签名。过载的几个方法签名必须不一样。因为方法名称是一样的，所以参数类型、参数数量和参数的排列顺序中至少有一个不相同，才可以区分两个方法是不同的方法。方法的过载本质上是完全不同的方法，虽然方法名相同。

下面的例子是求几个数的最大值，几个方法的参数数量和方法功能各不相同。

【程序 2-7】 TestOverload.java

```
1:  class Max{
2:      int max(int n1,int n2){
3:          if(n1>=n2)
4:              return n1;
5:          else
6:              return n2;
7:      }
8:      int max(int n1,int n2,int n3){
9:          int max=n1;
10:         if(max<n2)
11:             max=n2;
12:         if(max<n3)
13:             max=n3;
14:         return max;
15:     }
16: }
17:
18: public class TestOverload{
19:     public static void main(String[] args){
20:         Max object=new Max();
21:         int m1=20,m2=10;
22:         int max=object.max(m1,m2);
23:         System.out.println(""+m1+","+m2+"的最大值是"+max);
24:         int k1=5,k2=13,k3=8;
25:         max=object.max(k1,k2,k3);
26:         System.out.println(""+k1+","+k2+","+k3+"的最大值是"+max);
27:     }
28: }
```

上面程序的运行结果如图 2-10 所示。

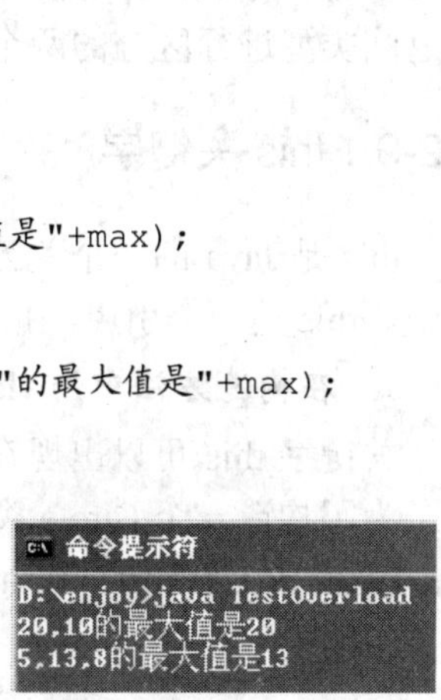

图 2-10 “程序 2-7”的运行结果

在“程序 2-7”中，类 Max 有两个方法，这两个方法的名称相同，都是 max，但它们有不同的参数列表。第 1 个方法的参数有两个，而第 2 个方法的参数有 3 个。第 22

行中对象 object 调用了方法 max(m1,m2)，由于是两个参数，系统会按照第 2 行的方法执行；但第 25 行对象 object 调用了方法 max(k1,k2,k3)，系统会按照第 8 行提供的方法执行。

虽然 Max 的两个 max 方法的名称相同，但它们是完全不同的方法，如同两个名称不一样的方法一样。方法过载的主要目的是为了编程的简洁和方便，以便程序员对功能类似的方法不需要去编写或记忆不同的名称。

需要注意，两个过载的方法在参数列表和参数类型必须至少有一处不同，而形参的名称不影响两个方法是不是存在过载关系。例如，下面的 4 个方法是过载的：

```
double getArea(int,int)
double getArea(int,double)
double getArea(double,int)
double getArea(int,int,int)
```

但是，参数列表和参数类型完全相同、但返回值不同的两个方法在同一个类中是不允许的。例如，下面的程序会出现编译错误。

```
class Max{  //错误程序！仅从返回类型上不能判断两个方法的不同
    double max(double d1,double d2){
        if(d1>=d2)
            return d1;
        else
            return d2;
    }
    int max(double d1,double d2){
        if(d1>=d2)
            return(int)d1;
        else
            return(int)d2;
    }
}
```

为什么不允许方法签名相同但返回类型不一样的过载方法呢？这是因为，调用方法时，很多情况下并不需要其返回结果，而是利用了方法的副作用（side effect），像经常使用的 System.out.println()方法。如果过载的两个方法都不需要返回任何值，则系统无法判断到底调用了哪种方法，因而产生歧义。所以，不能仅凭返回类型区分两个方法，也就不存在仅凭返回类型进行区分的两个过载方法。

2-2-9 this 关键字

this 是 Java 的一个关键字，可以出现在实例方法和构造方法中，但不可以出现在类方法中。this 是一个引用，指向当前的对象。

1. 在构造方法中用 this

关键字 this 可以出现在类的构造方法中，代表使用该构造方法所创建的对象。下面的例子为了构造一个 Circle 类的对象，采用了两种构造方法，这个过程中用到了 this。

【程序 2-8】TestThis.java

```
class Circle{
    double radius;
    Circle(double givenRadius){
```

```
4:          radius=givenRadius;
5:      }
6:      Circle(boolean fromDiameter,double givenDiameter){
7:          this(givenDiameter/2);
8:          if(!fromDiameter)
9:             radius=0;
10:     }
11:     double computeGirth(){
12:         return(2*3.1416*radius);
13:     }
14:     double computeArea(){
15:         return 3.14*radius*radius;
16:     }
17: }
18:
19: public class TestThis{
20:     public static void main(String[] args){
21:         Circle circle1=new Circle(10);            //调用第 1 个构造方法
22:         Circle circle2=new Circle(true,200);     //调用第 2 个构造方法
23:         System.out.println("circle1 的面积是" +circle1.computeArea());
24:         System.out.println("circle2 的面积是" +circle2.computeArea());
25:     }
26: }
```

上面程序的运行结果如图 2-11 所示。

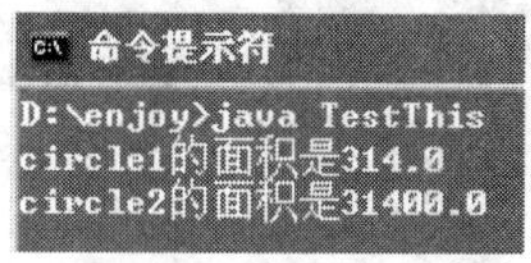

图 2-11　“程序 2-8”的运行结果

在“程序 2-8”的第 20 行，Circle circle2=new Circle(true, 200)调用了第 6 行的构造方法创建了一个对象 circle2，第 2 个参数 200 表示直径，第 6 行的构造方法先通过直径计算出半径，然后再利用半径和第 3 行的构造方法构造对象 circle2。第 2 个构造方法中的第 1 个参数 boolean fromDiameter 的作用主要是把第 1 个构造方法和第 2 个构造方法区分开来。

2. 在实例方法中使用 this

关键字 this 是 Java 中使用的一个有特定意义的引用，它指向当前对象自身，也就是说，它是指向当前对象本身的一个引用。

对任何实例变量和成员方法的引用都应该使用如下形式：

```
this.成员变量(或成员方法)
```

但前面的例子中都没有这样的语法。这是因为，在不产生混淆的情况下，实例变量和实例方法前面的 this.可以省略。

下面的例子是不带 this 关键字的简洁形式：

```
class Circle{
    double pi=3.1416;
    double radius;
    double computeDiameter(){
        return 2*radius;
    }
    double computeGirth(){
        double girth=pi*computeDiameter();
    }
}
```

去掉 this 后程序更加简洁，且在本程序中并不产生歧义。上面程序的本来面目，即带有 this.形式的程序如下：

```
class Circle{
   double pi=3.1416;
   double radius;
   double computeDiameter(){
      return 2*this.radius;
   }
   double computeGirth(){
      double girth=this.pi*this.computeDiameter();
   }
}
```

下面是一个完整的程序，程序中利用 this 调用 Max 类中的方法。

【程序 2-9】TestThis2.java

```
1:  class Max{
2:      int max(int n1,int n2){
3:          if(n1>=n2)
4:             return n1;
5:          else
6:             return n2;
7:      }
8:      int max(int m1,int m2,int m3){
9:          int temp=this.max(m1,m2);
10:         return this.max(temp,m3);
11:     }
12: }
13:
14: public class TestThis2{
15:     public static void main(String[] args){
16:         int m1=11,m2=12,m3=13;
17:         Max object=new Max();
18:         int result=object.max(m1,m2,m3);
19:         System.out.println("m1,m2,m3 的最大值是"+result);
20:     }
21: }
```

上面程序的运行结果是：

```
11,12,13 的最大值是 13。
```

在“程序 2-9”中，第 8 行带有 3 个参数的方法 int max(int, int, int)2 次调用了带有 2 个参数的方法 int max(int, int)。第 1 次，调用 this.max(m1, m2)找出 m1 和 m2 中的最大值。第 2 次，利用前面 2 个数的最大值和最后一个数求出 3 个数的最大值。this.max(m1,m2)意味着调用当前对象的方法，即第 2 行的方法。这里 this 起到了强调的作用。

this.max(m1,m2)和 max(m1,m2)是完全等价的，但前者逻辑关系更清楚、明确，是更原始的形式。

this 不能出现在类方法中。这是因为，类方法可能是在没有任何对象的情况下执行的，这时可能根本不存在任何当前对象，this 也就失去了意义。

3. 使用 this 区分参数和成员变量

为了让成员方法的意义更明确，往往要把输入参数和要被赋值的名称写成同样的名称，但这势必将混淆两者的意义。为了解决这个问题，可以保留成员变量前面的 this.，而不是将 this.省略。

下面的例子中就是用 this.把成员变量和参数进行了区分。

【程序 2-10】TestThis3.java

```
1:  class Circle{
2:      double radius;
3:      void setRadius(double radius){
4:          this.radius=radius;
5:      }
6:      double getRadius(){
7:          return this.radius;
8:      }
9:      double computeArea(){
10:         return 3.14*radius*radius;
11:     }
12: }
13:
14: public class TestThis3{
15:     public static void main(String[] args){
16:         Circle cir=new Circle();
17:         cir.setRadius(10);
18:         System.out.println("圆 cir 的面积是"+cir.computeArea());
19:     }
20: }
```

上面程序的运行结果在屏幕上打印输出如下：

```
圆 cir 的面积是 314.0
```

“程序 2-10”中，类 Circle 在第 3 行有一个方法 void setRadius(double radius)。小括号内的 double radius 是一个形参，由于它和类 Circle 的成员变量 double radius 名称相同，因此容易发生混乱，但对成员变量 radius 的使用如果不省略“this.”，就容易区分这二者。

4. 使用 this 区分成员变量和局部变量

在成员方法中，可以定义和成员变量名称完全相同的局部变量。这种情况下，成员变量被隐藏，也就是说，因为和局部变量名称相同，相应的成员变量在这个方法中局部变量的作用范围内暂时失效。这时如果还想在方法内使用成员变量，则成员变量前面的“this.”不能省略（即：恢复成员变量的本来使用方法，而不是简化使用方法）。下面的例子就是通过 this.使用被隐藏的成员变量的程序。

【程序 2-11】TestThis4.java

```
class Circle{
    double radius;
    Circle(double givenRadius){
        radius=givenRadius;
    }
    double computeArea(){
        return 3.14*radius*radius;
```

```
8:      }
9:      double areaOfAnyCircle(double diameter){
10:         double radius=diameter/2.0;
11:         System.out.println("this.radius:"+this.radius+";radius:"+
            radius);
12:         return 3.14*radius*radius;
13:     }
14: }
15:
16: public class TestThis4{
17:     public static void main(String[] args){
18:         Circle circle=new Circle(10);
19:         double area=circle.areaOfAnyCircle(200);
20:         System.out.println("直径为 200 的圆的面积是: "+area);
21:     }
22: }
```

上面程序的运行结果如图 2-12 所示。

图 2-12 “程序 2-11”的运行结果

在“程序 2-11”中，主类的主方法 main()调用了 circle 对象的一个方法 areaOfAnyCircle(200)，该方法在执行过程中定义了一个局部临时变量 radius（第 10 行），这个临时变量隐藏了对象 circle 的成员变量 radius。因此，要访问被局部变量隐藏的成员变量 radius，输出其信息，必须在其前面增加“this.”，从而以“this.radius”的形式访问。

2-3 继承与多态

前面一节讲述了类和对象的有关知识，介绍了类的构成以及用类创建对象等一系列知识。前一节主要体现了面向对象编程的一个重要特点：数据的封装。面向对象编程的另一个特点就是继承。本节的主要内容之一就是类的继承和与继承有关的性质。

2-3-1 类继承的语法

类之间的继承关系是面向对象程序设计的基本特征之一，是一种由已经存在的类创建新类的机制。我们可以先定义一个共有属性的一般类（称为父类或超类），在父类的基础上定义一个新的类（称为子类），子类可以继承父类的属性和方法，也可以定义自己独有的属性和方法。父类可以是 Java 类库中的类，也可以是自己编写的类。利用继承可以有效地实现代码的重复使用，子类只需添加新的功能代码即可。Java 不支持多重继承，即子类只能有一个父类。Java 中所有的类都直接或间接继承自同一个类 Object。Object 类是所有 Java 类的根类，在 java.lang 包中。

定义一个子类要在类的声明中，使用关键字 extends 来声明它是哪个类的子类，其格式如下：

```
class 子类名 extends 父类名
{
    //子类的类体
}
```

例如，如果 Employee 是一个类，那么类 Manager 可以看作是一个特殊的 Employee 类，在 Employee 类的基础上定义 Manager 类的语法如下：

```
class Manager extends Employee
{
   //Manager 类中新增的成员变量和成员方法
}
```

由于 Object 类是 Java 中所有类的父类或间接父类，因此，如果一个类继承自 Object 类，为了使程序简洁，"extends Object"可以省略。

两种定义类的方式 class X extends Object{…}和 class X 是等价的。

2-3-2 类继承的使用

如果子类继承了父类的成员变量和成员方法，则这些成员变量和成员方法就是子类的成员变量和成员方法，如同在子类中定义的变量和方法完全一样。但是，并不是父类的所有成员变量和成员方法都能够被子类继承，这就涉及到一个权限的问题。关于成员变量和成员方法的权限将在后面的章节中介绍。子类如果没有继承父类的某些成员变量或成员方法，则子类无法对这些变量或方法进行访问或调用。

下面是一个关于类继承的例子，请注意其中类的成员变量和成员方法的继承。

【程序 2-12】TestInherit.java

```
class A{
    int first=100;
    int add(int x,int y){
        return x+y;
    }
}
class B extends A{
    int second=200;
    int mult(int x,int y){
        return x*y;
    }
}

public class TestInherit{
    public static void main(String[] args){
        int x=20,y=4;
        A a=new A();
        System.out.println("父类 A 有属性 first，其值是: "+a.first);
        B b=new B();
        System.out.println("子类 B 也有属性 first，其值是: "+b.first);
        System.out.println("子类 B 还有属性 second，其值是: "+b.second);
        int sumA=a.add(x,y);
        System.out.println("父类 A 有方法 add: "+x+"+"+y+"的值是: "+sumA);
        int sumB = b.add(x, y);
        System.out.println("子类 B 也有方法 add: "+x+"+"+y+"的值是: "+sumB);
        int product=b.mult(x,y);
```

```
            System.out.println("子类B还有方法mult:"+x+"*"+y+"的值是:"
            +product);
        }
}
```

上面程序的运行结果如图 2-13 所示。

在“程序 2-12”中，A 是父类，B 是 A 的子类。B 继承了 A 所有的属性（first）和方法（add），但又有自己独有的属性（second）和方法（mult）。这个例子中，子类 B 继承了父类 A 的所有属性和方法。

图 2-13 “程序 2-12”的运行结果

2-3-3 成员变量的隐藏

子类中定义的新的变量如果和继承过来的变量名称相同，则会隐藏继承过来的成员变量。但并不是无法访问被隐藏的成员变量，而是可以用后面介绍的 super 关键字访问被隐藏的、继承过来的成员变量。下面是关于继承中的成员变量隐藏的例子。例子中子类 B 继承了子类 A，并且重新定义了变量，从而隐藏了继承过来的变量。

【程序 2-13】 TestHidden.java

```
class A{
    int first=10;
    int second=20;
}
class B extends A{
    int first=100;
    double second=200.0;
    int third=300;
    void change(){
        first+=50;
        second+=50;
        third+=50;
    }
}
public class TestHidden{
    public static void main(String[] args){
        B b=new B();
        System.out.println("b的成员变量的值变化之前: ");
        System.out.println("b的成员变量first的值是: "+b.first);
        System.out.println("b的成员变量second的值是: "+b.second);
        System.out.println("b的成员变量third的值是: "+b.third);
        b.change();
        System.out.println("\nb的成员变量的值变化之后: ");
        System.out.println("b的成员变量first的值是: "+b.first);
        System.out.println("b的成员变量second的值是: "+b.second);
        System.out.println("b的成员变量third的值是: "+b.third);
    }
}
```

上面程序的运行结果如图 2-14 所示。

从“程序 2-13”的运行结果可以看出，B 的 first 变量和 second 变量虽然继承自 A，但 B 中又对这两个变量重新进行了声明，这样做的结果是 A 的对应变量 first 和 second 被隐藏起来。A 的变量被隐藏之后，B 的对象对相应的成员变量的操作都是针对自己新声明的成员变量的。

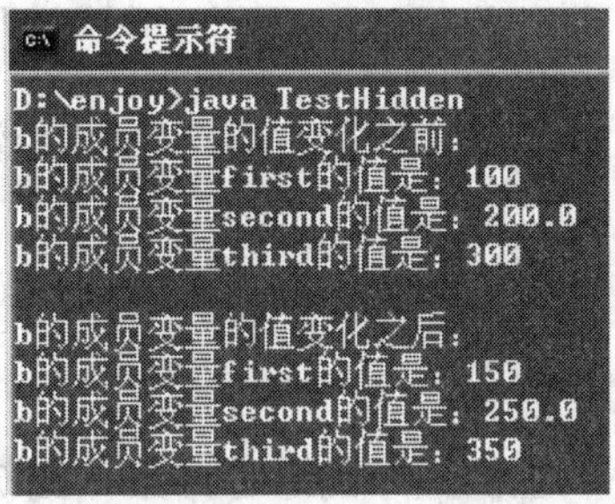

图 2-14 “程序 2-13”的运行结果

从“程序 2-13”还可以看出，子类中声明的用来覆盖父类成员变量的那些成员变量，可以和子类中的类型一致(例如父类的 first 和子类的 first)，也可以不一致(例如父类的 second 和子类的 second)。

子类的对象引用成员变量时，首先看这个成员变量在子类中是否有声明；如果没有声明，再查看父类中相应的成员变量。

子类隐藏父类的成员变量后，并不是无法访问父类中相应的被隐藏的成员变量，而是可以通过其他方式访问。具体的方法在本节中学习了 super 关键字后介绍。

2-3-4 方法的重写

方法的重写也是多态的一种表现，另一种多态是前面曾经介绍的方法的过载。方法重写（Override）是指：子类可以改写父类方法所实现的功能，但子类中重写的方法必须与父类中的对应方法有相同的名称、返回类型、参数个数和类型、以及参数列表等。

如果子类没有重写父类的方法，则这个方法如果被继承，就可以被子类的对象调用，就像调用子类中定义的其他方法一样；但如果这个方法一旦被重写，则子类对象调用这个方法时，实际运行的是子类中改写之后的方法，父类中的相应方法被隐藏了起来。但也可以用 super 关键字调用被隐藏了的方法。

下面的例子中子类中定义的 increase()方法重写了父类中的 increase()方法。

【程序 2-14】 TestOverride.java

```
class SlowAdder{
    int x=10;
    void increase(int addend){
        x+=addend;                  //增加 addend
        System.out.println("调用 SlowAdder 方法，变量 x 的值是: "+x);
    }
}
class QuickAdder extends SlowAdder{
    int x=100;
    void increase(int addend){
        x+=2*addend;                //增加 addend 的两倍
        System.out.println("调用 QuickAdder 方法，变量 x 的值是: "+x);
    }
}

public class TestOverride{
    public static void main(String[] args){
        SlowAdder slow=new SlowAdder();
        System.out.println("对象 slow: ");
```

```
20:         System.out.println("增加前，x 的值为: "+slow.x+";    增加后: ");
21:         slow.increase(6);
22:         System.out.println();
23:         System.out.println("对象 quick");
24:         QuickAdder quick=new QuickAdder();
25:         System.out.println("增加前，x 的值为: "+slow.x+";    增加后: ");
26:         quick.increase(6);
27:     }
28: }
```

上面程序的运行结果如图 2-15 所示。

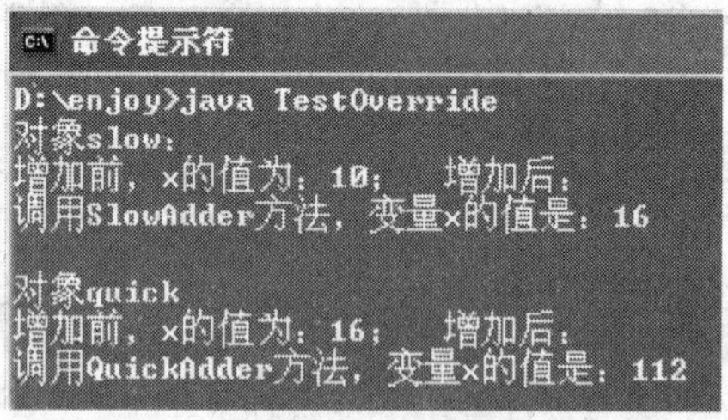

图 2-15 “程序 2-14”的运行结果

在“程序 2-14”主类 TestOverride 的主方法 main()中，首先创建了一个 SlowAdder 型的对象 slow（第 18 行），在此基础上，该对象执行 slow.increase(6)的操作时，运行的是第 3 行的方法；但对象 quick 调用 increase(6)时，并没有调用从父类中继承过来的方法（第 3 行），而是调用了自己重写的方法（第 10 行）。因此，执行后的结果为 100 + 2*6 = 112。

方法重写的前提是方法的名称、类型、参数个数和类型同父类的某个方法完全相同。如果存在一个方面的不同，也就没有重写父类的方法。

如果子类定义的方法与父类中的方法名称相同但参数列表不一样，这种情况并不是方法的重写，而是方法的过载。这是因为，父类中的方法被继承过来作为子类的方法。而子类又定义了一个同名不同参的方法，这恰好符合方法过载的定义。

如果子类中定义的方法与父类中定义的某个方法名称和参数列表完全一致，但返回类型不同，则编译器会报错。这是因为，如果调用这个方法而不需要返回值，则编译器不能区分编程人员的意图是调用父类中定义的方法还是子类中定义的方法。

下面例子中，子类的 increase()方法并没有重写父类的 increase()方法。

【程序 2-15】 TestOverride2.java

```
class SlowAdder{
    int increase(int basic,int addend){
        return basic+addend;
    }
}
class QuickAdder extends SlowAdder{
    int increase(int basic,int addend1,int addend2){
        return basic+addend1+addend2;
    }
}
public class TestOverride2{
    public static void main(String[] args){
```

```
        SlowAdder slow=new SlowAdder();
        QuickAdder quick=new QuickAdder();
        int x=10;
        int y=5;
        int z=3;
        int result1=quick.increase(x, y);
        System.out.println(""+x+"慢速增加"+y+"之后的结果为"+result1);
        int result2=quick.increase(x,y,z);
        System.out.println(""+x+"快速增加"+y+","+z+"之后的结果为"+result2);
    }
}
```

上面程序的运行结果如图 2-16 所示。

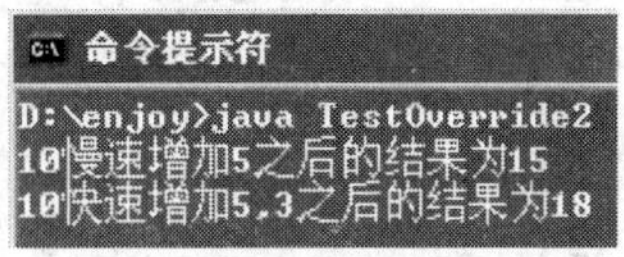

图 2-16 “程序 2-15”的运行结果

“程序 2-15”的 QuickAdder 类继承自父类 SlowAdder，并且增加了一个方法 increase(int, int, int)。这个方法并没有覆盖父类 SlowAdder 的方法 increase(int, int)。于是，子类就拥有了两个方法：一个是继承自父类的，另一个是自己声明和定义的。这两个方法之间的关系本质上是过载关系，因为它们同属于一个类 QuickAdder。

2-3-5 super 关键字

关键字 this 代表当前对象，而关键字 super 代表当前对象的父类部分。super 有两种用法：子类使用 super 调用父类的构造方法；子类使用 super 调用被子类隐藏的成员变量和方法。

1. 使用 super 调用父类的构造方法

前面提及过，构造方法是一种非常特别的方法，子类并不继承父类的构造方法。但子类中有些初始化工作需要父类的构造方法帮助实现，这时需要用 super 调用父类的构造方法。子类构造方法中调用父类构造方法的语法如下：

```
super(参数列表)
```

需要注意的是，子类构造方法中使用 super 调用父类构造方法时，必须把调用语句放在子类构造方法的最开始。其实，即使不在子类的构造方法中显式地说明调用父类的构造方法，系统也会调用一个无参的父类构造方法。如果父类没有提供无参构造方法，则编译器会报错。

构造方法不会被子类继承，只能被子类方法调用。

下面的程序中，子类的构造方法的第一条语句使用 super 调用父类的构造方法。

【程序 2-16】TestSuper.java

```
class Father{
    int a;
    Father(){
        a=0;
    }
    Father(int givenA){
        a=givenA;
    }
}
```

```
10: class Son extends Father{
11:     int b;
12:     Son(){
13:         super();
14:         b=0;
15:     }
16:     Son(int givenA,int givenB){
17:         super(givenA);
18:         b=givenB;
19:     }
20:     void show(){
21:         System.out.println("a="+a+";b="+b);
22:     }
23: }
24:
25: public class TestSuper{
26:         public static void main(String[] args){
27:         Son son1=new Son();
28:         System.out.println("new son():");
29:         son1.show();
30:         System.out.println();
31:         Son son2=new Son(-10,+7);
32:         System.out.println("new son(-10,+7):");
33:         son2.show();
34:     }
35: }
```

上面程序的运行结果如图 2-17 所示。

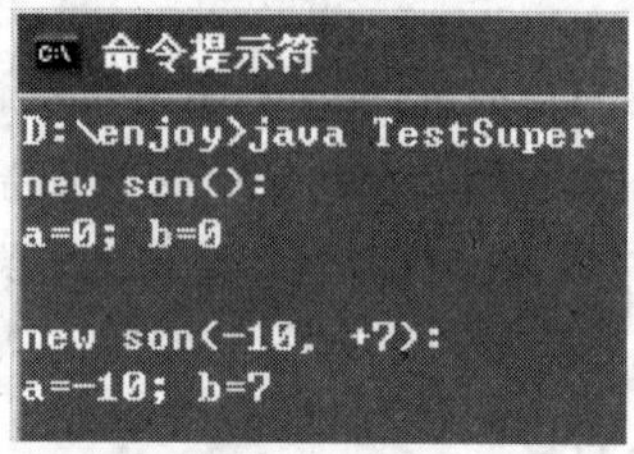

图 2-17 “程序 2-16”的运行结果

“程序 2-16”中，如果删除第 3～5 行的父类无参构造方法，则编译器会报错。这是因为第 13 行要调用这个构造方法。即使第 13 行省略不写，系统照样要执行 3～5 行的构造方法。

2. 使用 super 操作被隐藏的成员变量和方法

子类如果重新定义了父类中的某个变量，则父类的这个变量会被隐藏；子类如果重写了父类的某个方法，则父类的这个方法就会被子类的相应方法隐藏。可以使用 super 关键字访问被隐藏了的父类变量或调用被隐藏了的父类方法。其语法为

```
super.变量名                    //访问父类的被隐藏的变量
super.方法名(参数列表)          //调用父类的被隐藏了的方法
```

下面的程序就是用 super 访问被隐藏了的父类变量和方法的例子。该例子中，子类使用 super 关键字调用父类的被隐藏的成员变量和成员方法。例子中的对象方法 increase()和 middle()有一个作用：对输入的数据要增加自己的某个变量 x 的若干倍。

【程序 2-17】TestSuper2.java

```
class SlowAdder{
    int x=10;
    int increase(int basic){
        return basic+x;
    }
```

```
}
class QuickAdder extends SlowAdder{
    String x="我们";                        //x 覆盖了父类的成员变量 x;
    int middle(int basic){
        int sum=super.increase(basic);      //调用父类的被隐藏的方法 increase
        sum+=super.x;                       //调用父类的被隐藏的变量 x
        return sum;
    }
    int increase(int basic){                //覆盖了父类的成员方法 increase(int)
        return basic+4*super.x;
    }
}

class TestSuper2{
    public static void main(String[] args){
        QuickAdder quick=new QuickAdder();
        int b=15;
        int result1=quick.middle(b);
        System.out.println(""+b+"中速增加后的结果是: "+result1);
        int result2=quick.increase(b);
        System.out.println(""+b+"快速增加后的结果是: "+result2);
    }
}
```

上面程序的运行结果如图 2-18 所示。

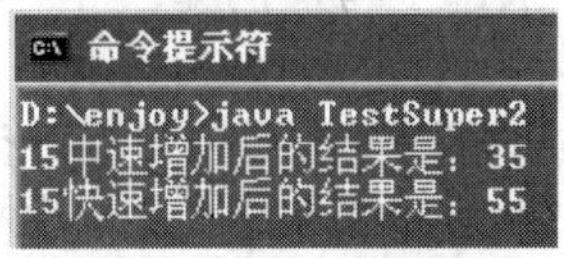

图 2-18　“程序 2-17”的运行结果

在“程序 2-17”的子类 QuickAdder 中，有两个增加数值的方法。第一个方法 middle(int basic)把给定的数值 basic 作为参数，利用 super 关键字，调用父类的方法 super()，然后在得到结果的基础上，再增加父类成员变量 x 的值（同样用到 super 关键字调用）。子类的第二个方法 increase()重新自己定义，覆盖了父类的 increase()方法，并在方法体内部利用 super 关键字对父类的成员变量 x 进行了调用。

2-4　访 问 权 限

为了增加安全性，Java 为类、类中的成员变量和类中的成员方法等都赋予了权限，它们的使用者只有具备了足够的权限后才能访问这些程序要素。

2-4-1　包

包是 Java 中用来有效管理类的一个机制。本节分别介绍包的定义、使用和包的管理等方面的内容。

1. 包概述

在 Java 中，为了使类易于查找和使用，也为了防止命名冲突和限定类的访问权限，可以将一组相关类与接口包裹在一起形成包（package）。包被认为是 Java 重要的特色之一，它体现了面向对象编程的封装思想，为 Java 管理大量的类和接口提供了方便。另外，由于 Java 编译器要为每一个类生成字节码文件，并且文件名与类名相同，因此有可能由于同名类的存在而导致命名冲突，尤其是团队开发时更是如此。包的引入为 Java 提供了以包为单位的独立命名空间，位于不同包中的类即使同名也不会冲突，从而有效地解决了命名冲突的问题。同时，包具有特定的访问控制权限，同一个包中的类之间拥有特定的访问权限。因此，Java 中包是相关类与接口的一个集合，它提供了类的命名空间的管理和访问保护。

Java 的 JDK 提供的包在第 0 章绪论中已经介绍过。要经常学习这些包中提供的类。也可以定义自己的包来包裹自己设计的类和接口。

包机制有如下几点优势：

（1）程序员容易确定包中的类是相关的，并且容易根据所需要的功能找到相应的类。

（2）每一个包都创建一个新的命名空间，因此不同包中的类名不会冲突。

（3）同一个包中的类之间的访问条件比较宽松。

2. 包的声明

通过关键字 package 声明包。如果没有注释和空白，package 语句将是 Java 源文件的第一条语句， 指明该源文件定义的所有的类所在的包。package 语句的一般格式为：

```
package 包名;
```

如果源程序中省略了 package 语句，源文件中所定义命名的类被隐含地认为是无名包的一部分，即源文件中定义命名的类在同一个包中，但该包没有名称。

包名可以是一个合法的标识符，也可以是若干个标识符加“.”分割而成，但建议包名都要全部小写，例如：

```
package adder;
package com.sun.jdk;
```

程序如果使用了包语句，例如：

```
package compute.calculators
```

那么，目录结构必须包含有如下的结构（省略号表示根目录或任意深度的子目录）：

```
…\compute\calculators
```

如 D:\enjoy\compute\ calculators，并且要将源文件编译后得到的全部字节码文件复制到目录 D:\enjoy\compute\adders 中。如果事先将源文件保存到 D:\enjoy\compute\ calculators 中，然后编译源文件，那么生成的字节码文件就直接保存到当前目录中了，例如下面的目录

```
D:\enjoy\compute\calculators\源文件
```

下面的例子是一个声明了包信息的程序。

【程序 2-18】 TestPackage.java

```
package compute.calculators;

class Adder{
    void add(int x,int y){
      System.out.println("包compute.calculators中的类Adder有方法add(int,int)");
      System.out.println(""+x+"+"+y+"的值是: "+(x+y));
    }
}
public class TestPackage{
    public static void main(String[] args){
        Adder adder=new Adder();
        adder.add(8,5);
```

```
        System.out.println("包 compute.calculators 中有类 TestPackage ");
    }
}
```

上面程序的编译和运行结果如图 2-19 所示。这个程序的编译和运行与前面所有的程序都有区别，重要的原因就是源文件中有包的定义：package compute.calculators;。

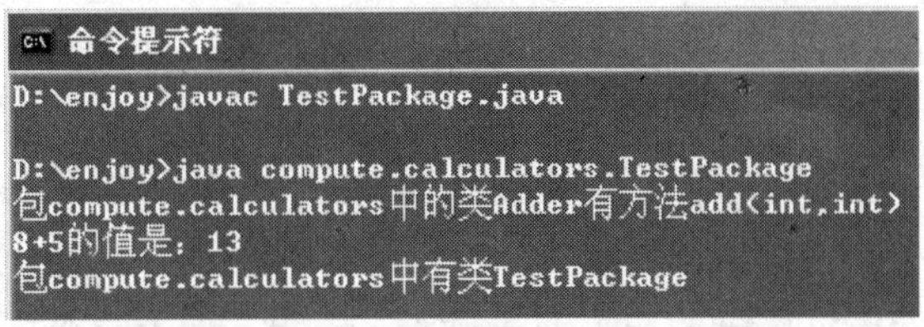

图 2-19 “程序 2-18”的执行结果

当命令行在 D:\enjoy 目录下输入命令：

```
javac TestPackage.java
```

这个命令执行之后，文件夹 D:\enjoy 中会出现两个字节码文件“Adder.class”和“TestPackage.class”。现在不要马上执行命令“java TestPackage”，而是要为字节码文件创建新的目录。在 D:\enjoy 目录下创建新的目录：\compute\calculator，也即形成目录 D:\enjoy\compute\calculator，然后把两个字节码文件复制到该目录下。现在把命令行的提示符回到 D:\enjoy 目录下，最后执行“java 字节码文件名”命令：

```
java compute.calculators.TestPackage
```

这个命令不能用 java TestPackage 替代。这是因为，类名称和包名称是紧密联系在一起的，只有形成一个整体，类名称才有意义。执行的最后结果如图 2-19 所示。

包名应该避免与其他包名冲突。虽然要做到这点很难，但 Sun 公司对包名的管理有一个建议，那就是建议开发者用自己单位的域名的倒置作为包名。例如，下面的包的书写形式意味着包中的类等由百度公司开发：

```
com.baidu.calculators
```

“程序 2-18”编译后形成的类在当前文件夹下，不能直接运行，而必须人工地在操作系统上建立相应的文件夹才能运行，这样做很不方便。Java 的编译命令提供了一个能直接产生相应文件夹的参数。格式如下：

```
javac d 路径 文件名.java
```

例如，对“程序 2-18”中放置在 D:\enjoy 文件夹下的文件 TestPackage.java，可以使用如下两个命令：

```
javac -d D:\Enjoy TestPackage.java
javac -d D:\Enjoy\temp TestPackage.java
```

第一个命令会在目录 D:\enjoy 下形成新的目录结构 D:\enjoy\compute\calculators，并且在该目录下有两个文件 Adder.class 和 TestPackage.class。

第二个命令的执行前提是目录 D:\enjoy\temp 已经存在（否则会出现编译错误），执行结果是产生新目录 D:\enjoy\temp\compute\calculators，并且在该目录下产生了两个字节码文件 Adder.class 和 TestPackage.class。

3. 使用其他包中的类

使用 import 语句可以引入包中的类。在编写源文件时，除了自己编写类外，我们经常需要使用 Java 提供的许多类，这些类可能在不同的包中。在学习 Java 语言时，使用已经存在的类，避免一切重新做起，这是面向对象编程的一个重要方面。

为了能使用 Java 提供的类，可以使用 import 语句引入包中的类。一个 Java 源程序中可以有多个 import 语句，它们必须写在 package 语句（假如有 package 语句的话）和源文件中类的定义之间。

如果要引入一个包中的全部类，则可以用星号来代替，例如：

```
import java.util.*;
```

如果要引入一个包中的某个类，则可以用包名加类名的方式，例如：

```
import.java.util.Arrays;
```

系统将自动引入 java.lang 这个包中的全部类，因此不需要再使用 import 语句引入该包中的类。java.lang 包是 Java 语言的核心类库，它包含了运行 Java 程序必不可少的系统类。

如果使用 import 语句引入了整个包中的类，那么可能会增加编译时间，但绝对不会影响程序运行的性能。Java 运行平台由所需要的 Java 类库和虚拟机组成，这些类库被包含在目录 jre\lib 中的压缩文件 rt.jar 中，当程序执行时，Java 运行平台从类库中加载程序真正使用的类、字节码到内存。

也可以对单独的一个类进行编译，生成字节码文件，然后供其他类使用。

以下源文件 TestPackage.java 只有一个类，这个类可以被其他程序引入使用，该源文件的包名是 compute.calculators。

为了使程序能使用 compute.calculators 包中的类，必须在 classpath 中指明包的位置，假设 compute.calculators 的位置是 D:\another，即在 D:\another 下有子目录 compute.calculators。更新 classpath 的设置，在“我的电脑”→“属性”→“高级”→“环境变量”下修改 classpath 的值。假设 classpath 原来的值为：

```
D:\Java\jdk1.5.0_06\jre\lib\rt.jar;.;
```

则在后面添加自己编写的类所在的目录，classpath 的值变化为：

```
D:\Java\jdk1.5.0_06\jre\lib\rt.jar;.;D:\another
```

Java 运行环境总是先到程序所在目录中寻找程序所使用的类，然后加载到内存。如果在当前目录中没有发现所需要的类（如果要在当前目录下的所有子目录中查找需要的类，则要在 classpath 中添加“.;”），就到 import 语句所指的包中查找。如果在当前目录中寻找到了要加载的类，那么程序就不会再加载 import 语句引入的同名类。

也可以使用无名包中的类，即在类所在的源文件中没有 package 语句。本部分之前的所有程序都没有包名，实际上都在无名包（或默认包中）。若上述 TestPackage.java 源文件中没有使用包语句，对一个类 Adder，可以将该类的字节码文件存放在当前程序所在的目录中。

2-4-2 成员变量和成员方法的访问权限

类有两种重要的成员：成员变量和成员方法。类创建的对象可以通过“.”运算符访问分配给自己的变量，也可以通过“.”运算符调用类中的实例方法和类方法。类在定义声明成员变量和方法时，可以用关键字 private、protected 和 public 来说明成员变量和方法的访问权限，使得对象访问自己的变量和使用方法受到一定的限制。

3 个关键字 private、protected 和 public 都是访问控制修饰符，它们和不使用任何修饰符（或者称为默认修饰符 default，或者称为包修饰符 package）形成 4 种访问级别。这 4 种访问修饰符的作用范围如表 2-2 所示。

表 2-2　4 种访问修饰符的访问权限

修 饰 符	是否有权限权限			
	同 一 个 类	同 一 个 包	非同包的子类	全 局
private	√			
default	√	√		
protected	√	√	√	
public	√	√	√	√

表 2-2 中，protected 修饰符的访问权限本应该是“子类”，但“子类”和“同一个包”有重合的部分，因为有的类及其子类都在同一个包中。故把两个重叠的访问权限“同一个包”和“子类”分割成两个不重叠的访问权限“同一个包”和“非同包的子类”。

下面对每种访问控制符修饰的成员变量和成员方法的访问权限分别说明。

1. private

类中带有 private 的成员变量和成员方法分别称为私有成员变量和私有成员方法，它们只能被这个类自身访问。一般把那些不准备让外界访问的数据和方法声明为私有的，用 private 修饰。这样做可以隐藏模块内部信息和处理细节，下面的例子是具有私有变量和私有方法的一个类定义。

```
class Adder{
    private int x;                        //私有变量，只有本类的方法能访问
    private int increase(int basic){      //私有方法，只有本类的方法能调用
        return basic+x;
    }
}
```

当在另外一个类中用类 User（这里假设 User 和 Adder 在同一个包中）创建了一个对象后，该对象不能访问自己的私有变量和私有方法。例如：

```
class User{
    void use(int input){
        Adder adder=new Adder();
        //adder.x+=1;                          //非法。不能访问 adder 的私有变量
        //int result=adder.increase(13);       //非法不能访问 adder 的私有方法
    }
}
```

对某个类的私有静态方法或私有静态变量，其他类不能用类名对这些私有静态方法或私有静态变量直接访问。

同一个类的两个对象可以相互访问对方的私有变量和私有方法。这是因为，所有的访问权限都是在类的级别上控制的，而不是在对象的级别上控制。

2. default

不用任何访问权限控制符修饰的成员变量和成员方法称为默认权限的成员，或包权限的成员。下面类定义中的成员变量和成员方法都是默认权限的成员。

```
class Adder{
    int x;                                   //默认访问权限变量，在本包中类的方法能访问
    int increase(int basic){                 //默认访问权限方法，在本包中类的方法能访问
        return basic+x;
    }
}
```

当在另外一个类 B 中用类 Adder 创建了一个对象 a 后，如果 B 与类 Adder 在同一个包中，那么 a 能访问 Adder 的默认权限的成员。同一包中的两个类可以通过对方类名直接访问对方的默认权限的类变量和类方法。

假如 User 与 Adder 是同一个包中的类，那么类 User 中对 Adder 的成员的访问都是合法的。

```
class User{
    void use(int input){
        Adder adder=new Adder();
        adder.x+=1;                          //合法
        int result=adder.increase(13);       //合法
    }
}
```

在同一个源文件中编写命名的类总是在同一包中。源文件开始的 package 语句决定了文件中定义的所有类都在这个包中。如果源文件开始没有 package 语句，则源文件中定义的所有类都在默认包中。

3. protected

类中被 protected 修饰的成员可以被这个类本身、这个类的子类（不管子类与父类是不是在同一包中）以及同一个包中的所有其他类访问。被 protected 访问权限控制符修饰的成员称为受保护权限的成员。

下面的例子中，类 Adder 定义在包 yours 中。

```
package yours;
public class Adder{
    protected int x;           //保护访问权限变量，在子类或本包中类的方法能访问
    int y;                     //保护访问权限变量，在子类或本包中类的方法能访问
    protected int increase(int basic){ //保护方法，在子类或本包中类的方法能访问
        return basic+x;
    }
}
```

如果另外一个类 Unknown 不是 Adder 类的子类，并且这个类和 Adder 类不在同一个包中，则在 Unkonwn 中创建了 Adder 类的对象 a 后，不能通过 a 访问 Adder 类受保护的成员。例如，

```
package other;
import yours;
class Unknown{
    Adder a=new Adder();
    //a.x++;                                 //非法，因为 x 受保护
    //a.y++;                                 //非法，因为 y 是默认权限
    //a.increase(3);                         //非法，因为 increase 是默认权限
}
```

另外，如果 Adder 有子类 Son，但 Son 和 Adder 不在同一个包中，此时 Son 的方法中创建了 Adder 类的一个对象 adder，显然不能通过 adder 访问 Adder 类的默认方法；但可以访问 Adder 类的 protected 方法。例如，

```
package mine;
class User extends Adder{
    void use(int input){
        Adder adder = new Adder();
        adder.x+=1;                           //合法
        adder.y+=2;                           //非法
        int result=adder.increase(13);        //合法
    }
}
```

4. public

用 public 修饰的成员变量和方法被称为公有变量（或公共变量）和公有方法（或公共方法)。任何包中的任何类都可以直接访问任何包中的任何类的任何公有成员。一般把外界需要直接访问的类成员声明为 public 访问权限，用来作为外界与类交换信息的接口。为了保持对数据访问的安全性和规范性，一般要通过公共权限的方法间接访问类中的成员变量，而不是把变量声明为公共权限直接进行数据访问和信息交流。

5. Java 的三段论原理

我们在第 0 章曾经提及过逻辑学中著名的三段论，这是亚里士多德提出的逻辑学中的一条基本原理，对理解 Java 语言中的很多语法规定有帮助。

如果编写了两部分代码：一个类“动物”，开发一个方法“让动物运动”。那么，只要“制造”(即编程实现）了动物的一个个体，譬如说一只小狗 Tom，那么就可以让 Tom 运动。在这个过程中，所有要做的工作只是制造“动物”的一个个体，然后把这个个体放到设定的环境中。这样就最大限度地保证了代码的重用。

上述的面向对象的思想和三段论是很相似的。可以把“动物能运动”看作大前提，把“Tom 是一个动物”看成是小前提，把“Tom 能运动”看成是结论。

如果采用 Java 中的描述方法，可以把“动物能运动”认为是一个方法

```
move(动物 a)
```

而“Tom 是一个动物”意味着“Tom instanceof 动物”这个命题成立，即这个逻辑表达式为真（true)。“Tom 能运动”的 Java 意义是下面的语句能运行：

```
move(Tom)
```

上面的分析说明，Java 的基本原理和第 0 章介绍的三段论是很类似的，这两者的类比关系如图 2-20 所示。

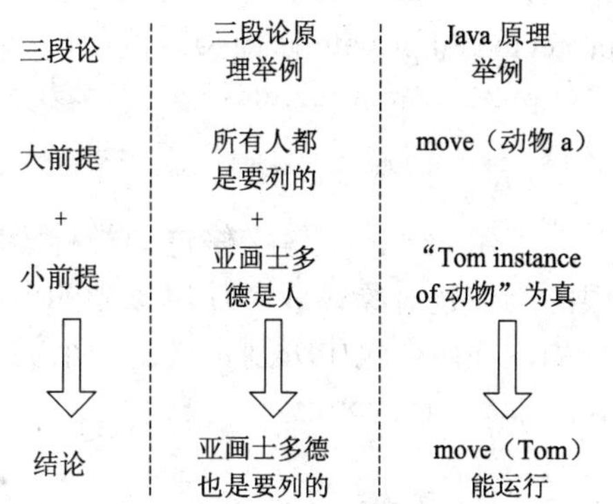

图 2-20 Java 的三段论原理

后面还要继续用 Java 的这个三段论原理帮助我们理解 Java 的许多语法，其中就包括很快就要介绍的对象的上转型。

6. 对子类重写方法访问权限的要求

在 Java 的类继承关系中，有一条重要的语法，即子类重写父类的方法后，子类方法的访问权限不能窄于父类方法的访问权限。为什么要这样规定呢？其实，这条语法也是“三段论”原理的一个体现。“三段论”原理要求：一个类型能运行的环境要适于其任何实例，不管这个实例是该类型的对象，还是该类型子类的对象。例如，类 A 有一个方法 f()，类 B 继承了类 A，并且重写了方法 f()：

```
class A{
   public void f(){/* 方法体 */}
}
class B extends A{
   void f() { /* 方法体 */ }                  // f 重写了父类中的方法 f()
}
```

下面假设类 A 如下的运行环境：

```
g(A a){
   a.f();
}
```

根据“三段论”原理，B 的一个对象 b 可以在这个环境中运行，即下面的语句能够运行：

```
g(b);
```

但是，当方法 g 所在的类和类 B 不在同一个包中时，由于对不同包中类方法的访问时，方法权限必须有默认权限或以上的权限，因此 g (b)是不能运行的。这与“三段论”原理（子类对象永远能在父类适应的环境中运行）相互矛盾。而问题恰恰因为类 B 中重写的方法 f () 的访问权限窄于其父类 A 中的方法 f () 的访问权限——默认权限窄于公共权限。

从以上分析可以看出，“三段论”原理能清楚地揭示为什么方法重写后权限不能变窄，而只能保持或放宽。

2-4-3 类和构造方法的访问权限

类本身也有访问权限。类的访问权限只有两种：公共权限和默认权限。类声明时，如果关键字 class 前面加上访问权限修饰符 public，就称这样的类是一个公共类，不能用 protected 和 private 修饰类。例如：

```
public class Adder{
   …
}
```

不用 public 关键字修饰的类称为默认访问权限类。如果另外的类要使用该默认访问权限的类创建对象，或者使用该类的名称访问类的静态成员，则两个类必须在同一个包中。例如，在两个包中分别定义了一个类 Adder 和 User。第一个类的定义如下：

```
package yours;
class Adder{
   public int x;
   public int increase(int given){
      return ++given;
   }
```

```
    public static void print(){
        System.out.println("OK");
    }
}
```

第二个类的定义如下：

```
package mine;
import yours;
class User{
    public static void use(){
        //Adder adder=new Adder();        //非法
        //Adder.print();                  //非法
    }
}
```

上面的类 User 和默认访问权限的类 Adder 不在同一个包中，因此不能创建类 Adder 的对象，也不能用 Adder 的类名直接访问其静态方法。

4 种访问权限的修饰符 private、default、public、protected 同样适合于构造方法。但是，使用类 A 的构造方法创建 A 的对象时，对构造方法的访问权限是类 A 的访问权限和它的这个构造方法的访问权限的交集。例如，如果 A 的一个构造方法的权限是 protected，而 A 是默认权限，则对 A 的这个构造方法的访问权限是默认权限。

如果一个类没有明确地声明构造方法，那么系统会给该类定义一个无参默认构造方法，这个构造方法的访问权限和类的访问权限相同。

2-5 小　　结

面向对象是 Java 语言最基本的特征之一。本章围绕 Java 面向对象的 3 个特性，即封装、继承和多态，介绍了类的定义和对象的创建、成员变量和成员方法等，介绍了由继承而引起的成员变量的隐藏和成员方法的重写等问题。本章还介绍了 Java 用来组织类的手段——包，以及访问权限控制等。总之，只有深刻理解面向对象的特征，才能学好 Java 这门语言。

思考与练习题

一、思考题

1. 请比较静态方法和非静态方法的异同。
2. 类有哪几个访问权限控制符？成员变量和成员方法有哪几个访问权限控制符？
3. 可以用对象名称调用类方法吗？可以用类名称直接调用非静态方法吗？
4. Java 中方法调用的参数传递方式是什么？
5. 什么是方法过载？什么是方法重写？过载和重写的规则是什么？

二、选择题

1. 给出以下代码，程序编译和运行的结果是什么？　　（　　）

```
public class Example{
    static x;
```

```
    static public void main(String[] args){
        x=x+1;
        System.out.println("Value is: "+x);
    }
}
```

A．代码编译失败，因为变量 x 未被初始化

B．代码编译成功，打印输出 Value is: 1

C．代码编译成功，但不能打印出任何结果

D．代码编译失败，因为 main()方法形式不对

2. 以下哪个修饰符可以使其修饰的变量只能对同包中的类或子类有效？（ ）

A．private　　B．无访问修饰符　　C．protected　　D．public

3. 以下说法错误的是？（ ）

A．静态方法可以访问静态变量和静态方法

B．静态方法可以访问非静态变量和非静态方法

C．非静态方法可以访问静态变量和静态方法

D．非静态方法可以访问非静态变量和非静态方法

4. 给出下列代码，该方法为基类中的一个方法。（ ）

```
void method();
```

请问以下哪个是子类中重写该方法的正确形式？

A．void method() { }

B．int method() {return 0;}

C．void method(int i) { }

D．private void method() { }

5. 关于方法重写，下列哪个说法不正确？（ ）

A．重写的方法和被重写的方法必须具有相同的方法名、参数列表和返回类型

B．重写的方法的访问范围不能比被重写的方法的访问范围小

C．重写的方法和被重写的方法必须有相同的返回类型

D．重写的方法可以被 private 修饰符修饰

三、填空题

1. 面向对象编程的核心思想之一就是将数据和对________封装在一起。
2. Java 运行系统会在确定某个对象不再被使用时自动将其删除，这个过程称为________。
3. 基本数据类型参数传递时传送的是实参的一份________；当参数是引用类型时，系统产生________的一份备份，让这份备份参与到方法体的运算之中。
4. 关键字 this 是 Java 中使用的一个有特定意义的引用，它指向________。
5. 子类构造方法中使用 super 调用父类构造方法时，必须把调用语句放在子类构造方法的________。

第 3 章　类的高级特性

上一章介绍了 Java 面向对象的特性，介绍了面向对象的概念、对象和类、继承和多态，以及访问权限等。这些都是面向对象的内在要求在 Java 语言中的体现。在此基础上，Java 在面向对象特点上还具备一些独有的特征，是 Java 对面向对象的发展。这些特征包括抽象类、接口和内部类等。

本章主要内容：

- 对象类型转换
- 抽象类、接口和多继承
- 内部类和匿名类
- 泛型类和泛型接口

3-1　对象的类型转换

我们已经熟悉 Java 基本数据类型之间的类型转换，这一节将介绍类类型的数据—对象之间的类型转换。

3-1-1　对象上转型和类型强制转换

Java 是类型检查非常严格的语言，若类型检查不通过，在编译阶段就会报错。但有一种情况是不需要进行类型检查的，那就是对象的上转型。

假设 B 是 A 的子类或者间接子类，可以用子类 B 创建一个对象，并把这个对象的引用赋值给对象 A 的一个引用，例如：

```
A  a;
B b=new B();
a=b;
```

或者用上面语句的简单书写方式：

```
A  a=new B();
```

上述 Java 中的上转型现象能用“三段论”原理解释。事实上，既然 B 是 A 的一个子类或间接子类，那么 B 的一个对象可以看成是 A 的一个实例，因此，在类 A 能够运行的环境中，对象 b 必定能够运行。例如，如果类 A 表示哺乳动物，类 B 表示大熊猫，而 b 表示大熊猫盼盼，那么，“b 是一只哺乳动物”一定是正确的，也就是“b is an A”，因此可以有引用的赋值语句：

```
A a=new B();
```

对象的上转型也很好地体现了 Java 的基本理念和基本原理，即“三段论”原理：一个类型的实例或其子类型的实例能够在该类能运行的所有环境中运行。

对象的上转型对象的实体是子类负责创建的，但上转型对象会失去原对象的一些属性和功能。上转型对象具有如下特点：

（1）上转型对象不能访问子类中声明的成员变量和成员方法。

（2）上转型对象可以访问父类中定义的成员变量，不管这些成员变量被继承，还是被隐藏。

（3）上转型对象能访问被子类继承了的方法。

（4）上转型对象能访问被子类重写后的方法，而重写前的方法不能直接访问。

（5）上转型对象不能访问子类新定义的变量和方法。但可以把上转型对象强制转换成子类对象，然后可以正常访问子类中定义的新成员。

对象上转型的特点如图 3-1 所示。

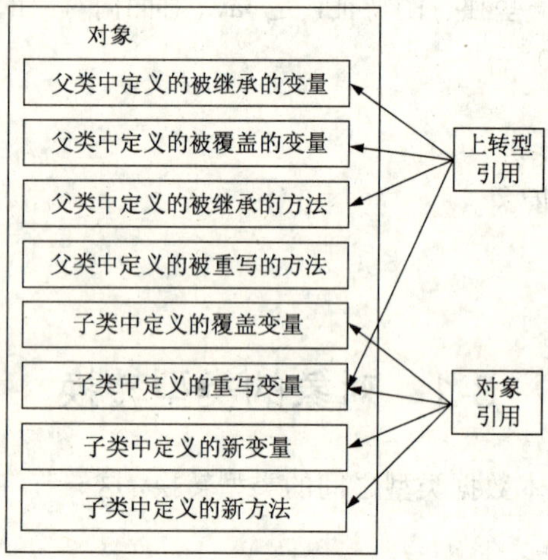

图 3-1　对象上转型

下面的程序是一个关于对象上转型的例子，为了使问题更清楚，这个例子中仅仅包含对成员变量的访问。

【程序 3-1】TestUpcast.java

```
class A{
    int m=2;
    int n=3;
}
class B extends A{
    int m=12;
    int k=15;
}
public class TestUpcast{
    public static void main(String[] args){
        A a=new B();                                  //对象上转型
        System.out.println("上转型后：");
        System.out.println("a.m: "+a.m);
        System.out.println("a.n: "+a.n);
        //System.out.println("a.k: "+a.k);  //非法
        B b=(B)a;                                     //强制类型转换
        System.out.println("强制类型转换之后：");
        System.out.println("b.m: "+b.m);
        System.out.println("b.n: "+b.n);
        System.out.println("b.k: "+b.k);
    }
}
```

上面程序的运行结果如图 3-2 所示。

“程序 3-1”的运行结果是符合对象上转型的原则：对象上转型后，访问的成员变量是隐藏了的父类的成员变量 m=2，而不能访问子类新声明的成员变量 m=12。但当对象被强制转换成子类的对象之后，就可以访问子类的成员变量（m=12，n=3，k=15，继承自父类的成员变量 n 也可以看作是子类的成员变量）。

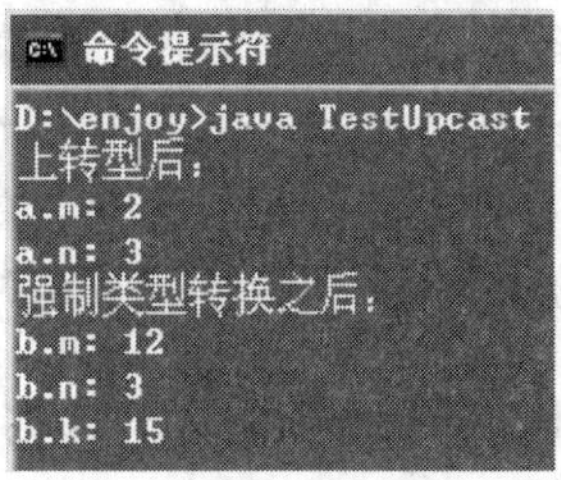

图 3-2　“程序 3-1”的运行结果

下面的对象上转型的例子是关于成员方法的。

【程序 3-2】TestUpcast2.java

```
class A{
    void f(){
        System.out.println("调用 A 的方法 f()");
    }
    void g(){
        System.out.println("调用 A 的方法 g()");
    }
}
class B extends A{
    void f(){                          //重写 A 的方法
        System.out.println("调用 B 的方法 f()");
    }
    void h(){                          //新定义的方法
        System.out.println("调用 B 的方法 h()");
    }
}
public class TestUpcast2{
    public static void main(String[] args){
        A a=new B();                   //对象上转型
        System.out.println("上转型后: ");
        System.out.print("a.f()");
        a.f();
        System.out.print("a.g()");
        a.g();
        //g.h();                       //非法
        B b=(B)a;
        System.out.println("强制类型转换后: ");
        System.out.print("b.f()");
        b.f();
        System.out.print("b.g()");
        b.g();
        System.out.print("b.h()");
        b.h();
    }
}
```

以上程序的运行结果如图 3-3 所示。

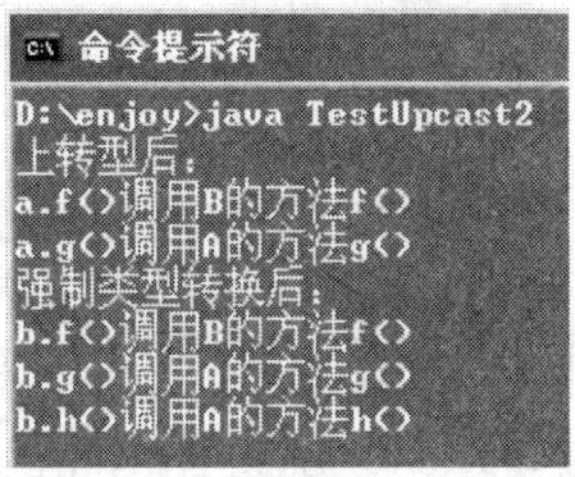

图 3-3　“程序 3-2”的运行结果

从“程序 3-2”的运行结果可以看出，虽然对象上转型后的引用是父类的引用 a，但运行的仍然是子类的方法

f()，父类的方法仍然被覆盖掉了。这与对成员变量的访问是截然不同的。上转型对象强制类型转换成子类对象后，对象行为和上转型之前完全一样。这说明 Java 中的对象中存在着记录自己属于哪个类型的内存区域，这一点对理解对象上转型和强制类型转换都是有帮助的。

但上转型的情况中，对成员变量和成员方法的访问有一点是共同的：对象上转型后，父类的引用不能访问子类对象新定义的成员变量，也不能访问子类新定义的成员方法。

3-1-2 运行时绑定和多态

第 2 章已经介绍了两种类型的多态，即编译时多态和运行时多态。这里从对象上转型的视角再解释运行时多态的特点。

如果一个方法中需要某个类的对象调用该类的一个或多个方法，由上一部分的知识可知，这个对象可以是该类子类的对象，那么调用的方法有可能是子类的方法。具体调用哪个方法在编译时是不确定的，要在运行时才能确定调用哪个类的方法。这种运行时确定调用哪个类的方法的机制称为运行时绑定。

由于子类的多样性，运行时绑定会根据实际环境，出现很多状态，这叫做运行时多态，也就是同一个操作被不同类型的对象调用时会产生不同的行为。下面的程序就是有关运行时绑定的例子。

【程序 3-3】TestBounding.java

```
class A{
    void f(){
        System.out.println("实际调用 A 的方法 f()");
    }
}
class A11 extends A{
    void f(){
        System.out.println("实际调用 A11 的方法 f()");
    }
}
class A22 extends A{
    void f(){
        System.out.println("实际调用 A22 的方法 f()");
    }
}
class A33 extends A{
    void f(){
        System.out.println("实际调用 A33 的方法 f()");
    }
}

public class TestBounding{
    static void g(A a){
        System.out.print("g 需要 A 的对象及其功能 f()。");
        a.f();
    }
    public static void main(String[] args){
        A a=new A();
```

```
29:         A11 a11=new A11();
30:         A22 a22=new A22();
31:         A33 a33=new A33();
32:         System.out.println("调用 A 的对象 a: ");
33:         g(a);
34:         System.out.println("调用 A11 的对象 a11: ");
35:         g(a11);
36:         System.out.println("调用 A22 的对象 a22: ");
37:         g(a22);
38:         System.out.println("调用 A33 的对象 a33: ");
39:         g(a33);
40:     }
41: }
```

上面程序的运行结果如图 3-4 所示。

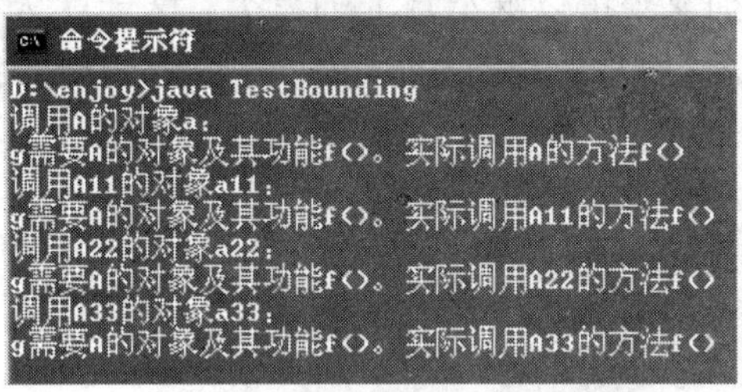

图 3-4　“程序 3-3”的运行结果

在上面程序的第 23 行，TestBounding 类有一个方法 g(A a)，这个方法需要类 A 的一个对象 a，但根据三段论原理，A 的任何子类（或子孙类）的对象都能在这里运行。因此，A 的子类 A11，A22，A33 的对象都能在这里运行，但它们调用方法 f()时，并不是调用了类 A 的方法 f()，而是调用了子类各自的方法。

3-2　抽象类和最终类

Java 中有的类可以创建对象，具体实现一些功能，也可以被其他类继承。但 Java 中的抽象类是不能创建对象的，它只能被其他类继承使用。而最终类可以创建对象，实现具体功能，但不能被其他类继承。

3-2-1　抽象类

用关键字 abstract 修饰的类称为 abstract 类（抽象类），用关键字 abstract 修饰的方法称为 abstract 方法（抽象方法）。例如：

```
abstract class A
{
    …
    abstract void f();
    …
}
```

上面的类定义中，A 是抽象类，f()是抽象方法。

抽象类不能用运算符 new 创建对象。如果要创建抽象类的实例，必须产生其子类，由子类创建对象。抽象类中可以有非抽象方法，非抽象方法就是普通的方法，必须有方法声明和方法体，也就是对方法进行了实现。但抽象类中也可以有抽象方法，抽象方法用 abstract 修饰。抽象类中的抽象方法只允许声明，而不允许实现，例如上面类定义中的 f()方法后面就不能有方法体。

如果一个类中含有抽象方法，那么这个类一定是抽象类，必须用 abstract 来修饰。

定义抽象类的目的是为许多其他的类创建一个公共的模板，让其他的类对其进行继承。因此，在类体系中，抽象类一般处于上层。如果一个非抽象类是一个抽象类的子类，它必须具体实现父类的所有抽象方法。

但一个抽象类如果继承自另一个抽象类，则子类可以实现父类的抽象方法，也可以不实现，也可以添加自己的抽象方法和非抽象方法。

最后需要注意的是：抽象类可以继承自非抽象类。这一点从 Java 的单继承体系可以看出。Java 中的所有类都继承自 Object 类，而 Object 类是非抽象类，所以一定存在抽象类继承自非抽象类的情况。

下面的例子是一个关于抽象类的程序。

【程序 3-4】 TestAbstract.java

```
abstract class Animal{
    void weigh(){
        System.out.println("我有体重");
    }
    abstract void move();
}
class Bird extends Animal{
    void move(){
        System.out.println("我能飞行");
    }
}
class Beast extends Animal{
    void move(){
        System.out.println("我能奔跑");
    }
}

public class TestAbstract{
    public static void main(String[] args){
        //Animal animal=new Animal();        //非法: 抽象类不能实例化
        Bird 信天翁=new Bird();
        System.out.println("信天翁: ");
        信天翁.weigh();
        信天翁.move();
        Beast 灰熊=new Beast();
        System.out.println("灰熊: ");
        灰熊.weigh();
        灰熊.move();
    }
}
```

上面程序的运行结果如图 3-5 所示。

从“程序 3-4”的运行结果可以看出，抽象类 Animal 不能实例化，必须由子类继承它之后，形成一个非抽象类之后才能实例化。非抽象类 Bird 和 Beast 继承抽象类 Animal 之后，必须实现其抽象方法 abstract void move()，否则就会出现编译错误。

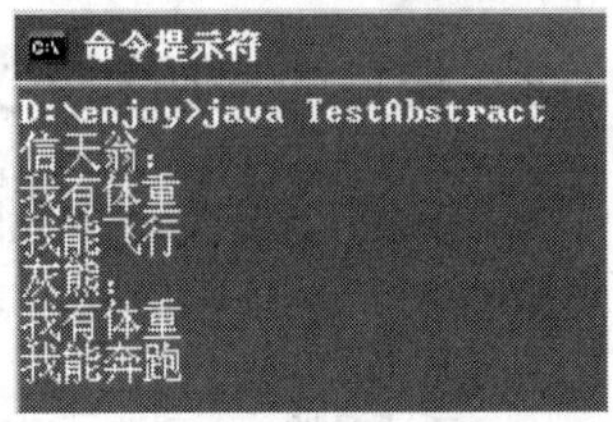

图 3-5　“程序 3-4”的运行结果

但是，对于抽象类 Animal 中的非抽象方法 void weigh()，子类中不需要重写，可以继承使用（当然也可以重写）。

3-2-2　final 关键字

在第 1 章介绍过 final 关键字的一个用法：final 关键字修饰的成员变量是一个常量，它只能在初始化时被赋值一次，而且值不能改变。

final 关键字还可以用来修饰类，被修饰的类称为最终类。被定义成 final 的类不能再派生子类。例如，java.lang 包下的 String 类就是一个 final 类。这保证了对 String 对象的方法调用确实运行的是 String 类的方法，而不是经过其子类重写后的方法。String 类是 Java 中最重要的类之一，它在程序编译、加载字节码和程序运行时对系统都具有极其重要的地位。因此，它被声明为最终类，以保证整个系统的运行安全。

对于类的成员方法也可以被 final 修饰，被修饰的方法称为最终方法。最终方法不能被重写。当方法的实现不能被改变，或者方法对于保证对象状态的一致性很关键时，应该把该方法定义为最终方法。

3-3　接　　口

Java 中的接口可以看作一种特殊的类，接口有三层意义。第一，接口可以像类一样用来对某个概念进行抽象；第二，可以用接口进行程序的框架设计，而不必关心实现的细节，排除细节对框架设计的干扰；第三，通过接口，可以实现 Java 语言本身不具备的类的多继承机制。

3-3-1　接口的概念

Java 中的接口（interface）可以认为是比抽象类更抽象的概念。抽象类中可以有非抽象的、有具体实现的方法，但接口中的全部方法均是抽象的、未实现的方法。接口只定义了一个类的基本形式，不涉及任何实现细节。

在面向对象的编程技术中，一个类的公共接口可以被认为是使用类的代码和类的定义之间的一个协议。因此，可以认为一个接口就是一个行为契约。

由于 Java 不支持多继承，一个类只能继承自一个父类，因此，对于那些需要继承多个特征的类，必须使用实现接口这种方式。

Java 不支持多继承性，即一个类只能有一个父类。单继承性使得 Java 简单，易于管理程序。为了克服单继承的缺点， Java 使用了接口，一个类可以实现多个接口。

3-3-2 接口的声明和定义

接口通过使用关键字 interface 来声明，接口体和类体的格式相似，如下所示：

```
interface 接口名称{
    常量定义
    方法声明
}
```

例如：

```
interface Comparable{
    final in negative=-1;
    final int zero=0;
    final int positive=1;
    int compare(Comparable another);
}
```

上面的例子定义了一个可比较大小的接口，任何两个对象如果由实现该接口的类所创建，则这两个对象都能够进行比较大小。

一个 Java 源文件都是由类、接口和泛型等构成的，可以通过引入包而引入接口，也可以自己定义接口。

和类一样，接口也有访问权限：公共访问权限和包访问权限。

如果没有显式指明，接口中的方法被默认为是 public 和 abstract 的。

3-3-3 接口的实现与使用

接口之间可以继承，一个接口继承自另一个接口需要用关键字 extends。例如，如果 A 是一个接口，那么可以用下面的方式定义一个新的继承自 A 的接口。

```
interface B extends A{
    //新方法的声明
}
```

一个接口可以继承自多个接口。这似乎与 Java 的单继承机制相悖。事实上接口多继承并非与类的单继承冲突。为了解释这个问题，我们先看一看类的多继承中存在的风险。

```
class A{
    void f(){
        //A 中的实现
    }
}
class B{
    void f(){
        //B 中的实现
    }
}
class C extends A,B{                    //错误的语法
        //继承了 A 的 f()方法和 B 的 f()方法
}
```

多继承出现问题是因为类 C 同时继承类 A 和类 B。如果 C 的对象 c 调用 f()方法，即 c.f()，那么系统就无法判断它调用了 A 中定义的 f()方法还是 B 中定义的 f()方法。这种歧

义产生的根本原因在于类的多继承。但为什么接口可以多继承呢？这是因为，接口中没有方法的实现。如果接口 C 继承了接口 A 和 B，那么 C 的实例（实现了 C 的类的对象）调用方法 f()时，会确定是重写了的方法，因为从各个接口继承过来的方法虽然可能相同，但在各自的接口中都不曾不实现，系统就会直接调用重写后的方法，也就不会产生调用哪个方法的歧义。

事实上，一个类实现多个接口也不会产生歧义。类的声明中用 implements 关键字指明一个类实现了某个接口或某些接口。如果实现多个接口，用逗号隔开接口名，例如：

```
class Pair implements Comparable,Showable{
    //新方法的定义和接口中方法的实现
}
```

如果一个类实现某个接口，那么这个类必须实现该接口的所有方法，给出这些方法的方法体。在类定义中实现接口所定义的方法时，方法中的声明必须与接口中声明的方法保持一致。否则，这样的方法就成为类新定义的方法，而不是实现了接口中的方法。

接口中可以定义常量。接口中定义的常量默认具有 public、final 和 static 属性。在接口中定义的常量可以被实现该接口的所有类共享。

下面例子中的类 Pair 实现了接口 Comparable。

【程序 3-5】 TestInterface.java

```
interface Comparable{
    final int negative=-1;
    final int zero=0;
    final int positive=1;
    int compare(Comparable another);
}
interface Showable{
    void show();
}
class Pair implements Comparable,Showable{
    int x;
    int y;
    Pair(int x,int y){
        this.x=x;
        this.y=y;
    }
    public int compare(Comparable another){
        Pair that=(Pair)another;
        if(x>that.x)
            return 1;
        if(x<that.x)
            return -1;
        if(y>that.y)
            return 1;
        if(y<that.y)
            return -1;
        return 0;
    }
    public void show(){
```

```
30:         System.out.println("x="+x+";y="+y);
31:     }
32: }
33: public class TestInterface{
34:     public static void main(String[] args){
35:         Pair pair1=new Pair(3, 4);
36:         Pair pair2=new Pair(5, 3);
37:         System.out.print("pair1:");
38:         pair1.show();
39:         System.out.print("pair2:");
40:         pair2.show();
41:         int result=pair1.compare(pair2);
42:         if(result==Comparable.negative)
43:             System.out.println("pair1 小于 pair2");
44:         if(result==Comparable.zero)
45:             System.out.println("pair1 等于 pair2");
46:         if(result==Comparable.positive)
47:             System.out.println("pair1 大于 pair2");
48:
49:     }
50: }
```

上面程序的运行结果如图 3-6 所示。

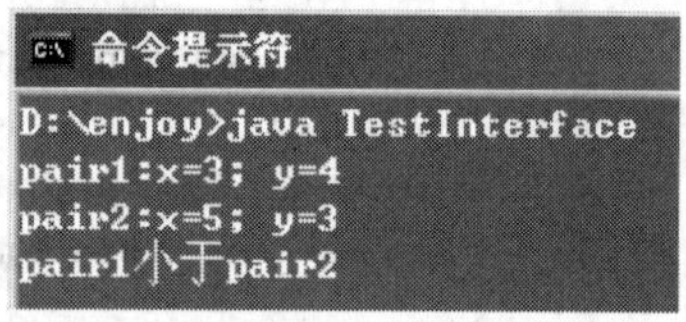

图 3-6 “程序 3-5”的运行结果

需要特别注意“程序 3-5”中两个接口变量和方法的修饰符。第 2～4 行用 final 修饰的 3 个成员变量虽然都没有被声明为 static 的静态类型，但它们默认为是静态的，所以第 42、44、46 行中直接用接口的名称访问了这 3 个变量。

另外，接口中的方法都没有被声明为是公共（public）、抽象（abstract）的，但它们都被默认为公共和抽象的。由于根据“三段论”原理，继承后的方法的访问权限不能窄于被继承的方法的访问权限，因此，如果 17 行的 public 修饰符去掉后，程序将出现编译错误；同理，第 29 行的 public 修饰符去掉后也会出现编译错误。

3-3-4 接口回调与多态

接口回调是指：可以把实现某一接口 X 的类 A 创建的对象 a 的引用赋给该接口的变量 x，那么该接口变量 x 就可以调用被类实现的接口中的方法（类似于类继承中方法的重写），当接口变量 x 调用被类实现的方法时，就是通知相应的对象调用接口中声明的、已经被实现了的方法，这一过程称为接口回调。

接口回调的性质使编程者编写程序时，可以在方法中以接口的引用作为参数，在方法的内部让接口的引用访问接口的方法，如同这些方法已经被实现了一样。这对于排除细节的干扰、专心于框架设计是很有帮助的。

接口回调是多态的另一种体现。不同的类在实现同一接口时，可能具有不同的功能体现，即接口的方法体可能相同，因此接口回调可能产生不同的行为。

例如，我们为一个房间预留了一个发光体的接口（可以把这个接口想像成类似于灯口的部件），这个接口需要有一个功能：发光。

```
interface 发光体{
   void shine();
}
```

至于上面的发光体怎样发光，发什么样的光，这个接口并不关心。假设我们有一个方法需要用到一个发光体来发光：use(发光体 source)。下面的程序将显示怎样用接口回调实现多态。

【程序 3-6】TestInterface2.java

```
interface 发光体{
    void shine();
}
class 白炽灯 implements 发光体{
    public void shine(){
        System.out.println("发出黄光");
    }
}
class 日光灯 implements 发光体{
    public void shine(){
        System.out.println("发出白色荧光");
    }
}

public class TestInterface2{
    public static void use(发光体 fgt){        //应用发光体
        System.out.println("安装发光体");      //先安装
        fgt.shine();                           //发光体开始工作
    }
    public static void main(String[] args){
        白炽灯 bcd=new 白炽灯();                //可以看作买了一盏白炽灯
        System.out.println("买了一盏白炽灯");
        use(bcd);                              //应用白炽灯
        System.out.println();
        日光灯 rgd = new 日光灯();              //可以看作买了一盏日光灯
        System.out.println("买了一盏日光灯");
        use(rgd);                              //应用日光灯
    }
}
```

上面程序的运行结果如图 3-7 所示。

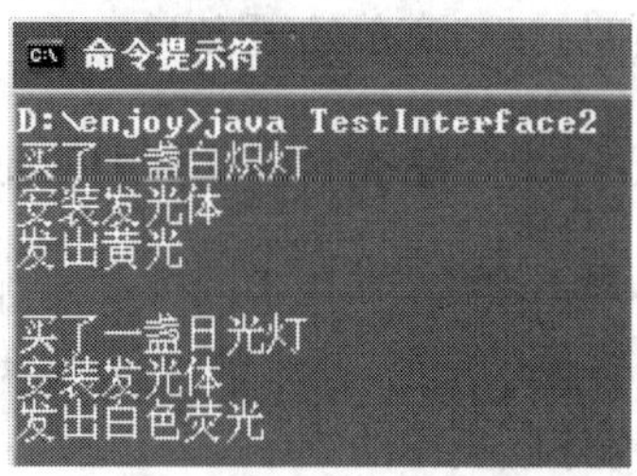

图 3-7　“程序 3-6”的运行结果

“程序 3-6”是一个典型的用接口回调实现多态的例子。接口发光体中规定了实现这个接口的非抽象类必须具备一个方法，那就是发光 shine()，至于怎样发光，这个接口并不关心。把这个接口作为参数使用的是类 TestInterface2 的方法 use(发光体 fgt)，在这个方法的方法体内部，要调用相应对象的 shine()方法，调用时要把 fgt 引用指向一个非抽象类的对象，然后用 fgt 调用已经实现了的方法，这就是接口回调。如果买了白炽灯，则 shine 方法会发出黄光；如果买了日光灯，则 shine()方法会发出白色荧光。这就与运行的环境（也就是当时买了什么样的发光体）有关，体现了程序运行时的多态特性。

但不管如何，只要一个类实现了接口“发光体”，它的对象都能够在该接口的运行环境中运行，即可以作为use()方法的实参。

其实，上面接口回调也可以用“三段论”原理解释。大前提是：use(发光体 fgt)，即一切发光体都可以在环境 use()中运行。小前提：白炽灯和日光灯都是发光体。结论是：白炽灯能在 use()环境中运行，即 use(bcd)能运行；日光灯能在 use()环境中运行，即 use(rgd)能运行。

3-3-5 接口与抽象类

通过上面介绍的抽象类和接口，可以发现接口与抽象类具有一定的相似性，但事实上这二者之间有很大差别，如下所示：

（1）接口中的所有方法都是抽象的，而抽象类中既可以声明不带方法体实现的抽象方法，也可以定义带有方法体的非抽象方法。

（2）一个类可以实现多个接口，而只能继承一个抽象类。

（3）接口与实现它的类不构成类的继承体系，即接口不是类体系的一部分。因此，不相关的类也可以实现相同的接口。而抽象类是属于一个类的继承体系，并且一般位于类体系的上层。一般来说，接口只代表一项功能，例如，能比较大小的接口可以声明为：

```
interface Comparable{}
```

使用接口的主要优势在于：一是类通过实现多个接口可以实现多重继承，这是接口最重要的作用，也是使用接口的最重要的原因，能够使子类对象上转型为多个基础类（接口）类型；二是能够抽象出不相关类之间的相似性，而没有强行形成类的继承关系。使用接口，可以同时获得抽象类以及接口的优势。所以如果要创建类体系的基础类不需要定义任何成员变量，并且不需要给出任何方法的完整定义，则应该将基础类定义为接口。只有在必须使用方法定义或成员变量时，才应该考虑使用抽象类。

3-4 内部类和匿名类

内部类是在一个类的定义中声明的类，也称为嵌套类。内部类和包容它的类（也称为外部类）可以形成一个有机的整体。内部类可以分为在类中声明的内部类和在类的方法中声明的内部类。匿名类的声明和它的对象的创建同时完成。匿名类分为与类有关的匿名类和与接口有关的匿名类。

3-4-1 在类体中声明内部类

声明在类体中的内部类如同在类中声明方法或成员变量一样，一个类把内部类看成是自己的成员。内部类的外嵌类的成员变量在内部类中仍然有效，内部类中的方法也可以调用外嵌类中的方法。

内部类的类体中不可以声明静态变量或静态方法。外嵌类可以把内部类声明对象作为外嵌类的成员。下面是关于类体中的内部类的例子。

假设有一个汽车类 Car，它的一个方法 move 需要一个类 People 的对象（这很自然，汽车需要人来驾驶）。但这个 People 类在应用程序的其他地方用不到（如果用到了，也是其他的形式和功能)。为了更好地管理这个 People 类，不给类的管理形成负担，可以把 People 类放在 Car 类之中，只为类 Car 服务，如“程序 3-7”所示。

【程序 3-7】TestInner.java

```
1:  class Car{
2:      double weight;
3:      People driver;
4:      Car(double weight,int age){
5:          this.weight=weight;
6:          driver=new People(age);
7:      }
8:      void move(){
9:          driver.turnOn();
10:         System.out.println("汽车开始移动......");
11:     }
12:     class People{
13:         int age;
14:         People(int age){
15:             this.age=age;
16:         }
17:         void turnOn(){
18:             if(age>50)
19:                 System.out.print("我老了。");
20:             else
21:                 System.out.print("我还年轻。");
22:             if(weight>10000)
23:                 System.out.println("汽车重，我慢速启动它。");
24:             else
25:                 System.out.println("汽车轻，我快速启动它。");
26:         }
27:     }
28: }
29: public class TestInner{
30:     public static void main(String[] args){
31:         Car car=new Car(15000, 70);
32:         car.move();
33:     }
34: }
```

图 3-8　“程序 3-7”的运行结果

上面程序的运行结果如图 3-8 所示。

注意：在“程序 3-7”中，内部类 People 的方法 turnOn()访问了外部类 Car 的成员变量 weight，而外部类可以直接用内部类生成自己所需要的对象（第 6 行）。类 Car 把内部类 People 的对象作为自己的成员变量，在汽车移动的方法 move()中用到了这个对象，并且让这个对象调用 turnOn()方法。

3-4-2　在方法中声明的内部类

在方法体的内部，有时需要一个类来支撑算法，但这个类仅在这个方法中需要，在别的地方并不需要；或者别的地方有同名的类，但功能与这个方法中的需求不一致；或者存在类似功能的类，但名称与希望的名称不一样，使得程序的可读性差。这些情况都需要在方法中建立一个属于这个方法的、在别的地方无法访问的类。这就是方法中的内部类。

假设某同学毕业由于深入地掌握了 Java 知识，找工作时收到了很多单位的 Offer，但他需要把这些单位进行排序。他用两个指标衡量这些单位：发展前途（用整数表示）和工资（以百元位单位的整数表示）。两个单位比较，发展前途好的单位优先；如果两个单位的发展前途权值相同，那么工资高的单位优先。所以该同学的工作就是把这两个整数数组同时排序。例如，下面是两组整数：

前途：8，6，4，8

薪金：11，31，20，15

两组数排序后的结果如下：

前途：8，8，6，4

薪金：15，11，31，20

下面的程序是用内部类 Pair 进行排序。

【程序 3-8】 TestInner2.java

```
public class TestInner2{
    void sort(int[] a,int[] b){
        class Pair{
            int x;
            int y;
            Pair(int x,int y){
                this.x=x;
                this.y=y;
            }
            void exchange(Pair p){    //交换两个 Pair 对象的内容
                int temp=this.x;
                this.x=p.x;
                p.x=temp;
                temp=this.y;
                this.y=p.y;
                p.y=temp;
            }
            int compare(Pair p){      //比较两个 Pair 对象的大小
                if(x>p.x)
                    return 1;
                if(x<p.x)
                    return -1;
                if(y>p.y)
                    return 1;
                if(y<p.y)
                    return -1;
                return 0;
            }
        }
        int len=a.length;
        Pair[] pairs=new Pair[len];
```

```
32:         for(int i=0;i<len;i++){          //把数组的内容装入到 Pairs 数组中
33:             pairs[i]=new Pair(a[i],b[i]);
34:         }
35:         for(int i=len-1;i>0;i--){        //对 Pair 数组进行排序
36:             for(int j=0;j<i;j++){
37:                 if(pairs[j].compare(pairs[j+1])<0)
38:                     pairs[j].exchange(pairs[j+1]);
39:             }
40:         }
41:         for(int i=0;i<len;i++){//把 pairs 数组中排序好的内容返回给两个整数数组
42:             a[i]=pairs[i].x;
43:             b[i]=pairs[i].y;
44:         }
45:     }
46:     public static void main(String[] args){
47:         TestInner2 inner=new TestInner2();
48:         int[] a={8,6,4,8};
49:         int[] b={11,31,20,15};
50:         System.out.println("排序前: ");
51:         for(int i=0;i<a.length;i++)
52:             System.out.print(""+a[i]+",");
53:         System.out.println();
54:         for(int i=0;i<b.length;i++)
55:             System.out.print(""+b[i]+",");
56:         System.out.println();
57:         inner.sort(a,b);                    //排序
58:         System.out.println("排序后: ");
59:         for(int i=0; i<a.length; i++)
60:             System.out.print(""+a[i]+",");
61:         System.out.println();
62:         for(int i=0;i<b.length;i++)
63:             System.out.print(""+b[i]+",");
64:         System.out.println();
65:     }
66: }
```

上面程序的运行结果如图 3-9 所示。

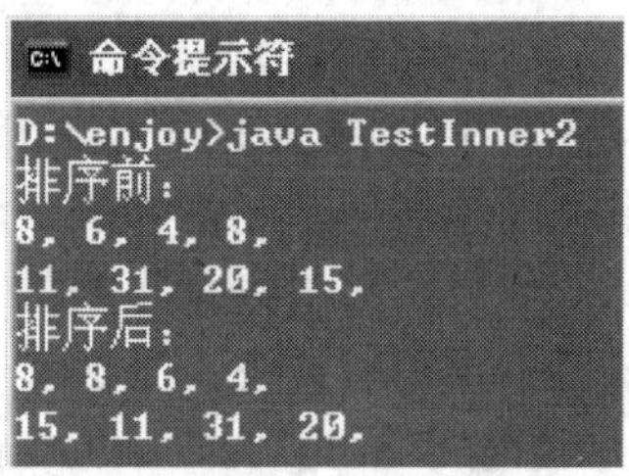

图 3-9　“程序 3-8”的运行结果

为了把元素分别属于不同数组的序对当作一个整体来考虑，上面程序的方法 sort()中声明并定义了一个内部类 Pair（第 3～29 行），并且为 Pair 类定义了两个有用的方法：第一个方法是比较两个 Pair 对象的大小（第 18～28 行）；第二个方法是交换两个 Pair 对象的内容（第 10～17 行）。这两个功能可以有效地为后面的排序服务，因为排序工作的基本操作有两个：比较两个对象的大小；交换两个对象。

sort()方法在方法内部定义了 Pair 类之后，首先把两个一维整数数组 a[]和 b[]转换成一个 Pair 型的一维数组 pairs[]，然后利用 Pair 类的比较和交换方法，把这个 Pair 型一维数组进行排序，排序完成后，再把结果返回给两个整数一维数组，完成了对两个一维数组构成的结构的排序。

3-4-3 与类有关的匿名类

当使用子类创建对象时，程序允许把类体与对象的创建组合在一起。也就是说，子类创建对象时，除了调用构造方法外还有类体定义，此类体被认为是该类的一个子类去掉类声明后的类体。子类对象的创建和子类类体定义同时进行的类称为匿名类。匿名类就是一个子类，由于无名可用，所以不可能用匿名类声明对象，但却可以直接用匿名类创建一个对象。如果 A 是一个类，那么可以用下面的方式为 A 尚未存在的子类创建一个对象：

```
new A(){/* 匿名类的类体 */}
```

因此，匿名类可以继承类的方法，也可以重写类的方法。使用匿名类时，必然是在某个类中直接用匿名类创建对象，因此匿名类一定是内部类，匿名类可以访问外嵌类中的成员变量和方法，匿名类不可以声明 static 成员变量和 static 方法。尽管匿名类创建的对象没有经过类声明步骤，但匿名对象的引用必须传递给一个匹配的参数，匿名类的主要用途就是向方法的参数传值。

假设 f(A a)是一个方法。

```
Type f(A a)
{
    //其他语句
    a 调用 A 中的方法
    //其他语句
}
```

其中的参数 a 是 A 类对象，那么在调用方法 f()时可以向 f()的参数 a 传递一个匿名对象：

```
f(new(A a){
        //匿名类的类体 Body1（包括了对 A 重写的方法）
}
```

上面方法可分解为两部分。第一部分是：

```
class B extends A{
    //B 类的类体 Body2（包括了对 A 重写的方法）
}
```

第二部分是：

```
f(new B());
```

其中 B 是 A 的子类。前文的 Body1 和 Body2 完全相同。只不过匿名类把子类定义和子类对象的创建一步完成，这样给编程带来了方便，也减少了类管理的负担。

如果匿名类继承了类的方法，a 就调用继承的方法；如果匿名类重写了父类的方法，a 就调用重写的方法。下面例子中的匿名类中就包含继承和重写的方法。

【程序 3-9】 TestAnonymous.java

```
class Change{
    int increase(int x){           //为 x 增加 1
        int y=x+1;
        return y;
    }
    int decrease(int x){           //为 x 减少 1
        int y=x-1;
```

```
8:          return y;
9:      }
10: }
11: class TestAnonymous{
12:     static void use(Change c){
13:         int x=10;
14:         System.out.println("基础数据为: "+x);
15:         int y=c.increase(x);
16:         System.out.println("增值后结果为: "+y);
17:         int z=c.decrease(x);
18:         System.out.println("贬值后结果为: "+z);
19:     }
20:     public static void main(String[] args){
21:         System.out.println("不使用匿名类: ");
22:         use(new Change());
23:         System.out.println();
24:         System.out.println("使用匿名类: ");
25:         use(
26:             new Change(){
27:                 int increase(int x){  //为 x 增加 1
28:                     int y=x+5;
29:                     return y;
30:                 }
31:             }
32:         );
33:     }
34: }
```

上面程序的运行结果如图 3-10 所示。

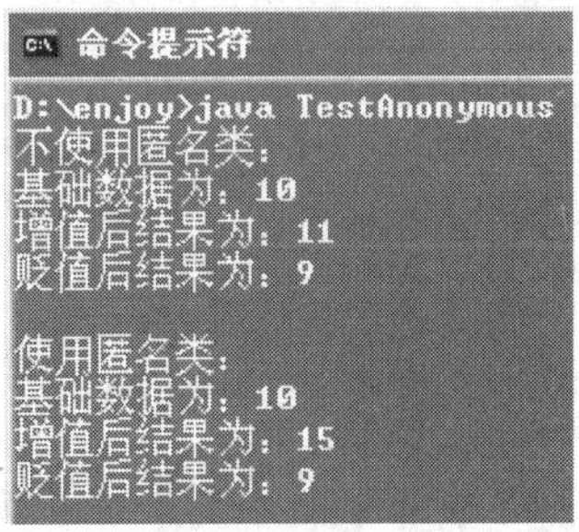

图 3-10　“程序 3-9”的运行结果

“程序 3-9”中的 Change 类提供了两个方法：增值和贬值，但增值和贬值的幅度比较小，均是 1。类 TestAnonymous 中的 use(Change c)方法让 c 调用 Change 中的方法。主方法 main()首先让 use()方法直接调用 Change 的一个对象（第 22 行）。第二次调用并没有产生 Change 的一个对象，而是使用匿名类产生了 Change 类的子类的一个对象。Change 的匿名子类重写了 Change 类的 increase()方法，而没有重写 decrease()方法。因此，第二次调用 use()方法（第 25 行）后的运行结果与第一次有所不同：增值部分由于重写而改变了；贬值部分由于继承而保持原貌。

3-4-4　与接口有关的匿名类

接口不允许直接创建对象，而实现接口的非抽象类可以创建对象，这个对象就是接口的一个实例。当使用实现接口的类创建对象时，程序也允许把类体与对象的创建组合在一起。这样的类也称为匿名类。

如果某个方法的参数是接口类型，那么可以使用接口名和类体组合创建一个匿名对象作为参数传递给该方法，类体必须要实现接口中的全部方法。

假设 f(Comparable c)是一个方法， Comparable 是一个接口，可以用如下的方法声明一个实现 Comparable 的匿名类，然后产生这个匿名类的一个对象供 f()调用。例如：

```
f(
    new Comparable(){
        //实现接口 Comparable 的类的类体
    }
);
```

下面的程序是关于接口的匿名类的例子。

【程序 3-10】TestAnonymous2.java

```
1:  interface Change{
2:      public int increase(int x);
3:  }
4:  public class TestAnonymous2{
5:      static void use(Change c){
6:          int x=10;
7:          System.out.println("基础数值是: "+x);
8:          int y=c.increase(x);
9:          System.out.println("增值后的结果是: "+y);
10:     }
11:     public static void main(String[] args){
12:         System.out.println("不使用有关接口的匿名类: ");
13:         //Change c=new Change();    //非法: 接口不能直接产生对象
14:         //use(c); 非法
15:         System.out.println("非法! ");
16:         System.out.println();
17:         System.out.println("使用接口的匿名类之后: ");
18:         use(
19:             new Change(){
20:                 public int increase(int x){
21:                     return x+100;
22:                 }
23:             }
24:         );
25:     }
26: }
```

上面程序的运行结果如图 3-11 所示。

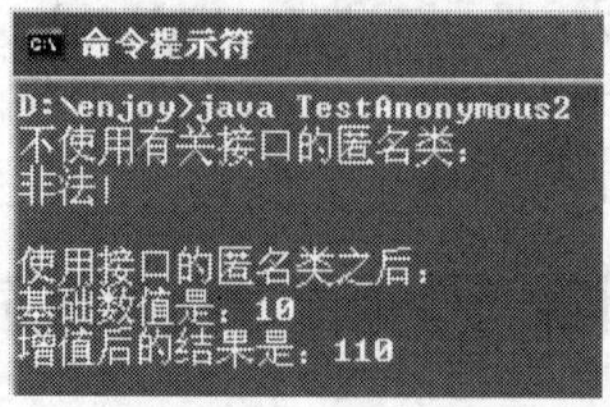

图 3-11 “程序 3-10”的运行结果

直接创建一个接口的对象是非法的，但可以让一个非抽象类实现这个方法，然后再创建这个类的对象。而有关接口的匿名类可以同时实现这两个功能。“程序 3-10”中的接口 Change 只是声明了一个增值的方法 increase()，而没有给出其实现。类 TestAnonymous2 中的 use()需要一个 Change 型的对象，在第 18 行，程序创建了一个匿名类并实现了接口 Change 的 increase()方法，即把输入的整数增加 100 后返回。

3-5　泛型类和泛型接口

泛型（Generics）是 Sun 公司在 SDK 1.5 中推出的，其主要目的是可以建立具有类型安全的集合框架，如链表、散列映射等数据结构。这里仅对泛型做简单的介绍。

3-5-1　泛型类声明

可以使用“class 名称<泛型列表>”声明一个泛型类，例如：

```
class Cooperation<X,Y>
```

其中，Cooperation 是泛型类的名称，X，Y 是其中的泛型。也就是说，并没有指定 X，Y 是何种类型的数据，它可以是任何类或接口，但不能是基本类型数据。

泛型类的类体和普通类的类体完全类似，由成员变量和方法构成，例如：

```
class Cooperation <X,Y>{
   void cooperate(X x,Y y){
      String contentX=x.toString();
      String contentY=y.toString();
      System.out.println(contentX+"和"+contentY+"能协作");
   }
}
```

3-5-2　使用泛型类声明对象

使用泛型类声明对象时，必须要指定类中使用的泛型的具体实际类型，例如：

```
Cooperation<People,Dog> work;
work=new Cooperation<People,Dog>();
```

下面的程序是关于泛型的例子。

【程序 3-11】TestGenerics.java

```
class Cooperation<X,Y>{
    void cooperate(X x,Y y){
        String contentX=x.toString();
        String contentY=y.toString();
        System.out.print(contentX+"\n和\n"+contentY+"\n能协作");
    }
}
class People{
    public String toString(){
        return "能思考、会指挥的人";
    }
}
class Dog{
    public String toString(){
        return "能奔跑、会追逐猎物的狗";
    }
}

public class TestGenerics{
```

```
    public static void main(String[] args){
        Cooperation<People,Dog> work=new Cooperation<People,Dog>();
        People David=new People();
        Dog Kala=new Dog();
        work.cooperate(David,Kala);
    }
}
```

上面程序的运行结果如图 3-12 所示。

需要注意的是，泛型列表中的类的对象在泛型定义时只能调用 Java 的根类 Object 方法，而不能调用其他的方法。Object 类将在下一章介绍。

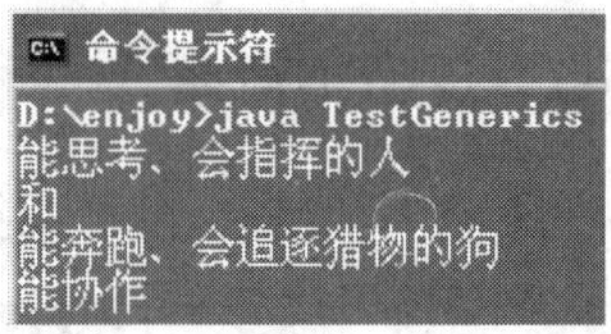

图 3-12 “程序 3-11”的运行结果

3-5-3 泛型接口

与声明、定义泛型类相似，也可以声明和定义泛型接口。声明泛型接口的方式如下：

```
interface Labor<X,Y>
```

下面的程序声明并定义了一个泛型接口，并用一个泛型类实现了这个泛型接口，然后使用了这个泛型类。

【程序 3-12】 TestGenerics2.java

```
interface Labor<U,V>{
    void cooperate(U x,V y);
}
class Cooperation<X,Y> implements Labor{
    public void cooperate(Object x,Object y){ //需要public权限
        String contentX=x.toString();
        String contentY=y.toString();
        System.out.print(contentX+"\n和\n"+contentY+"\n能协作");
    }
}
class People{
    public String toString(){
        return "能思考、会指挥的人";
    }
}
class Dog{
    public String toString(){
        return "能奔跑、会追逐猎物的狗";
    }
}

public class TestGenerics2{
    public static void main(String[] args){
        Cooperation<People,Dog> work=new Cooperation<People,Dog>();
        People David=new People();
        Dog Kala=new Dog();
        work.cooperate(David,Kala);
    }
}
```

上面程序的运行结果如图 3-13 所示。

这个例子和“程序 3-11”的运行结果是一样的。区别在于，“程序 3-11”中的泛型类 Cooperation<X,Y>是直接声明和定义的。而“程序 3-12”中的泛型类 Cooperation <X,Y>并不是直接声明和定义的，它实现了泛型接口 Labor<X,Y>。

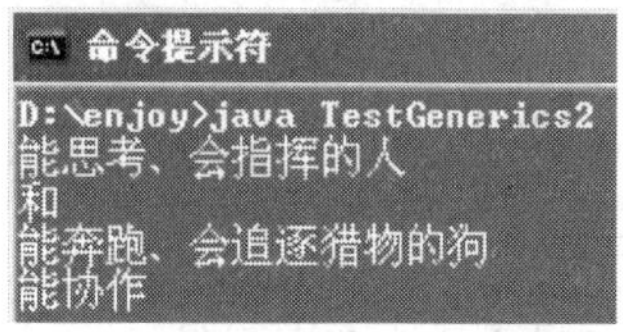

图 3-13 “程序 3-12”的运行结果

3-6 小　　结

本章在前一章的基础上，介绍了与类有关的一些高级特性。如果父类对象能在某个环境中运行，那么子类的对象一定可以在这个环境中运行，这是 Java 中一条最基本、最核心的原理。根据此原理，有对象上转型和类型强制转换等操作和性质。接口的作用是搭建程序的框架，而不进行具体实现，它是比抽象类更极端化的类型。用内部类和匿名类编程可以减少程序的复杂性，降低对类管理的难度，增加程序的易读性。泛型类是 JDK 1.5 为了类型安全而提出的 Java 新特性，不使用泛型而使用根类 Object 进行编程，完全可以实现泛型的功能，但类型的安全性不能得到保证。

思考与练习题

一、思考题

1. 什么是接口？接口的意义是什么？
2. 什么是抽象类？抽象类和接口有什么相同点和不同点？
3. 什么叫对象上转型？什么叫接口回调？
4. 父类的 final 方法可以被子类重写吗？
5. 可以通过一个 final 修饰的引用修改引用所指向的对象成员变量吗？为什么？

二、选择题

1. 关于接口，以下说法不正确的是：（　）
   A．一个类可以实现多个接口
   B．一个接口可以继承自多个接口
   C．在接口中定义的成员变量默认为是 public、static、final 的
   D．一个抽象类如果继承自某个接口，这个抽象类必须实现该接口中的所有方法
2. 以下哪条体现了多态？（　）
   A．类中的内部类　　B．方法中的内部类
   C．匿名类　　D．类方法的过载
3. 以下关于 final 修饰符错误的是：（　）
   A．用 final 修饰的引用所指向的对象的成员变量不允许改变
   B．用 final 修饰的方法不能被重写
   C．用 final 修饰的类不能够被继承
   D．用 final 修饰的基本数据类型量的值不能更改

4. 给出下列代码：（　　）

```
interface A{
    int x=0;
    A(){
        x=2;
    }
    A(int given){
        x=given;
    }
}
```

请选择一个正确答案：

A．编译通过

B．编译错误，因为接口不能拥有构造器

C．编译错误，因为接口不能拥有一个以上的构造器

D．编译错误，因为默认的构造器不需提供，而编译器会自动提供

5. 以下哪条关于构造器的描述是错误的？（　　）

A．子类可以继承父类的构造器

B．如果类定义中没有提供任何构造器，那么编译器会自动为类提供一个无参默认构造器

C．构造器的返回类型均为 void，并且 void 必须小写

D．同一个类的不同构造器之间可以相互调用

三、填空题

1. 有两种类型的多态，即编译时多态和________。
2. 这种运行时确定调用哪个类的方法的机制称为________。
3. 如果一个类中含有抽象方法，那么这个类一定是________。
4. 如果没有显式指明，接口中的方法被默认为是________和________的。
5. 接口回调是________的一种体现。不同的类在实现同一接口时，可能具有不同的功能体现，即接口的方法体可能相同，因此接口回调可能产生不同的行为。

第4章 常 用 类

本章将介绍 JDK 提供的类中比较常用和重要的几个。这些类的使用频率很高，并且能为 Java 编程提供许多方便。熟悉这些类不但能更清楚地了解 Java 的机制，还能在编程开发时提高效率和增强程序的健壮性。

本章主要内容：

- 基本数据类型的封装类
- Java 的根类 Object
- 字符串类
- 汇集类
- Math 类

4-1 基本数据类型的封装类

在 Java 语言中，基本数据类型不是类，其值也不是对象，这与 Java 中“一切都是类和对象”的理念是不和谐的。为了解决这个问题，Java 中引进了基本数据类型的封装类型。

4-1-1 基本数据封装类型概述

Java 是面向对象的语言，通常在 Java 中，一切都是类（包括基本类、数组、接口和泛型类）和对象。Java 处理和操纵对象有统一的机制，但基本数据类型例外，因为它们并不是类，不能产生对象。因此，J2SDK 提供了基本数据类型的封装类，如表 4-1 所示。至此，Java 可以以统一的机制处理所有的数据类型，Java 也就成为一门完全的面向对象的语言。

表 4-1 基本数据类型与对应的封装类

基本数据类型	封 装 类	基本数据类型	封 装 类
boolean	Boolean	int	Integer
Char	Char	long	Long
Byte	Byte	float	Float
Short	Short	double	Double

封装类不但体现了 Java 的纯面向对象和封装的特点，而且对于完成基本数据类型量的变换操作也提供了方便的功能。例如，可以将一个字符串转换为整数或浮点数，就需要使用基本数据类型的封装类。否则，转换过程就比较烦琐。

4-1-2 基本数据封装类型的变量和方法

J2SDK 为基本数据类型的封装类提供了成员变量和丰富的成员方法，各种类型的功能和用法类似。因此，这里仅以基本数据类型 int 的封装类型 Integer 作为例子进行介绍。

1. MAX_VALUE 和 MIN_VALUE

MAX_VALUE 和 MIN_VALUE 是 Integer 类的两个类成员变量，分别表示整数类型的最大值和最小值，即-231 和 231-1。最大值和最小值成员变量经常用于程序中的用于比较的变量初始化。例如，如果要在长度为 100 的整数数组 array 中找出最大值，可以用下面的方法：

```
int max=Integer.MIN_VALUE;                //使用最小值最为初始值
for(int i=0; i<100; i++){
    if(max<array[i])
        max=array[i];
}
```

上面的程序片段执行后，包含 100 个整数数组 array 中元素最大值将存放在变量 max 中。

2. 构造方法

Integer 的构造方法有两个，分别是：

```
public Integer(int value)
public Integer(String s)
```

上面两个方法可以分别利用一个基本数据类型 int 型的量和一个字符串来生成一个 Integer 对象。

3. 量的非静态转换方法

（1）public int intValue()可以将当前 Integer 对象转换成对应的 int 型的值。例如：

```
Integer i=new Integer("05");
int value=i.intValue();
```

上面程序片段的第一条语句创建了一个对应值为 5 的 Integer 型变量 i。第二条语句再转换成 i 对应的值 5。

（2）public String toString()可以将当前 Integer 对象转换成为一个字符串。例如：

```
Integer i=new Integer("05");
String s=i.toString();
```

上面程序片段执行后，字符串 s 的值为"5"。

4. 静态转换方法

（1）静态方法 public static int parseInt(Strings)方法属于类 Integer，它无需创建 Integer 对象，就可以直接把字符串转换成 int 型量。例如：

```
int i=Integer.parseInt("-05");
```

上面语句执行后，变量 i 中的值是-5。

（2）静态方法 public static Integer valueOf(String s)也是类方法，它将一个字符串 s 转换成为一个 Integer 对象，转换后，这个 Integer 对相对应的 int 值与字符串 s 表示的数值一致。例如：

```
Integer i=Integer.valueOf("2007");
int value=i.intValue();
```

上面的程序片段执行后，int 型变量 value 的值是 2 007。

4-1-3 基本数据类型的封装类举例

下面的程序是关于 8 个基本数据类型封装类的例子，构造方法全部用字符串作为参数，封装类对象创建后，又全部以字符串的形式输出。

【程序 4-1】TestCapsulation.java

```
public class TestCapsulation{
    public static void main(String[] args){
        Boolean b=new Boolean("5");
        Byte by=new Byte("5");
        Short s=new Short("5");
        Integer i=new Integer("5");
        Long l=new Long("5");
        Float f=new Float("5");
        Double d=new Double("5");
        Character c=new Character('5');
        System.out.println("Boolean:"+b.toString());
        System.out.println("Byte:"+by.toString());
        System.out.println("Short:"+s.toString());
        System.out.println("Integer:"+i.toString());
        System.out.println("Long:"+l.toString());
        System.out.println("Float:"+f.toString());
        System.out.println("Double:"+d.toString());
        System.out.println("Character:"+c.toString());
    }
}
```

上面程序的运行结果如图 4-1 所示。

在“程序 4-1”中需要注意的是 Boolean 封装类型的构造方法。用字符串作为参数构造 Boolean 型对象时，如果参数的值是"true"，则构造后的对象对应着“是”，用其他字符串构造后的结果都是“非”。

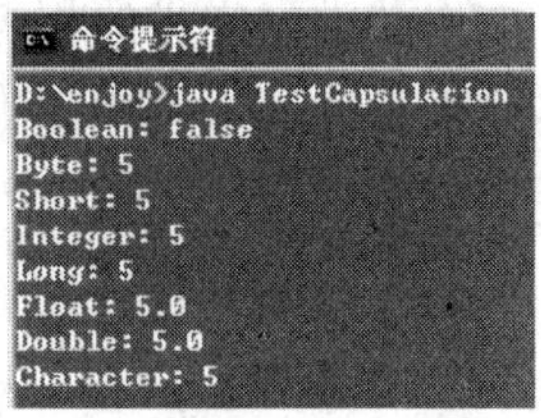

图 4-1　“程序 4-1”的运行结果

4-2　Object 类

Object 类是 Java 平台中类层次树的根，是所有类的父类。Java 中的每个类都是 Object 类的直接或间接子类，任何一个类 A 定义时都默认为是 class A extends Object。由于这种特殊地位，这个类中定义了所有对象都需要的状态和行为。Object 类的所有方法都是 public 或 protected 的。因此，能被所有类继承。下面介绍 Object 类中的常用方法。

4-2-1　Object 类中的常用方法

Object 类中的方法分为两种：一种最终方法，不能重写；另一种可以重写。可以重写的方法有：

1. 可以重写的方法

（1）protected Object clone()：生成当前对象的一个备份，并返回这个复制的对象的 Object 引用。

（2）public boolean equals(Object obj)：比较当前对象和另外一个对象的 obj 是否“相等”，如果相等则返回 true；否则返回 false。“相等”可以是 Object 中定义的内存位置相等；也可以是编程人员自己定义的相等。

（3）protected void finalize() throws Throwable：垃圾回收器回收当前对象时要完成的工作需要在这个方法中定义。

（4）public String toString()：返回当前对象本身的有关信息，按照字符串对象返回。如果用户不重写这个方法，则返回对象的有关内存等的信息。

2. 最终方法

（1）public final Class getClass()：获得当前所属类的信息，返回一个 Class 类的对象。

（2）public final void notify()：唤醒一个在当前对象监视器上等待的单个线程。

（3）public final void notifyAll()：唤醒一个在当前对象监视器上等待的所有线程。

（4）public final void wait() throws InterruptedException：让当前线程挂起，直到另外一个线程用 notify()方法或 notifyAll()方法唤起；或者经过的时间超过了一个给定的阈值。

4-2-2 equals()方法

Object 类的 public Boolean equals (Object obj)方法用于比较当前对象的引用是否与参数 obj 这个引用指向了同一个对象。这个方法如果不重写，意义不是很大。因此，很多类都重写了这个方法，以满足实际的开发需求。

Object 类中定义的相等方法，其功能与比较两个引用型变量是否指向同一对象的“==”意义相同。下面的例子中可以看出值相等比较、引用相等比较的异同。

【程序 4-2】TestEquals.java

```
class Single{//没有定义两个对象相等的评判标准；因此，比较标准继承自 Object 类.
    int x;
    Single(int x){
        this.x=x;
    }
}
class Pair{
    int x;
    int y;
    Pair(int x,int y){
        this.x=x;
        this.y=y;
    }
    public boolean equals(Object obj){
        Pair that=(Pair)obj;
        if(this.x==that.x)              //只要第一个成员变量相等则两个对象相等
            return true;
        return false;                   //其他情况全部为两个对象不相等
    }
}

public class TestEquals{
    public static void main(String[] args){
        Single s1=new Single(13);
        Single s2=new Single(13);
        Pair p1=new Pair(5,16);
        Pair p2=new Pair(5,8);
```

```
28:         System.out.println("两个Single型引用s2和s2指向了同一个对象吗？");
29:         System.out.println(s1==s2);
30:         System.out.println("Single对象(13)和(13)相等吗？");
31:         System.out.println(s1.equals(s2));
32:         System.out.println("Pair对象(5,16)和(5,8)相等吗？");
33:         System.out.println(p1.equals(p2));
34:     }
35: }
```

上面程序的运行结果如图 4-2 所示。

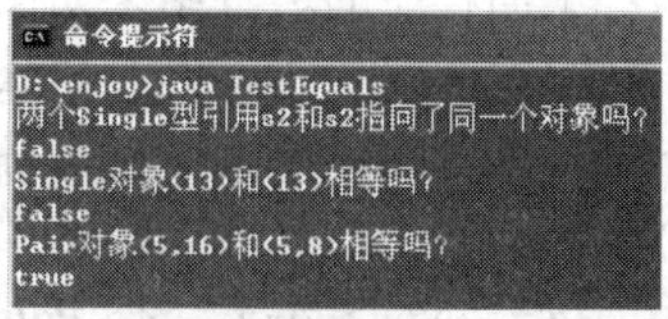

图 4-2　“程序 4-2”的运行结果

“程序 4-2”的运行结果可能出乎读者的预料。为什么对应成员变量相等的两个对象不相等，而对应变量不完全相等的两个对象反而相等呢？这是因为 Single 对象没有重写 Object 类的 equals()方法，因此，两个对象的比较是看着两个引用是不是指向了同一个对象，也就是两个引用 s1 和 s2 是否指向了同一块内存区域。

但 Pair 类重写了 Object 类的 equals 方法（14～19 行），并且规定：只要第一个成员变量 x 相等则两个对象相等（16~17 行）。对象（5,16）和（5,8）的第一个成员变量都是 5，因此，按照定义，这两个对象相等。

4-2-3　toString()方法

该方法返回当前对象的有关信息，用字符串表示，表达的内容因具体的对象而异。该方法在调试等环境下对确定对象内部的状态是很有价值的。为此，在编写自己的类时，一般要重写该方法。下面例子中的两个自定义的类中，一个继承了该方法，另一个重写了该方法。

【程序 4-3】TestToString.java

```
class Single{ //没有重写toString()方法；因此，该方法继承自Object类
    int x;
    Single(int x){
        this.x=x;
    }
}
class Pair{
    int x;
    int y;
    Pair(int x,int y){
        this.x=x;
        this.y=y;
    }
    public String toString(){        //重写了Object的toString()方法
        String result="x="+x+";y="+y;
        return result;
    }
}

public class TestToString{
    public static void main(String[] args){
```

```
22:         Single a=new Single(7);
23:         Pair b=new Pair(5,8);
24:         System.out.println("Single对象a和Pair对象b的内部信息是: \n"+a+
            "\n"+b);
25:     }
26: }
```

上面程序的运行结果如图 4-3 所示。

“程序 4-3”中，由于 Single 类并没有重写 Object 类的 toString()方法，因此，它打印出一个读者不太熟悉的信息“Single@a90653”，它是“类名@对象号”的形式，即类型、@号和对象编号。但 Pair 的对象 b 是按照重写的 toString()方法输出信息。

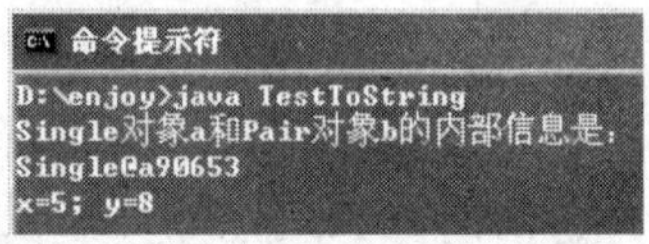

图 4-3 “程序 4-3”的运行结果

System.out.println()和 System.out.print()是标准输出方法。它有很多过载版本，其中之一就是以字符串为参数的方法版本。程序第 24 行中方法的参数是一个字符串和另外的对象相加的形式，这时，由于后面的对象不是字符串，它需要调用对象的 toString()方法，把后者转换成为字符串再把两个字符串相连。所有如下形式的表达式都能最终转换成字符串：

字符串+变量或常量

即使上面形式中后面的变量或常量是基本类型也能最终转换成字符串。下面的例子也是关于字符串的连接符号“+”的。

【程序 4-4】 TestToString2.java

```
1:  public class TestToString2{
2:      static void use(String s){
3:          System.out.println(s.charAt(0));
4:      }
5:      public static void main(String[] args){
6:          use(""+25+30);
7:          //use(25+30);               //非法
8:          System.out.println(""+25+30);
9:          System.out.println(25+30);
10:     }
11: }
```

上面程序的运行结果如图 4-4 所示。

在程序的第 6 行，use(String s)方法中需要一个 String 型参数，而第一个部分是长度为 0 的字符串，因此和后面的内容可以相连。而连接符“+”使得后面的数字 25 转换成 Integer 类型的对象，然后调用 toString()方法。同理，30 也可以转换成字符串。这些非字符串量都需要通过 toString()方法改变成字符串量。

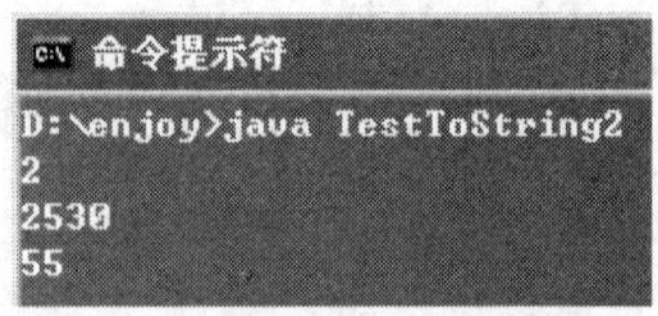

图 4-4 “程序 4-4”的运行结果

但第 7 行的 use(25+30)就是非法的。因为，25+30 将是一个整数，与 use(String s)方法的参数要求不符。但为什么第 9 行的语句合法呢？这是因为，System.out.println()方法有整数参数的过载版本 System.out.println(int x)。注意第 8 行和第 9 行两条语句的输出结果是不一样的。

4-2-4 getClass()方法

getClass()方法返回一个 Class 类型的对象，该 Class 对象包含了当前对象的类信息。

Class 类常用于在运行时刻创建编译时不知道类型的对象。它使用户能够创建灵活的代码，这些代码可以在运行时装配，无需在组建之间进行源代码链接。class 类和其他相关的类在包 java.lang.reflect 中。

【程序 4-5】 TestGetClass.java

```
import java.lang.reflect.*;
class Pair{
    int x;
    int y;
    Pair(int x,int y){
        this.x=x;
        this.y=y;
    }
    void show(){
        System.out.println("x="+x+";y="+y);
    }
}

public class TestGetClass{
    public static void main(String[] args){
        Pair pair=new Pair(3,4);
        Class info=pair.getClass();
        System.out.println("类名: "+ info.getName());
        System.out.println("包名: "+ info.getPackage());
        System.out.println("父类名: " + info.getSuperclass().getName());
    }
}
```

上面程序的运行结果如图 4-5 所示。

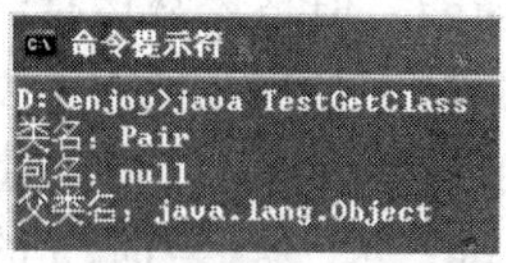

图 4-5 “程序 4-5”的运行结果

4-2-5 clone()方法

对象利用 Object 类的 clone()方法可以将自己复制到另一个对象，格式如下：

```
theObject.clone();
```

下面的例子中类 Pair 的对象 a 克隆了自己，形成了一个新的对象 b。

【程序 4-6】 TestClone.java

```
class Single{
    int z;
    Single(int z){
        this.z=z;
    }
    void show(){
        System.out.println("z="+z+" "+toString());
    }
}
class Pair{
    Single x;
    Single y;
    Pair(Single x,Single y){
        this.x=x;
```

```
        this.y=y;
    }
    void show(){
        System.out.println("Pair对象: "+this.toString());
        x.show();
        y.show();
    }
    public Object clone(){
        Pair copy=new Pair(this.x,this.y);
        return copy;
    }
}

public class TestClone{
    public static void main(String[] args){
        Pair a=new Pair(new Single(3), new Single(4));
        System.out.print("a: ");
        a.show();
        Pair b=(Pair)a.clone();
        System.out.print("a的复制b: ");
        b.show();
    }
}
```

上面程序的运行结果如图 4-6 所示。

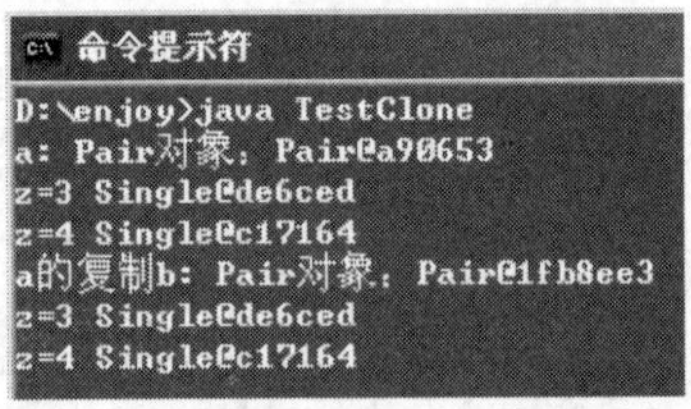

图 4-6 “程序 4-6”的运行结果

“程序 4-6”确实完成了复制 Pair 对象 a 到 Pair 对象 b 的功能。但是，从运行结果看，a 的成员变量 x 和 b 的成员变量 x 指向了同一个对象“Single@de6ced”，而 a 的成员变量 y 和 b 的成员变量 y 也指向了同一个对象“Single@c17164”。于是，当把 a 的复制 b 传递给其他程序模块时，它们对 b 的成员变量的改变将直接影响了 a 的成员变量，这就存在着巨大的安全隐患。因此，对于引用型成员变量（例如 Pair 中的 Single 型成员变量 x），必须进行“深复制”，即创建新的对象，而不是直接把引用传送给克隆后的对象。直接传送引用给克隆对象的方法称为“浅复制”。

我们把“程序 4-6”中的浅复制改为深复制，形成“程序 4-7”，相应的运行结果如图 4-7 所示。

【程序 4-7】TestClone2.java

```
class Single{
    int z;
    Single(int z){
        this.z=z;
    }
    void show(){
        System.out.println("z="+z+" "+toString());
    }
}
class Pair{
    Single x;
```

```
    Single y;
    Pair(Single x,Single y){
        this.x=x;
        this.y=y;
    }
    void show(){
        System.out.println("Pair 对象: "+this.toString());
        x.show();
        y.show();
    }
    public Object clone(){
        Single anotherX=new Single(x.z); //x.z 是基本数据类型
        Single anotherY=new Single(y.z); //y.z 是基本数据类型
        Pair copy=new Pair(anotherX, anotherY);
        //anotherX 与 this.x 是不同的对象; anotherY 与 this.y 是不同的对象
        return copy;
    }
}

public class TestClone2{
    public static void main(String[] args){
        Pair a=new Pair(new Single(3), new Single(4));
        System.out.print("a: ");
        a.show();
        Pair b=(Pair)a.clone();
        System.out.print("a 的复制 b: ");
        b.show();
    }
}
```

上面程序的运行结果如图 4-7 所示。

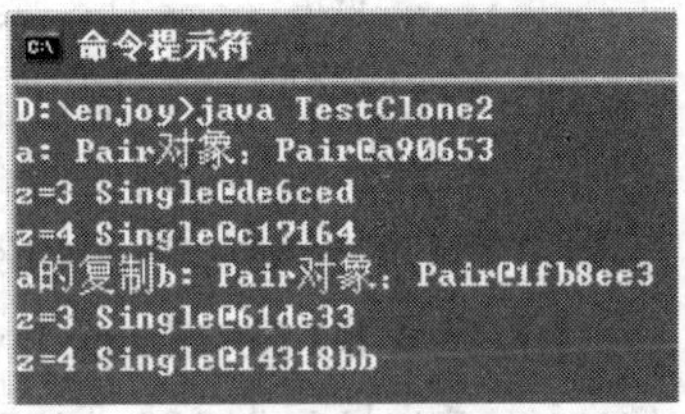

图 4-7 “程序 4-7”的运行结果

从图 4-7 可以看出，a 的成员变量 x 与 b 的成员变量 x 指向了不同的对象：“Single@de6ced”和“Single@61de33”。a 的成员变量 y 与 b 的成员变量 y 也不相同。因此，上面程序实现了深复制。

如果上例中 Single 成员变量 z 不是整型变量，而仍然是一个引用型变量，那么要做更深入的克隆工作。但可以让 Single 类重写 clone()方法，其引用型变量也重写 clone()方法，……，依此类推，这是一个递归的过程。如果所有成员变量类型以及成员变量的成员变量类型等都可以深复制，那么实现某个类的深复制就很容易了：直接深复制其每个成员变量即可。

4-3 字 符 串 类

在 Java 中，字符串类 String 是最重要的几个类之一，它不但是编程人员常用的类，而且在 Java 源代码的编译和系统运行中都起到了重要的作用。因此，为了安全，String 被设置为一个最终类，它不允许其他的类继承并重写它的方法。

字符串类 String 的对象一旦创建，只允许访问，不允许更改，这与 C++中的 CString 是不一样的。C++中的 CString 更像 Java 语言中的 StringBuffer 类。

4-3-1 构造方法

String 类的构造方法有十几种，这里仅介绍几种代表性的构造方法。

（1）String()：构造一个字符序列长度为 0 的字符串，而不是空字符串 null。

（2）String(char[] value)：利用一个字符数组构造一个字符串，串的长度与字符数组 value 的长度一致。

（3）String(char[] value, int offset, int count)：利用一个字符数组的一部分构造一个字符串，从 offset 开始共计数 count 个字符。字符数量不足时忽略。例如：

```
char[] value={'a','b','c','d','e'};
String s=new String(value,3,4);
```

上面的程序片段执行后字符串 s 的值是"de"。

（4）String(String original)：从字符串 original 构造一个字符串对象，该对象的内容与字符串对象 original 的内容完全一致。

（5）String(StringBuffer buffer)：利用一个 StringBuffer 对象 buffer 构造一个字符串对象，该对象字符序列与 buffer 对象中字符序列完全一致。StringBuffer 是后面要介绍的另一个有关字符串的类。

4-3-2 字符串常量

用一对英文双引号包括的字符序列是一个字符串常量。在 Java 中，字符串常量是对象，它们可以给一个字符串变量赋值，也可以直接用“.”执行 String 类的方法。例如：

```
String s="Welcome!";
char c="Welcome to Java world!".charAt(0);
```

上面程序片段执行后，字符串引用 s 指向了一个字符串常量对象。而 c 的值为'W'。

字符序列完全相同的两个字符串常量对象是同一个对象，而通过构造方法创建的对象是新建的不同对象。下面的例子能验证这一点。

【程序 4-8】TestString.java

```
public class TestString{
    public static void main(String[] args){
        String s1="Welcome to Java world!";
        String s2="Welcome to Java world!";
        String s3=new String("Welcome to Java world!");
        String s4=new String("Welcome to Java world!");
        System.out.println("s1==s2: "+(s1==s2));
        System.out.println("s3==s4: "+(s3==s4));
        System.out.println("s1==s3: "+(s1==s3));
    }
}
```

上面程序的运行结果如图 4-8 所示。

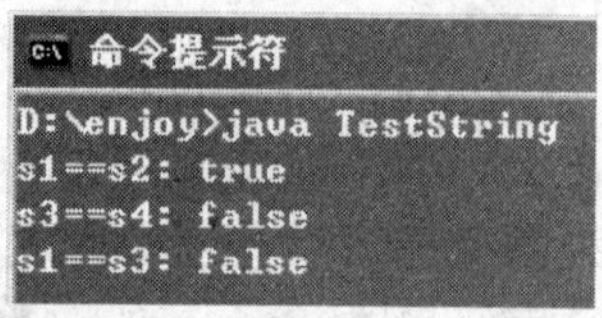

图 4-8 “程序 4-8”的运行结果

形成上图所示结果的原因在于，s1 和 s2 指向了同一个常量字符串对象，而 s3 和 s4 指向了另外两个不同的字符串对象，如图 4-9 所示。

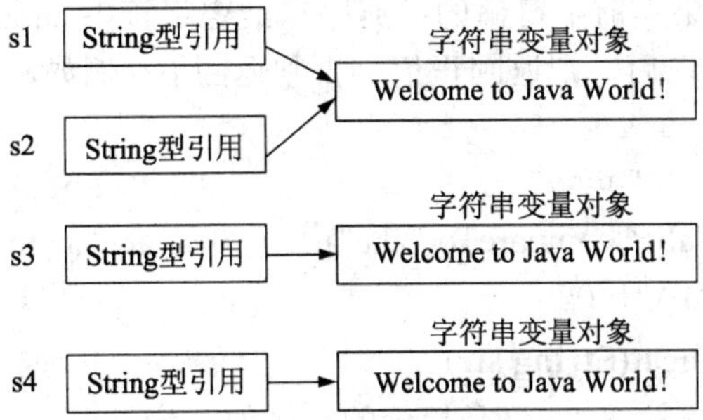

图 4-9 字符串对象的存储示意图

4-3-3 String 类的常用方法

String 类有许多常用的重要方法，这些方法的实现由 Sun 公司提供，稳定而实用，能为程序员提供方便，增加开发效率。

1. public int length()

String 类的 public int length()方法返回当前字符串的长度。例如：

```
int m="Learning Java".length();
String s=new String("Welcome!");
int n=s.length();
```

上面程序片段执行后，m 的值为 13，而 n 的值为 8。

2. public boolean equals(String anotherString)

String 类的 equals()方法重写了 Object 类中的 equals()方法。它不再比较两个引用是否指向了同一个对象，而是比较两个引用所指向的字符串对象中的字符序列是否完全相同。下面的例子就是改写了“程序 4-8”之后的程序。

【程序 4-9】TestString2.java

```
public class TestString2{
    public static void main(String[] args){
        String s1="Welcome to Java world!";
        String s2="Welcome to Java world!";
        String s3=new String("Welcome to Java world!");
        String s4=new String("Welcome to Java world!");
        System.out.println("s1 equals s2: "+s1.equals(s2));
        System.out.println("s3 equals s4: "+s3.equals(s4));
        System.out.println("s1 equals s3: "+s1.equals(s3));
    }
}
```

上面程序的运行结果如图 4-10 所示。

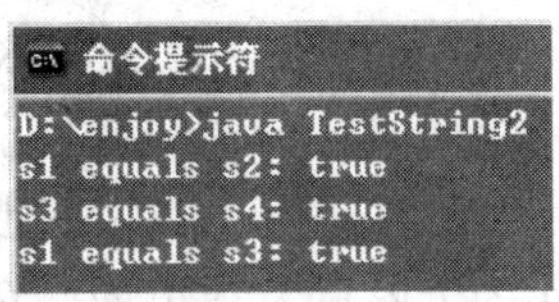

图 4-10 “程序 4-9”的运行结果

由于上面程序中仅仅比较字符串中的内容，而不是字符串对象（或者说字符串对象地址），因此，比较之后的结果是：4 个字符串对象 s1、s2、s3、s4 中的内容均相同。

3. public int compareTo(String anotherString)

字符串类 String 中提供了一个方法，用于比较当前对象和另外一个对象 anotherString

的字典序前后顺序。如果当前字符串的字典序在给定字符串 anotherString 之前，则结果为负值；在 anotherString 之后，则返回正值；否则返回 0。例如，按照字典序，有下面的关系：

```
"abc"="abc"<"abcd"<"abce"
```

根据上面的关系，"abc".compareTo("abc")等于 0，"abc".compareTo("abcd")小于 0，而 "abce".compareTo("abcd")大于 0。

4. public String concat(String str)

这个方法与字符串连接符“+”是等价的。例如：

```
String s1="Welcome".concat("to Java world!");
String s2="Welcome to "+"Java world!";
```

上面两条语句执行后，s1 和 s2 所指向的字符串对象是不同的，但其中的内容是一样的，均为"Welcome to Java world!"。

5. public String substring(int beginIndex, int endIndex)

调用这个方法将得到当前字符串的一个子串，该子串从当前字符串的 beginIndex 开始，截取到 endIndex（但不包括 endIndex）之间的字符序列。例如：

```
"to Java world!".substring(3,7);
```

其返回的结果将是"Java"。

6. public int indexOf(String str)

这个方法返回第一个与 str 匹配的子串的第一个字符的位置。如果没有发现匹配的子串，则返回-1。例如：

【程序 4-10】TestString3.java

```
public class TestString3{
    public static void main(String[] args){
        String s="Welcome to Java world!";
        System.out.println("Welcome:"+s.indexOf("Welcome"));
        System.out.println("Java world:"+s.indexOf("Java world"));
        System.out.println("me:"+s.indexOf("me"));
        System.out.println("Java2:"+s.indexOf("Java2"));
    }
}
```

上面程序的运行结果如图 4-11 所示。

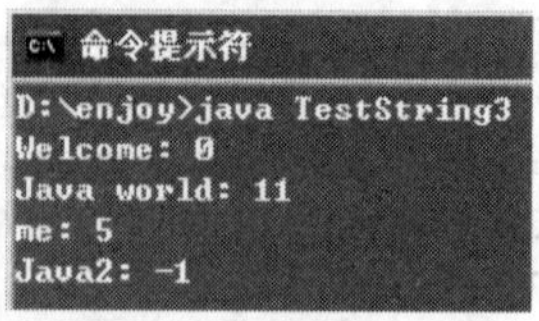

图 4-11 “程序 4-10”的运行结果

7. public String[] split(String regex)

前面介绍的几种方法在 C++语言中也有类似的函数，但 split()方法是 J2SDK 中独有的。这个方法的功能是以 regex 为分隔符把当前字符串分割成若干个子字符串，然后以字符串数组的形式返回。下面的例子把字符串"Welcome to Java world"以单个空格作为分隔符分成单词，然后分别打印出这些单词。

【程序 4-11】TestString4.java

```
public class TestString4{
    public static void main(String[] args){
        String[] words="Welcome to Java world".split(" ");
```

```
        for(int i=0; i<words.length; i++)
            System.out.println(words[i]);
    }
}
```

上面程序的运行结果如图 4-12 所示。

图 4-12　“程序 4-11”的运行结果

8. public char[] toCharArray()

这个方法将当前字符串中的所有字符按顺序存放在一个字符数组中并返回。利用这个方法可以对字符串进行一些加工处理。下面的例子利用方法 toCharArray()把一个字符串按照倒序生成一个新的字符串。

【程序 4-12】TestString5.java

```
public class TestString5{
    public static void main(String[] args){
        String before="Welcome to Java world!";
        System.out.println(before);
        char[] a=before.toCharArray();
        int len=a.length;
        char[] b=new char[len];
        for(int i=0; i<len; i++){
            b[i]=a[len-i-1];
        }
        String after=new String(b);
        System.out.println(after);
    }
}
```

上面程序的运行结果如图 4-13 所示。

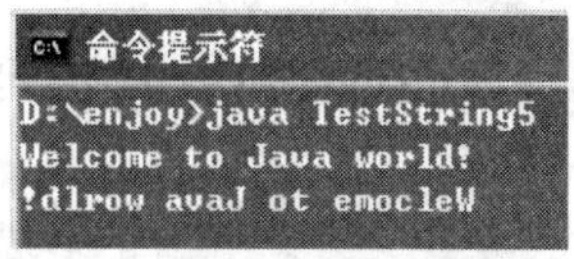

图 4-13　“程序 4-12”的运行结果

4-3-4　StringBuffer 类

由于 String 类的对象一旦创建，就不能改变，Java 提供了一个能改变字符串状态的类 StringBuffer。StringBuffer 类的很多访问性的方法与 String 类是重合的，但 StringBuffer 类有一些 String 类没有的方法。这些方法主要用来改变 StringBuffer 类对象的内容。下面是几个典型的 StringBuffer 类的方法。

（1）public void setCharAt(int index, char ch)。该方法将 index 位置上的字符替换为 ch。

（2）public StringBuffer delete(int start, int end)。该方法将 start（包括）至 end（不包括）之间的字符全部删除，得到新的 StringBuffer 对象返回。

（3）public StringBuffer insert(int offset, String str)。把字符串 str 插入到当前 StringBuffer 对象的 offset 位置。

下面的例子中使用了 StringBuffer 类的这几种方法。

【程序 4-13】TestStringBuffer.java

```
public class TestStringBuffer{
    public static void main(String[] args){
        StringBuffer buff=new StringBuffer("!Welcome in Java");
        System.out.println(buff);
```

```
        StringBuffer buff2=buff.delete(0,1); //删除开始的感叹号
        System.out.println(buff2);
        buff2.setCharAt(8,'t');
        System.out.println(buff2);
        buff2.setCharAt(9,'o');
        System.out.println(buff2);
        buff2.insert(15,"world!");
        System.out.println(buff2);
    }
}
```

图 4-14 “程序 4-13”的运行结果

上面程序的运行结果如图 4-14 所示。

4-4 汇集类和汇集泛型类

汇集类和汇集泛型类能帮助编程人员建立重大编程时所需要的传统的数据结构。在编写自己的数据结构时，不需要一切从头做起，而是将自己的数据结构转换成 Java 编程语言的数据结构。

《数据结构》课程中讲述的大部分数据结构在 Java 汇集类和汇集泛型类中都有相应的对应结构，如线性表（包括顺序表和链表）、栈、队列、树、集合、哈希表等。作为引导，这里只介绍链表在 Java 中的类和泛型类。

4-4-1 Collection 接口和 Collection 泛型接口

Collection 接口中定义了一些抽象的操作，而 Collection<E>泛型接口把每个数据结构的基本元素进行了界定。也就是说，在声明泛型接口的实例时，需要进行基本元素类型说明。

1. Collection 接口

汇集类中包含一大族的接口和类，而 Collection 接口处于这一族的最顶端。一个汇集中有若干个对象，称为这个汇集的元素。有的汇集类中元素允许重复，而有的汇集类中则不允许；有的汇集类中的元素是排序的，有的汇集类中的元素则没有排序。

但汇集类中有一些共同的操作，例如查找、插入和删除元素等。Java 把这些方法抽象出来，置于汇集类层次树最顶端的 Collection 接口中。这些抽象方法介绍如下。

（1）public int size()：返回汇集中元素的总数。

（2）public boolean isEmpty()：判断汇集是否为空，也就是元素总数是否为 0。

（3）public boolean contains(Object o)：判断汇集中是否含有对象 o。

（4）public Iterator iterator()：产生该汇集的一个遍历器，遍历器能够帮助遍历汇集中的每个元素。

（5）public Object[] toArray()：创建 Object 类型的数组，把该汇集中的所有元素置于数组中并返回这个数组。

（6）public boolean add(Object o)：添加元素 o，添加成功则返回 true；否则返回 false。

（7）public boolean remove(Object o)：删除元素 o，删除成功则返回 true；否则返回 false。

（8）public boolean containsAll(Collection c)：判断当前汇集中是否含有汇集 c 中的所有

元素。全部含有则返回 true；否则返回 false。

（9）public boolean addAll(Collection c)：在当前汇集中添加汇集 c 中的所有元素。当前汇集发生了改变则返回 true；当前汇集没有发生改变则返回 false。

（10）public boolean removeAll(Collection c)：删除汇集 c 中的所有元素。当前汇集发生了改变则返回 true；当前汇集没有发生改变则返回 false。

（11）public boolean retainAll(Collection c)：删除当前汇集中除了汇集 c 中的所有元素。当前汇集发生了改变则返回 true；当前汇集没有发生改变则返回 false。

（12）public void clear()：清空当前汇集。

（13）public boolean equals(Object o)：继承自 Object，可以重写该方法以判断当前对象和对象 o 是否存在某种意义上的相等。

（14）public int hashCode()：返回当前对象的哈希值。

2. Collection<E>泛型接口

JDK 1.5 中增加了泛型，其主要目的是为了建立具有类型安全的汇集框架。也就是说，JDK 1.5 中新增的泛型机制和泛型类，主要是为了解决汇集类的类型安全问题。

与 Collection 接口对应，泛型接口 Collection<E>处于汇集泛型类的层次树顶端。汇集泛型类的许多共同的方法也被抽象出来，置于 Collection<E>泛型接口中。这些抽象方法介绍如下。

（1）int size()：返回当前汇集泛型类中的元素数目。如果这个数目超过 Integer.MAX_VALUE，则返回 Integer.MAX_VALUE。

（2）boolean isEmpty()：判断当前汇集泛型类是否为空。

（3）boolean contains(Object o)：判断是否包含对象 o。

（4）Iterator<E> iterator()：产生并返回汇集遍历器。

（5）public Object[] toArray()：创建 Object 类型的数组，把该汇集泛型中的所有元素置于数组中并返回这个数组。

（6）boolean add(E o)：向当前泛型类对象中增加一个固定类型 E 的元素 o，该泛型类对象改变则返回 true；否则返回 false。

（7）public boolean remove(Object o)：删除元素 o，删除成功则返回 true；否则返回 false。

（8）boolean containsAll(Collection<?> c)：判断是否包含 Collection<>泛型 c 中的全部元素。其中的问号表示任意的类型。

（9）boolean addAll(Collection<? extends E> c)：添加 Collection<F>泛型中的全部元素，其中 F 是 E 或 E 的子类型。其中的问号表示 E 的子类。

（10）boolean removeAll(Collection<?> c)：删除 Collection<?>泛型 c 中包含的所有元素。

（11）boolean retainAll(Collection<?> c)：保留 Collection<?>泛型 c 中包含的所有元素。

（12）void clear()：清除当前泛型类对象中的全部元素。

（13）boolean equals(Object o)：比较和对象 o 是否存在某种意义上的相等关系。

（14）int hashCode()：返回当前泛型类对象的哈希值。

4-4-2 LinkedList 类

LinkedList 类实现了 Collection 接口，它实现了链表结构所有的操作。与顺序结构相反，链表结构的元素在内存中可以不存放在邻近的位置，而是可以置于内存中的任何位置。链表元素之间通过指针或引用建立联系，如图 4-15 所示。

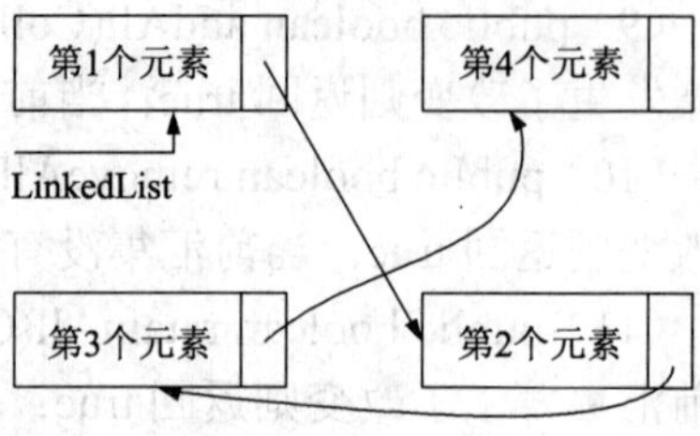

图 4-15　链表结构

由于 LinkedList 的大部分方法已在 Collection 接口中存在，因此这里不再具体介绍 LinkedList 的方法，请读者参考相关的 JDK 文档。下面的这个例子是关于链表基本操作的程序。

【程序 4-14】TestLinkedList.java

```
import java.util.*;
class Pair{
    String name;
    int value;
    Pair(String name,int value){
        this.name=name;
        this.value=value;
    }
    public boolean equals(Object obj){
        Pair other=(Pair)obj;
        if(this.name.equals(other.name)&&this.value==other.value)
            return true;
        else
            return false;
    }
    void show(){
        System.out.println("name="+name+";value="+value+".");
    }
}

public class TestLinkedList{
    public static void main(String[] args){
        //该新建链表中可添加任何类型的对象
        LinkedList theList=new LinkedList();
        theList.add(new Pair("AA",11));
        theList.add(new Pair("BB",12));
        theList.add(new Pair("CC", 13));
        int number=theList.size();
        System.out.println("目前链表中的元素数目: "+number);
        Iterator iter1=theList.iterator();  //生成遍历器
        while(iter1.hasNext()){
            Pair pair=(Pair)iter1.next();
            pair.show();
        }
        theList.remove(0);
        number=theList.size();
        System.out.println("目前链表中的元素数目: "+number);
//      theList.add(new Integer(2007));   //与 Pair 不同的类型，是安全隐患
```

```
38:         Iterator iter2=theList.iterator();  //生成遍历器
39:         while(iter2.hasNext()){
40:             Pair pair=(Pair)iter2.next();
41:             pair.show();
42:         }
43:     }
44: }
```

编译上述源代码，JDK 1.5 编译器通过了该源代码的编译，但给出了报警信息，提示可能会有不安全的操作。编译的结果如图 4-16 所示。

图 4-16 “程序 4-14”的编译结果

虽然有安全方面的编译告警，但“程序 4-14”仍能正确运行。运行结果如图 4-17 所示。

为什么 JDK 1.5 编译器会给出图 4-16 所示的告警信息呢？这是因为，在第 24～26 行添加新元素的操作未进行类型检查。如果这时添加了其他类型的对象，则在编译时不能发现错误，而在运行时会发生致命的错误。例如，如果把“程序 4-14”的第 37 行中的注释符号去掉，也就是让“theList.add(new Integer(2007));”这条语句参与运行，则会出现如图 4-18 所示的错误。

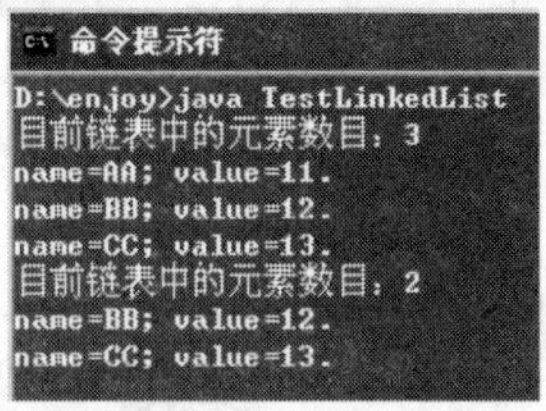

图 4-17 “程序 4-14”的运行结果

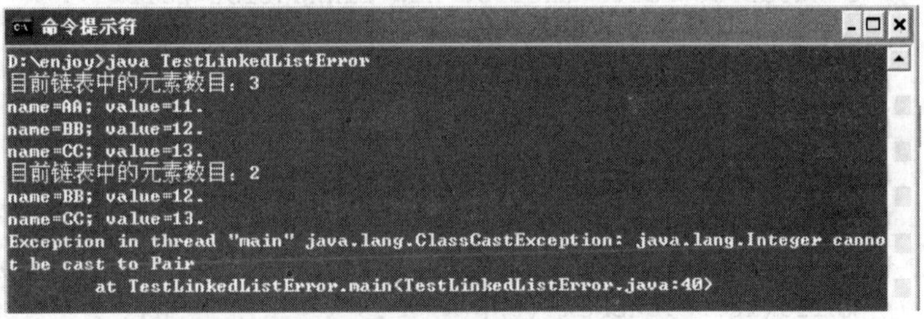

图 4-18 “程序 4-14”的错误运行结果

产生上述错误运行结果的原因是：第 37 行语句在 theList 中添加了一个 Integer 对象，而添加操作是不进行检查的。在最后的遍历阶段，还要把 Integer 对象强制转换成 Pair 对象，并且要调用 Integer 中根本不存在的 show()方法。这显然要发生错误。

消除上述运行错误，提高类型安全性的方法就是使用 LinkedList<E>泛型类。

4-4-3 LinkedList<E>泛型类

由于 LinkedList 汇集类存在着类型的安全隐患，从 JDK 1.5 开始，Sun 建议采用具有类型安全的泛型类 LinkedList<E>。向 LinkedList<E>的对象中添加元素时，需要添加 E 类型的对象或者 E 类型子类的对象，这样的限制保证了类型的安全性，不会出现像图 4-18 所示的运行时错误。

“程序 4-15”是“程序 4-14”中 LinkedList 类改用 LinkedList<E>后的例子。

【程序 4-15】TestLinkedList2.java

```
import java.util.*;
class Pair{
    String name;
    int value;
    Pair(String name,int value){
        this.name=name;
        this.value=value;
    }
    public boolean equals(Object obj){
        Pair other=(Pair)obj;
        if(this.name.equals(other.name)&&this.value==other.value)
            return true;
        else
            return false;
    }
    void show(){
        System.out.println("name="+name+"; value="+value+". ");
    }
}

public class TestLinkedList2{
    public static void main(String[] args){
        //该新建链表中只可添加 Pair 类型的对象
        LinkedList<Pair> theList=new LinkedList<Pair>();

        theList.add(new Pair("AA",11));
        theList.add(new Pair("BB",12));
        theList.add(new Pair("CC",13));
        int number=theList.size();
        System.out.println("目前链表中的元素数目: "+number);
        Iterator<Pair> iter1=theList.iterator();    //生成遍历器
        while(iter1.hasNext()){
            Pair pair=iter1.next();                 //不需要类型强制转换
            pair.show();
        }
        theList.remove(0);
        number=theList.size();
        System.out.println("目前链表中的元素数目: "+number);
//      theList.add(new Integer(2007)); //与 Pair 不同的类型，是安全隐患
        //上面语句如果去掉注释，则编译不通过。这种机制可以保证安全性。
        Iterator<Pair> iter2=theList.iterator();    //生成遍历器
        while(iter2.hasNext()){
            Pair pair=iter2.next();                 //不需类型要强制转换
            pair.show();
        }
    }
}
```

上面程序编译运行后的结果如图 4-19 所示。

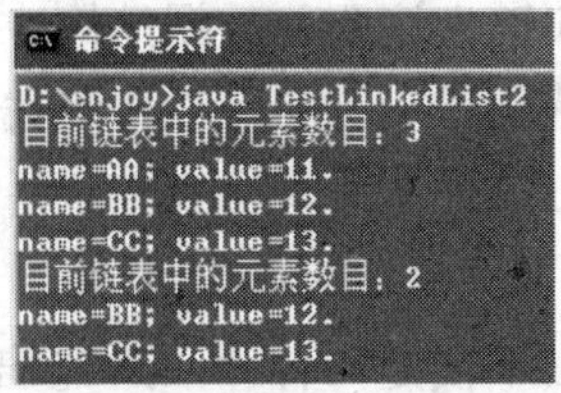

图 4-19 “程序 4-15”的运行结果

如果去掉“程序 4-15”中第 38 行的注释，让“theList.add (new Integer(2007));”参与编译，则会出现编译错误。也就是这条语句没有机会参与运行，从而也就不会因为它而出现运行错误。去掉注视符号后该程序的编译结果如图 4-20 所示。

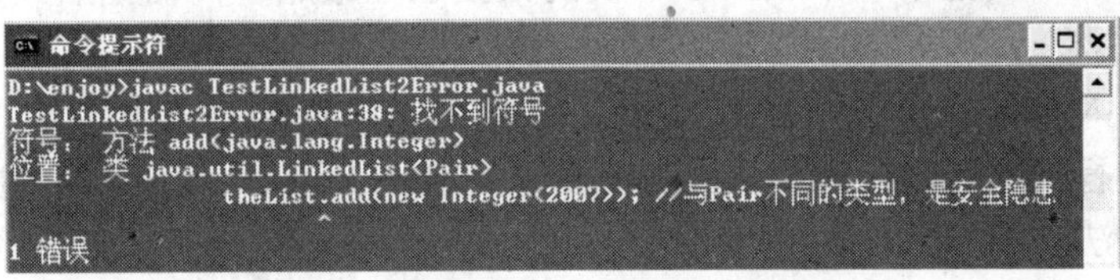

图 4-20 “程序 4-15”的错误编译结果

上面程序在编译时发现了元素类型与规定的不一致的问题，杜绝了运行时错误。这体现了泛型类的优越性，也是 Sun 鼓励使用泛型类的原因。

4-4-4 其他汇集泛型类

上一部分，通过 LinkedList 类和 LinkedList<E>泛型类介绍了汇集类和汇集泛型类的用法，并举例说明了 Sun 鼓励使用汇集泛型类的原因。下面对另外几种汇集泛型类进行简单的介绍。

1. ArrayList<E>泛型类

JDK 1.4 中的 ArrayList 是数组的延伸。我们知道，数组是具有固定长度的，一旦数组的元素填满，则不能扩展，只能建立新的、更大的数组。而 ArrayList 把数组自动扩展的功能封装在对象的内部，对外留有简单的接口。

而 ArrayList<E>是 ArrayList 类的泛型版本，增加一个元素可以使用如下简单的操作：

```
boolean add(E o)
```

LinkedList<E>的元素是链式存储的；而 ArrayList<E>的对象引用是顺序存储的。因此，为了提高效率，在大量查询的情况下一般使用 ArrayList<E>；而在大量插入和删除时应该采用 LinkedList<E>。

2. HashSet<E>泛型类

HashSet<E>泛型类在数据组织上类似数学上的集合，可以进行“交”、“并”、“差”等运算。集合不允许有相同的元素，也就是说，如果 e 已经是集合中的元素，那么 HashSet<E>的对象 set 再执行 set.add(e)操作是无效的。集合对象的初始容量是 16 个字节，装载因子是 0.75。也就是说，如果集合添加的元素超过总容量的 75%时，集合的容量将增加一倍。

3. HashMap<K,V>泛型类

HashMap<K, V>也是一个很实用的类，HashMap< K, V >对象采用散列表这种数据结构存储数据，习惯上称 HashMap<K, V>对象为散列映射对象。散列映射用于存储键/值数据对，允许把任何数量的键/值数据对存储在一起。键不可以发生逻辑冲突，两个数据项不要使用相同的键，如果出现两个数据项对应相同的键，那么先前散列映射中的键/值对将被替换。散列映射在它需要更多的存储空间时会自动增大容量。例如，如果散列映射的装载因子是 0.75，那么当散列映射的容量被使用了 75%时，它就把容量增加到原始容量的 2 倍。对于数组和链表这两种数据结构，如果要查找它们存储的某个特定的元素却不知道它的位置，就需要从头开始访问元素直到找到匹配的为止；如果数据结构中包含很多的元素，就会浪费时间。这时最好使用散列映射来存储要查找的数据，使用散列映射可以减少检索的开销。

4. Stack<E>泛型类

堆栈是一种“后进先出”（或者叫“先进后出”）的数据结构，只能在一端进行输入或输出数据的操作。堆栈把第一个放入该堆栈的数据放在最底下，而把后续放入的数据放在已有数据的上面。

向堆栈中输入数据的操作称为“入栈”，从栈中输出数据的操作称为“出栈”。由于堆栈总是在顶端进行输入和输出操作，所以出栈总是输出（删除）最后入栈的数据。Stack<E>泛型类的主要方法介绍如下。

（1）public E push(E item)：把 E 类型对象 item 压栈，并返回 item。

（2）public E peek()：取栈项元素，但不删除它。

（3）public E pop()：弹出栈顶元素，并返回这个元素。

5. Queue<E>泛型接口

与堆栈结构对应，队列是一种“先进先出”的数据结构。队列有“队头”和“队尾”，总是在队头删除元素，而在队尾插入元素。

JDK 1.5 把队列结构中抽象出的操作形成了一个泛型接口 Queue<E>，这些操作的方法声明中主要的有：

（1）boolean offer(E o)：把 E 型元素 o 插入到队列的队尾

（2）E poll()：删除队头元素，并将这个元素返回

（3）E peek()：返回队头元素，但并不删除这个元素

4-5 Math 类

Math 类包含了很多用于数值计算的基本操作方法，例如求幂、求对数、求平方根和三角函数等。这些方法都是静态方法，属于 Math 类，可以直接用类名 Math 调用这些方法，而不需要创建 Math 类的对象。Math 类还有两个静态属性：圆周率和自然对数的底。这些属性和方法介绍如下。

（1）public static final double E：自然对数的底。

（2）public static final double PI：圆周率。

（3）public static double sin(double a)：求正弦。

//con, tan, asin, acos, atan：求余弦、正切、反正弦、反余弦和反正切。

（4）public static double toRadians(double angdeg)：角度换算成弧度。

（5）public static double toDegrees(double angrad)：弧度换算成角度。

（6）public static double exp(double a)：求 e 的 a 次幂。

（7）public static double log(double a)：求自然对数。

（8）public static double sqrt(double a)：求平方根。

（9）public static double IEEEremainder(double f1, double f2)：求余。

（10）public static double ceil(double a)：求不小于 a 的最小整数对应的双精度数。

（11）public static double floor(double a)：求不大于 a 的最大整数对应的双精度数。

（12）public static double rint(double a)：四舍五入。

（13）public static double pow(double a, double b)：求 a 的 b 次幂。

（14）public static int abs(int a)：求 a 的绝对值。另外有其他数据类型的覆盖版本。

（15）public static int max(int a, int b)：求 a 的最大值。另外有其他数据类型的覆盖版本。

（16）public static int min(int a, int b)：求 a 的最小值。另外有其他数据类型的覆盖版本。

（17）public static double random()：求一个[0, 1]之间的随机数。

下面的例子产生 100 万个随机数，然后求它们的平均数，看最终的结果是否接近 0.5。

【程序 4-16】 TestRandom.java

```
public class TestRandom{
   public static void main(String[] args){
        double sum=0.0;
        double r;
        int n=1000000;
        for(int i=0; i<n; i++){
           r=Math.random();
           sum+=r;
       }
        double average=sum/n;
        System.out.println(average);
   }
}
```

上面程序编译后运行的结果如图 4-21 所示。

从上面的三次运行结果可以看出，100 万个随机数的平均值是不一样的，这说明了 Math.random()方法的随机性。但三次运行的结果都与 0.5 非常接近，这说明随机数有很强的统计规律。读者做实验运行“程序 4-16”，得到的结果和图 4-21 中的三个结果可能都不一样，但最终的平均值也一定非常接近 0.5。

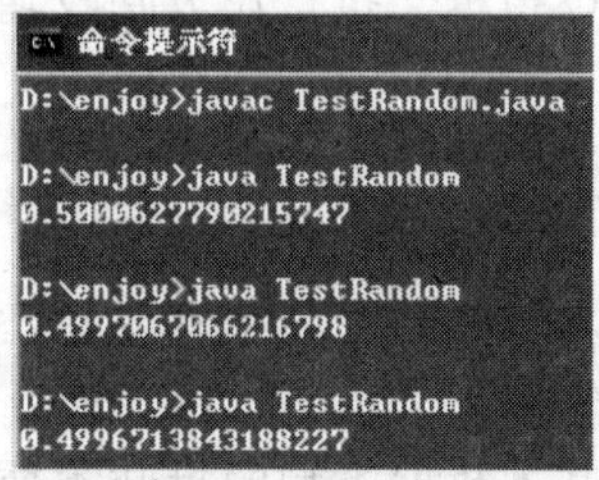

图 4-21 “程序 4-16”三次运行的结果

4-6 System 类

System 类是一个非常有用的特殊类。它的功能非常强大，提供了标准输入输出和得到系统运行时信息等方法。这个类不能实例化，即不能创建 System 类的对象。这点与 Math 类是不同的。虽然两者所具有的成员变量和成员方法都是静态的，但可以用 Math 类创建对象，而 System 却不能。

读者也可以创建自己的不能被实例化的非抽象类：只声明和定义 private 的构造方法，这样其他类就不能调用这个类的构造方法创建这个类的实例。

4-6-1 用 System 类获取标准输入/输出

System 类有 3 个成员变量，它们均是静态的，分别是系统的标准输入、标准输出、和标准错误输出。

（1）public static final InputStream in

（2）public static final PrintStream out

（3）public static final PrintStream err

这 3 个成员变量中，err 和 out 是相近的，但为了区分正常输出和错误信息输出，System 中定义了两个不同的成员变量。可以使用这 3 个成员变量，从标准输入中读入数据，向标准输出中写出数据。标准输入一般指键盘，标准输出和标准错误输出一般指屏幕。例如：

```
char ch=System.in.read();              //从标准输入中读入一个字节并返回一个字符
PrintStream ps=System.out;
out.println("Welcome to Java world!"); //输出字符串到标准输出
```

4-6-2　用 System 类的方法获取系统信息，完成系统操作

System 类提供了 Java 运行程序和运行系统之间进行交互的操作方法。利用这些方法可以获取运行的软硬件平台的系统信息，也可以向运行系统发指令完成系统操作。下面是 System 类的几个比较常用的方法。

（1）public static long currentTimeMillis()：获取当前的机器时间，这个时间用 1970 年 1 月 1 日零时到当前机器时间的微秒数表示。

（2）public static void exit(int status)：强制 Java 虚拟机退出运行状态，并把状态信息 status 返回给运行虚拟机的操作系统。

（3）public static void gc()：建议 Java 虚拟机进行垃圾回收。但这条指令并不能保证 Java 虚拟机会执行垃圾回收功能。

4-7　小　结

本章介绍了几个重要和常用的类。这些类都不是 Java 的固有的内在机制，而是 JDK 提供给编程人员的 API。相反地，数组也是类，但它是 Java 固有的内在机制。在这些类中，基本数据类型的封装类使得 Java 成为真正意义上的“纯”面向对象的编程语言，其中提供的封装类型和字符串类型等的转换是常用的方法。字符串类 String 的许多方法不但要熟悉其输入输出，还应该阅读方法的源代码。由于汇集泛型类是 Java 1.5 新增的机制，具有安全数据类型安全性的特点，因此读者要把对汇集类的使用转移到对汇集泛型类的使用上。

思考与练习题

一、思考题

1. 请解释字符串的比较方法 equals()和对象的比较方法“==”的异同点。
2. String 类和 StringBuffer 类有什么不同？
3. 各个基本数据类型的封装类分别是什么？
4. 能不能实例化 System 类？如何防止一个类被实例化？
5. Math 类中哪个方法可以产生 0～1 之间的一个 double 型随机数？

二、选择题

1. 给出代码 method(−4.4) == 4，以下哪些定义在 java.lang.Math 类上的方法可以使表达式的结果为 true？（ ）

   A．floor() B．abs() C．trunc() D．ceil()

2. 以下哪个不是基本数据类型的封装类？（ ）

   A．String B．Character C．Boolean D．Integer

3. 字符串对象调用以下哪个方法会导致字符串发生变化？（ ）

   A．concat() B．toUpperCase

   C．replace() D．没有改变字符串的方法可调用

4. 给出下列代码：

```
class Example{
   public static void main(String[] args){
      String s=new String("abcd");
      s.replace('d','q');
      System.out.println(s);
   }
}
```

   程序的运行结果是哪一个？（ ）

   A．编译失败

   B．编译成功，打印输出 abcd

   C．编译成功，打印输出 abcq

   D．编译成功，打印输 qqqq

5. StringBuffer 类是否定义了 append()方法？（ ）

   A．否 B．是

三、填空题

1. ________和________是 Integer 类的两个类成员变量，分别表示整数类型的最大值和最小值。
2. 任何一个类在声明时如果没有指明它继承自哪个类，则这个类继承自________类。
3. 指向两个对象的引用使用符号“==”比较时，它们比较的内容是这两个引用指向的对象是否为________。
4. 对象利用 Object 类的________方法可以将自己复制到另一个对象。
5. Object 类的 toString()方法如果不被重写，则返回的结果由 3 部分连在一起构成：________、@号和对象编号。

第5章 异常处理

防错程序设计一直是软件设计中的重要组成内容，一个好的软件应能够尽可能多地处理异常的情形，而不是在用户使用的过程中产生各种错误。Java 语言的异常处理机制为提高 Java 软件的健壮性提供了良好的支持。当产生异常时，Java 程序能够启用相应的异常处理程序进行异常处理，使程序能够继续运行下去，而不是简单地终止程序的运行。本章着重介绍 Java 的异常处理机制。

本章主要内容：

- 异常的概念
- 系统定义的异常类及其层次
- 异常的捕获、抛出和声明
- 用户自定义异常

5-1 异常的概念

程序运行时的许多情况会导致程序异常的发生。例如，用户的输入错误、设备错误和内存耗尽等物理限制等。JDK 中定义了专门的异常类来处理程序运行过程中发生的异常情形。

5-1-1 什么是异常

异常指的是程序运行时出现的非正常情况，在程序运行时打断正常程序流程的任何不正常情况称为错误或异常。可能导致程序发生非正常的原因很多，如数组的下标越界、算术除法运算的除数为 0、空指针访问、试图访问不存在的文件等。

本章的所有例子都是围绕我们很熟悉的求解三角形面积的海伦公式展开的。只要知道了三角形的三条边 a, b, c 的长度，则三角形的面积为：

$$s=\sqrt{p(p-a)(p-b)(p-c)}$$

上式中 s 为三角形的面积，$p=(a+b+c)/2$。根据这个公式，我们写一个方法，并把它包装在一个类中，如“程序 5-1”所示。

【程序 5-1】TestException.java

```
public class TestException{
    public static double calculateArea(double a,double b,double c){
        double p=(a+b+c)/2;
        return Math.sqrt(p*(p-a)*(p-b)*(p-c));
    }
    public static void main(String[] args){
        double a=Double.parseDouble(args[0]);
        double b=Double.parseDouble(args[1]);
        double c=Double.parseDouble(args[2]);
        double s=calculateArea(a,b,c);
```

```
11:         System.out.println("边长为"+a+","+b+","+c+"的三角形面积是"+s);
12:     }
13: }
```

图 5-1　程序 5-1 的编译和一次运行结果

上面程序的编译和一次运行结果如图 5-1 所示。

上面的程序编译并接到命令：

```
java TestException 3.0 4.0 5.0
```

程序的执行过程是：首先把 main()方法的 3 个参数分别转换成双精度类型的数据，然后调用方法 calculateArea()，用海伦公式计算相应的三角形的面积。

但是，如果输入不正确，“程序 5-1”就不能顺利地运行。第 1 种可能出现异常运行现象的操作是忘记了输入命令行参数。例如，如果输入的命令是：

```
java TestException
```

那么，在控制台将显示如图 5-2 所示的数组访问越界的错误信息。

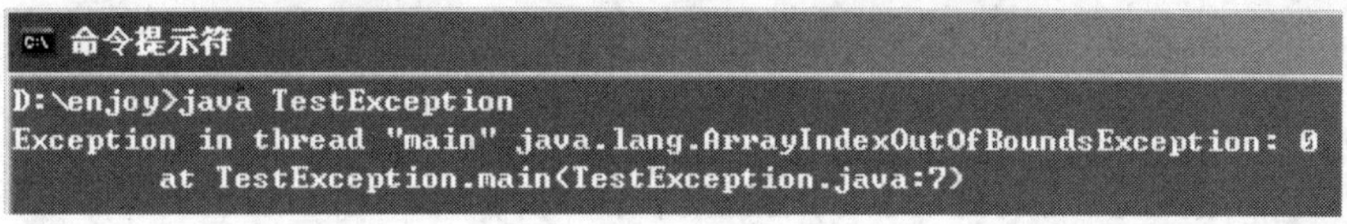

图 5-2　“程序 5-1”的一次错误运行结果

造成程序上述运行异常的原因是因为没有在命令行中输入足够的参数，致使字符串数组 args 的长度为 0。因此，当访问第 1 个参数 args[0] 时，数组访问会越界，从而报告了类型为 ArrayIndexOutOfBoudsException 的异常，并指明异常发生的位置在源程序的第 7 行。另外，如果输入的命令行参数不是数字，可能会引起第 2 种运行异常现象。例如，如果输入下面的命令行：

```
java TestException 3.0 4.b 5.0
```

那么，会有如图 5-3 所示的异常报告。

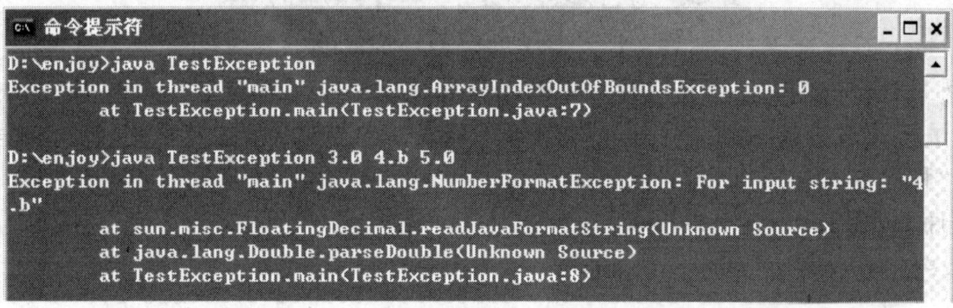

图 5-3　“程序 5-1”的又一次错误运行结果

上面的异常报告中的异常类型是 NumberFormatException，本例中造成这个异常的原因是命令行中输入的第 2 个字符串参数 2.b 不是一个数字，因此无法转换成所需要的双精度数字类型。

可以看出，如果程序运行时出现异常，Java 系统通过自动显示有关异常的信息，指明异常种类和出错的位置。显然，这样的错误信息交给软件的使用者是不合适的，因为单纯从异常报告信息中，用户会很难明白到底发生了什么异常，以及异常是怎样发生的。一个好的程序能够将错误消化在程序的代码中，也就是在程序中处理各种异常，而不是单纯报告出来。假如异常未在程序中消化，Java 虚拟机将最终接收到这个异常，它将在控制台显示异常信息。

其实，第 1 种异常现象可以用传统的方法加以解决。即对命令行的参数个数进行检查，核对是否已经达到了 3 个。修改后的代码在“程序 5-2”中。

【程序 5-2】TestHandleException.java

```
1:  public class TestHandleException{
2:      public static double calculateArea(double a,double b,double c){
3:          double p=(a+b+c)/2;
4:          return Math.sqrt(p*(p-a)*(p-b)*(p-c));
5:      }
6:      public static void main(String[] args){
7:          if(args.length<3){
8:              System.out.println("输入的参数个数应至少为 3 个，请重新执行本程序");
9:          return;
10:         }
11:         double a=Double.parseDouble(args[0]);
12:         double b=Double.parseDouble(args[1]);
13:         double c=Double.parseDouble(args[2]);
14:         double s=calculateArea(a, b, c);
15:         System.out.println("边长为"+a+","+b+","+c+"的三角形面积是"+s);
16:     }
17: }
```

上面的程序在“程序 5-1”的基础上增加了 7～10 这 4 行，当用户输入的命令行参数不足 3 个时，会报告参数不足的信息，提示用户重新执行程序。一次执行结果如图 5-4 所示。

图 5-4　“程序 5-2”的一次运行结果

另外一种修改的方法就是在程序中增加异常处理，把有可能发生异常的语句块放置在 try 块中进行异常捕获，然后用 catch 块处理可能发生的异常。增加异常处理后，“程序 5-1”变化为“程序 5-3”。

【程序 5-3】TestTryCatch.java

```
public class TestTryCatch{
    public static double calculateArea(double a,double b,double c){
        double p=(a+b+c)/2;
        return Math.sqrt(p*(p-a)*(p-b)*(p-c));
    }
    public static void main(String[] args){
        try{
            double a=Double.parseDouble(args[0]);
            double b=Double.parseDouble(args[1]);
            double c=Double.parseDouble(args[2]);
            double s=calculateArea(a,b,c);
            System.out.println("边长为"+a+","+b+","+c+"的三角形面积是"+s);
```

```
13:        } catch(ArrayIndexOutOfBoundsException e){
14:            System.out.println("数组访问越界，请至少输入 3 个参数");
15:        }
16:    }
17: }
```

图 5-5 “程序 5-3”的一次运行结果

上面程序的一次运行结果如图 5-5 所示。

异常处理的特点是对可能出现的异常程序段，用 try 进行尝试，如果出现异常，则相应的 catch 语句将捕获该异常，对该异常进行消化处理。“程序 5-3”的第 8 行至第 12 行中的 5 条语句都在 try 块中接受执行时的异常检查。在执行过程中一旦发现这些语句中有数组访问越界的异常，则程序执行指向第 14 行的输出语句，数组访问越界异常进行输出报告。

除了要防止数组访问越界、数字转换异常外，还有一些情况是需要考虑的。例如，三角形的 3 条边的长度均要为正数，3 条边的长度要满足三角不等式等。对于这些问题，将在本章后面的部分解决。

5-1-2 异常的类层次

Java 程序中，由于程序员的疏忽和环境因素的变化，会经常出现异常情况。如果不对异常进行处理，就导致程序的不正常终止。为了保证程序的正常运行，Java 语言专门提供了异常处理机制。Java 首先针对各种常见的异常定义了相应的异常类，并建立了异常类体系，其继承结构如图 5-6 所示。

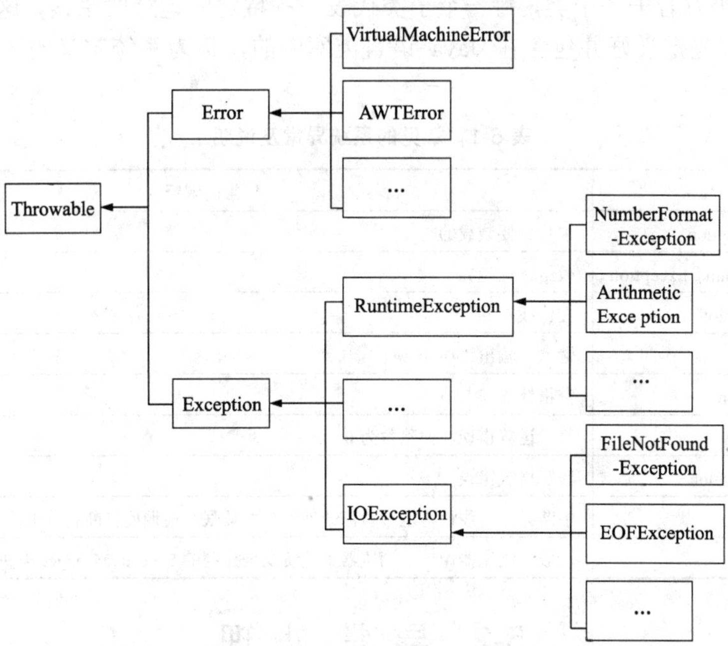

图 5-6 Java 异常类的继承层次

Throwable 类是根，是所有异常类的父类。Java 中只有 Throwable 类及其子类的对象才能由异常处理机制进行处理。该类提供的主要方法包括检索异常相关的信息，以及显示异常发生位置的堆栈追踪轨迹信息。

Java 处理的异常可以分为两大类：Error 及其子类、Exception 及其子类。Exception 又分为 RuntimeException 及其他 Exception 类。Java 对不同的异常采取不同的处理策略。

（1）Error 意味着很难恢复的严重错误，一般不由程序处理。

（2）RuntimeException 意味着程序设计或实现的问题，例如数组使用越界、算术运算异常（例如除 0 运算）、空指针异常（即访问没有初始化的空指针）等。正确设计与实现的程序不应产生这些异常。对于这类异常，处理的策略是纠正错误，重新进行程序设计。

（3）其他的异常通常是由环境因素引起的，例如文件不存在、无效 URL 等。这类异常经常是由用户的误操作引起的，可以在异常处理中进行处理，例如，提示用户进行正确的操作等。

因此，Java 中的错误或异常可以分为两大类：一是非致命的，通过某种修正后程序还能继续运行，包括上述的（2）、（3）两种异常；另一类是致命的，即程序遇到了非常严重的不正常状态，不能简单地恢复执行，就是上述的第（1）类异常。Java 的异常处理机制主要针对（2）、（3）两种异常进行适当地处理，使得程序能够继续运行，而不是停止运行。对于第（3）类异常，Java 编译器在编译代码时一般会强制要求程序中必须有相应的异常处理代码。例如，对于 I/O 操作，编译器就要求一定要有 IOException 异常的处理代码。这种强制机制增强了 Java 程序的健壮性。

5-1-3 系统定义的异常

Exception 类有若干个子类，每一个子类代表一种特定的运行时错误，这些子类中，有的异常是系统事先定义好并包含在 Java 语言类库中的，称为系统定义的运行异常，如表 5-1 所示。

表 5-1 常见的系统异常及说明

系统定义的异常	异常的解释
ClassNotFoundException	未找到要装载的类
ArrayIndexOutOfBoundsException	数组访问越界
FileNotFoundException	文件找不到
IOException	输入、输出错误
NullPointerException	空指针访问
ArithmeticException	算术运算错误，如除数为 0
NumberFormatException	数字格式错误
InterruptedException	中断异常，线程再运行暂停处理时（如睡眠）被调度打断将发生该异常
SecurityException	一般由浏览器抛出。浏览器中负责安全控制的 SecurityManager 类负责抛出这个异常

5-2 异 常 处 理

异常处理是指获得异常并处理，然后继续程序的执行。为了使程序安全，Java 要求如果程序中调用的方法有可能产生某种类型的异常，那么调用该方法程序必须采取相应动作处理异常。异常处理有两种方式：

（1）在程序块中捕获并处理异常。这种处理方式要采用 try…catch…finally 结构。

（2）将方法中产生的、或可能产生的异常抛出，留给调用该方法的程序块处理。这种方式采用 throws 关键字在方法头声明；而在方法体内部可能产生异常的位置采用 throw 关键字抛出异常。

如果要在方法体内部捕获异常并进行处理，则采取上述第（1）种方式；如果要设计一个方法，告知可能要调用该方法的程序块本方法要抛出一种或几种异常，则采取第（2）种方式。

第（1）种处理方式涉及到的 try…catch…finally 结构及多异常匹配的原则在 5-2-1 节和 5-2-2 节讨论。第（2）种处理方式涉及到的异常声明和异常抛出在 5-2-3 节和 5-2-4 节讨论。

5-2-1 try…catch…finally 结构

try…catch…finally 语句捕获程序中产生的异常，然后针对不同的异常采用不同的处理程序进行处理。try…catch…finally 语句的基本格式是：

```
try{
    Java Statements       // 一条或多条可能抛出异常的 Java 语句
} catch (ExceptionType1 e1) {
    Java Statements       // 当 ExceptionType1 类型的异常抛出后要执行的语句
} catch (ExceptionType2 e2) {
    Java Statements       // 当 ExceptionType2 类型的异常抛出后要执行的语句
} …
finally{
    Java Statements       // 执行要进行最终清理的语句
}
```

进行异常处理必须使用 try 程序块，将可能产生异常的代码放在 try 块中，当 JVM 执行过程中发现了异常，会立即停止执行后续代码，然后开始检查寻找异常处理器，对 try 后面的 catch 块按次序进行匹配检查，一旦找到一个匹配者，则执行 catch 块中的代码，不再检查后面的 catch 块。如果 try 块中没有异常发生，程序执行过程中将忽略后面的 catch 块。这里有几点需要说明：

（1）try 块用来启动 Java 语言的异常处理机制。一个 try 可以引导多个 catch 块。

（2）异常发生后，try 块中的剩余语句不再执行。

（3）异常对象是依靠以 catch 语句为标志的异常处理程序块来捕捉和处理的。catch 程序块中的代码要执行的条件是，首先在 try 块中发生了异常，其次异常的类型与 catch 要捕捉的一致，在此情况下，运行系统会将异常对象传递给 catch 中的参变量，在 catch 块中可以通过该对象获取异常的具体信息。在上面的结构中 ExceptionType1 和 ExceptionType2 都是异常的类型，而 e1 和 e2 是相应的参变量。

（4）在该结构中，可以无 finally 部分，但如果存在，则无论异常是否发生，finally 部分的语句均要执行。即便是 try 或 catch 块中含有退出方法的语句 return，也不能阻止 finally 程序块的执行，也就是先执行 finally 块，然后再返回。

为了看清 try…catch…finally 结构中程序的执行流程，把计算三角形面积的“程序 5-3”改写，使其成为一个多 catch 匹配的程序。

【程序 5-4】 TestTryCatchFinally.java

```
1:  public class TestTryCatchFinally{
2:      public static double calculateArea(double a,double b,double c){
3:          double p=(a+b+c)/2;
4:          return Math.sqrt(p*(p-a)*(p-b)*(p-c));
5:      }
6:      public static void main(String[] args){
7:          try{
8:              double a=Double.parseDouble(args[0]);
9:              double b=Double.parseDouble(args[1]);
10:             double c=Double.parseDouble(args[2]);
11:             double s=calculateArea(a,b,c);
12:             System.out.println("边长为"+a+","+b+","+c+"的三角形面积是"+s);
13:         } catch(ArrayIndexOutOfBoundsException e1){
14:             System.out.println("数组访问越界，请至少输入 3 个参数");
15:         } catch(NumberFormatException e2){
16:             System.out.println("输入的参数应该是数");
17:         } finally{
18:             System.out.println("程序一定要执行到这里");
19:         }
20:     }
21: }
```

对于这个程序，我们用两个执行进行验证，第一个执行用于测试 ArrayIndexOutOfBoundsException 异常，第二个执行用于测试 Exception 异常。两次执行的结果如图 5-7 所示。

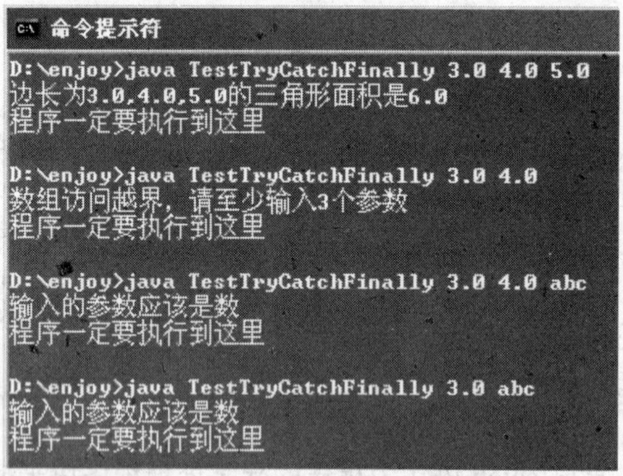

图 5-7 “程序 5-4”的 4 次运行结果

程序第 1 次执行了命令：

```
java TestTryCatchFinally  3.0  4.0  5.0
```

这个命令完全符合参数数目要求，也符合数字的格式化规范，因此执行它会输出正常结果。由于“程序一定要执行到这里”打印出来，说明程序最后进入了第 17~19 行的程序块。

程序第 2 次执行了命令：

```
java TestTryCatchFinally  3.0  4.0
```

由于参数不够，第 13 行的 catch 块捕捉了这个异常，使得程序跳入异常处理块，处理这个数组下标越界的异常。

程序第 3 次执行了命令

```
java TestTryCatchFinally  3.0  4.0  abc
```

由于“abc”不是数字，因此要抛出 NumberFormatException 异常。这个异常能被第 15 行的 catch 块捕获。

程序第 4 次执行了命令：

```
java TestTryCatchFinally  3.0  abc
```

这次命令执行的两个问题同时存在，参数不足 3 个并且输入的参数有非数字“abc”。但系统执行时打印出的异常只有数字格式化异常，并没有报告参数不足的异常。这是因为，在程序第9行进行数字转换时发生了数字格式化异常，程序中断执行，转向异常处理的catch 程序块。当系统发现有一个处理数字格式化异常的程序块时，它就进入这个程序块，最后经过 finally 程序块退出。这种情况下，第 10~12 行是没有机会执行的，同样，第一个 catch 块也没有机会执行。

从执行结果可以看出，4 次执行都打印出“程序一定要执行到这里”。这说明第 17 行～19 行的 finally 块在程序执行时一定要到达，不管是不是有异常抛出。

5-2-2 多异常处理的匹配原则

多异常处理是通过在一个 try 块后面定义若干个 catch 块来实现的。每个 catch 块用来接受和处理一种特定的异常对象。每个 catch 块有一个异常类名作为参数。一个异常对象能否被一个 catch 块所接受，主要看该异常对象与 catch 块的异常参数的匹配情况。

一个 catch(ExceptionType1 e1)块能够捕获所有 ExceptionType1 类型的异常。由于 ExceptionType1 的子类一定也是 ExceptionType1 类型的，因此，所有 ExceptionType1 的子类型都可以被这个 catch 语句捕获。因此，catch 块的安排要遵循先具体后抽象的原则。“程序 5-5”中把对具体的异常 ArrayIndexOutOfBoundsException 的捕获排在优先的位置，而把对抽象的异常 Exception 的捕获放在后面，用以捕获除 ArrayIndexOutOfBoundsException 之外的所有 Exception 类型及其子类型。

【程序 5-5】TestMultiCatch.java

```
public class TestMultiCatch{
    public static double calculateArea(double a,double b,double c){
        double p=(a+b+c)/2;
        return Math.sqrt(p*(p-a)*(p-b)*(p-c));
    }
    public static void main(String[] args){
        try{
            double a=Double.parseDouble(args[0]);
            double b=Double.parseDouble(args[1]);
            double c=Double.parseDouble(args[2]);
            double s=calculateArea(a,b,c);
            System.out.println("边长为"+a+","+b+","+c+"的三角形面积是"+s);
        } catch(ArrayIndexOutOfBoundsException e1){
            System.out.println("数组访问越界，请至少输入 3 个参数");
        } catch(Exception e){
```

```
                System.out.println("捕获到了 Exception 异常");
            }
        }
}
```

上面程序的两次执行结果如图 5-8 所示。

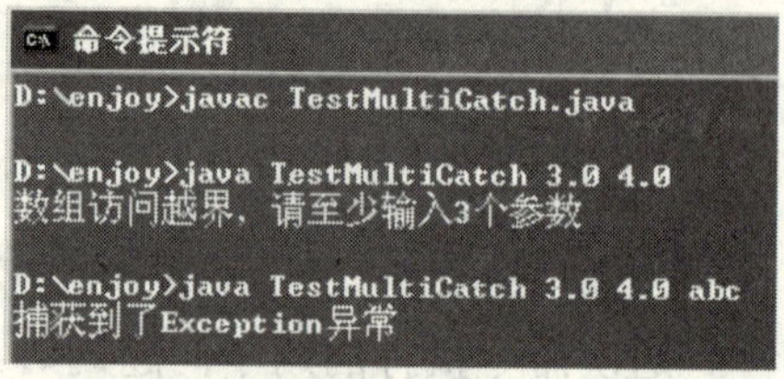

图 5-8 “程序 5-5”的 2 次运行结果

上面的程序第 1 次执行测试了数组越界异常 ArrayIndexOutOfBoundException，第 2 次执行测试了更抽象的 Exception 异常。

但是如果“程序 5-5”中的两个 catch 块交换位置，则该程序不能通过编译。原因很明显：Java 编译程序会检查同一个 try 引导的几个 catch 语句捕获异常类型的继承关系。如果更抽象的异常捕获在前，则该 catch 块会把抽象类型及其所有子类型的异常全部捕获，而后面更具体的异常类型的 catch 捕捉块永远没有机会再捕捉到自己声明的异常类型。因此，在设计多 catch 语句时，应该注意不同异常类型的捕获顺序，把更具体的异常类型的捕获放置在更抽象异常类型的捕获的前面。否则，Java 编译器就会报错。

5-2-3 声明异常

在方法中声明异常时有其固有的语法格式，某方法声明异常时，异常的范围也有严格的限制。下面将分别介绍在方法中声明异常时的要求，并举例进行说明。

1. 在方法声明部分声明异常的语法

前面讨论的 try…catch…finally 结构，用于捕获程序中的异常并进行处理。如果设计一个方法时，方法中可能出现异常，但由于方法设计和使用的原因在方法内部不处理这些异常，就应该使用异常处理的第 2 种方式，将异常直接抛出。例如：

```
public void readData() throws IOException{
    //方法体语句
}
```

上面的例子中方法 readData ()把可能出现的 IOException 异常不加处理，直接上抛给调用该方法的程序。如果该异常在调用程序中仍然未被处理，则该异常将沿着方法的调用关系继续上抛，直至被处理。如果一个异常返回到 main ()方法，并且在 main ()方法中还未被处理，则该异常将使程序非正常终止。

异常是在方法的声明中使用 throws 子句进行声明的，具体格式如下：

```
returnType methodName([parameterList]) throws exceptionList{…}
```

其中，exceptionList 可以包含多个异常类型，用逗号隔开。

2. 在方法声明中异常声明的范围要求

对方法声明中的异常，Java 语法规定：如果这个方法重写了父类中的方法，则异常的范围不能宽于父类中方法声明的异常范围。这个规定与成员方法的访问权限的规定恰恰相反，应该如何理解这个规定呢？下面进行讲解。

事实上，Java 的这条语法规定也是为了能够让“三段论”原理仍然成立。为了解释这个规定，我们先参看一个关于异常的例子。假设 ExceptionSmall 是 ExceptionLarge 的子异常，而类 B 是类 A 的子类。

```
class A{
   public void f() throws ExceptionSmall{ /* 方法体 */}
}
class B extends A{
   public void f() throws ExceptionLarge{ /* 方法体 */ }
}
```

而假设 A 有一个运行环境 g（这里 g 是一个方法）：

```
public void g( A a ){
   try{  a.f();   }
   catch (ExceptionSmall e){ //异常处理操作}
}
```

依照上述程序，当 B 的一个对象 b 要在环境 g 中运行时，b 的方法将有可能产生 ExceptionLarge 类型的异常，这是 g 所不能处理的。因此，并不能保证 A 的所有实例都能在环境 g()中运行，这与“三段论”原理是相悖的。在这个意义上，“三段论”原理要求子类中重写的方法抛出的异常的范围不能超过父类中相应方法抛出的异常的范围。从这个角度考虑 Java 语言的这条语法就会发现，这条语法并不是无缘无故的硬性规定，而是有深刻的原理作为基础和要求的。

3. 声明异常举例

下面的程序是在方法中声明异常的例子。

【程序 5-6】TestExceptionDeclare.java

```
1: public class TestExceptionDeclare{
2:     public static double calculateArea(double a,double b,double c){
3:         double p=(a+b+c)/2;
4:         return Math.sqrt(p*(p-a)*(p-b)*(p-c));
5:     }
6:     public static double formatData(String str) throws NumberFormat-
       Exception{
7:         return Double.parseDouble(str);
8:     }
9:     public static void main(String[] args) throws NumberFormatException,
10:                ArrayIndexOutOfBoundsException{
11:        double a=formatData(args[0]);
12:        double b=formatData(args[1]);
13:        double c=formatData(args[2]);
14:        double s=calculateArea(a, b, c);
15:        System.out.println("边长为"+a+","+b+","+c+"的三角形面积是"+s);
16:    }
17: }
```

上面的程序把“程序 5-1”中的字符串转化为数字的功能提取出来，做成了一个单独的方法 formatData()，在程序的第 6～8 行。由于这个方法中将可能产生数字格式化异常，因此在该方法头有 throws NumberFormatException 声明，用以告知调用该方法的程序。在调用该方法的 main()方法中，这个异常没有被处理，而是直接抛出了这个异常。同时，main()方法中的执行过程中还有可能存在数组访问越界的异常，因此 main()方法头中的声明是：

```
throws NumberFormatException,ArrayIndexOutOfBoundsException
```

main()方法过程中，如果遇到这两种异常中的任何一种，程序都将非正常地终止运行。

5-2-4 抛出异常

异常的抛出是通过 throw 语句来实现的。该语句的一般格式如下：

```
throw anThrowableObject;
```

其中，anThrowableObject 必须是 Throwable 类或其子类的对象。例如：

【程序 5-7】 TestThrowException.java

```
1:  public class TestThrowException{
2:      public static double calculateArea(double a,double b,double c){
3:          double p=(a+b+c)/2;
4:          return Math.sqrt(p*(p-a)*(p-b)*(p-c));
5:      }
6:      public static void main(String[] args)throws ArrayIndexOutOfBounds
        Exception, NumberFormatException {
7:          if(args.length<3)
8:              throw new ArrayIndexOutOfBoundsException();
9:          double a=Double.parseDouble(args[0]);
10:         double b=Double.parseDouble(args[1]);
11:         double c=Double.parseDouble(args[2]);
12:         double s=calculateArea(a, b, c);
13:         System.out.println("边长为"+a+","+b+","+c+"的三角形面积是"+s);
14:     }
15: }
```

上面的程序中的第 8~9 行是抛出异常的语句。首先程序判断 main()方法的参数个数是否达到 3 个，如果不满足，则抛出数组访问越界异常 ArrayIndexOutOfBoundsException，程序将非正常终止。

5-3 自定义异常

除了 JDK 中定义的异常类外，用户还可以定义自己的异常类，用来处理程序运行过程中出现的、不能被 JDK 中定义的异常类处理的异常。

5-3-1 自定义异常类设计

当我们在开发各种 Java 应用程序的时候，除了花费大量时间设计类的 API 以便使自己的程序包易于理解与使用之外，还应该投入同样大的精力考虑和设计程序包在使用过程中可能产生的异常。在某些应用中，编程人员可以根据程序的特殊逻辑创建自己的异常类和异常对象，用来处理程序中特定的逻辑运行错误或异常。

在“程序 5-1”第 2～5 行的 calculateArea ()方法只是根据海伦公式计算三角形的面积，而没有考虑其中特定的逻辑异常。而事实上，3 个双精度类型的数据作为边长计算三角形的面积至少可能出现如下异常情况：

（1）输入的边长出现负值。

（2）边长不满足三角不等式。即三角形的任何两边长之和必须大于第三边长，任何两边长之差的绝对值必须小于第三边长。

因此，在设计方法 calculateArea( ) 时，应该考虑这两种异常情况，要设计两种新的异常类。这两个异常类都继承自 Exception 类。

【程序 5-8】TestTriangleException.java

```
1:  class TriangleMinusLengthException extends Exception{
2:      String name;
3:      public TriangleMinusLengthException(String str){
4:          name=str;
5:      }
6:      public String toString(){
7:          return name;
8:      }
9:  }
10:
11: class TriangleUnequationException extends Exception{
12:     String name;
13:     public TriangleUnequationException(String str){
14:         name=str;
15:     }
16:     public String toString(){
17:         return name;
18:     }
19: }
20:
21: public class TestTriangleException{
22:     public static void main(String[] args){
23:         TriangleMinusLengthException me
24:            =new TriangleMinusLengthException("负边长异常");
25:         System.out.println(me.toString());
26:         TriangleUnequationException ue
27:            =new TriangleUnequationException("三角不等式异常");
28:         System.out.println(ue.toString());
29:     }
30: }
```

上面程序中定义了两个异常类，其中第 1~9 行的 TriangleMinusLengthException 异常类是当三角形的某边长小于 0 时，要抛出的异常；而第 11~19 行的 TriangleUnequation-Exception 异常类是当三角形的三边不满足三角不等式时，要抛出的异常。新设计的异常类在 Java 类库中的层次和位置如图 5-9 所示。

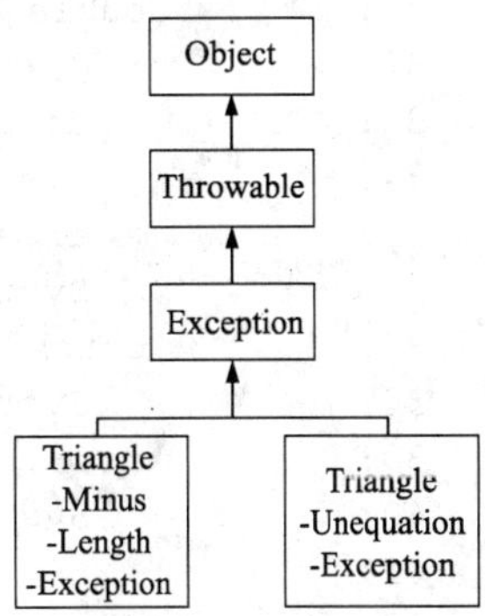

图 5-9　两个三角形异常类在 Java 类的继承树中的位置

5-3-2　自定义异常类的使用

上一部分设计了两个有关三角形的异常类，这两个类所描述的内容在 Java 的类库中是找不到的。有了这两个类，可以重新设计计算三角形面积的方法 calculateArea()。这个方法要监测输入的 3 个数据是否满足正数要求，是否满足三角不等式。重新设计的方法如下面程序所示。

【程序 5-9】TestSelfException.java

```
class TriangleMinusLengthException extends Exception{
    String name;
    public TriangleMinusLengthException(String str){
        name=str;
    }
    public String toString(){
        return name;
    }
}
class TriangleUnequationException extends Exception{
    String name;
    public TriangleUnequationException(String str){
        name=str;
    }
    public String toString(){
        return name;
    }
}
public class TestSelfException{
    public static double calculateArea(double a,double b,double c)
    throws TriangleMinusLengthException,TriangleUnequationException{
        if(a<0||b<0||c<0)
            throw new TriangleMinusLengthException("负边长异常");
        if(a+b<c||a+c<b||b+c<a)
            throw new TriangleUnequationException("不满足三角不等式异常");
        double p=(a+b+c)/2;
        return Math.sqrt(p*(p-a)*(p-b)*(p-c));
    }
    public static void main(String[] args){
        double a=3,b=4,c=5;
        double e=-4,f=2,g=10000;
        try{
            double area=calculateArea(a,b,c);
            System.out.println("面积: "+area);
            area=calculateArea(e,f,g);
            System.out.println("面积: "+area);
        }catch(TriangleMinusLengthException me){
            System.out.println("边长为负，请改正");
        }catch(TriangleUnequationException ue){
            System.out.println("边长不满足三角不等式，请改正！");
        }
    }
}
```

上面程序的执行结果如图 5-10 所示。

图 5-10 “程序 5-9”的运行结果

在“程序 5-9”中，方法 calculateArea()不但负责计算三角形的面积，而且在计算之前还要核对所给的 3 个输入是否满足非负和三角不等式两个条件。

程序的第 22、23 行判断各个边长是否有负数，如果一个或几个边长为负数，则产生 TriangleMinusLengthException 异常类的一个对象，并抛出这个对象。

程序的第 24、25 行判断输入的三个边长是否满足三角不等式，如果不满足，则抛出 TriangleUnequationException 异常。需要注意的是：if 语句中并没有增加进行三角不等式判断的另外 3 个条件（|a-b|>c|| |a-c|>b|| |b-c|>a），因为通过简单地推导可以发现，这三个条件是冗余的。

对抛出的异常，“程序 5-9”中的方法 calculateArea()并没有进行处理，而是直接抛给了调用该方法的程序。“程序 5-9”中的两个异常抛出顺序也是有意义的，这是因为，如果边长的非负性不能满足，即使三角不等式满足了，三角形也是没有意义的。

5-3-3 自定义异常类与 Java 异常类的融合

为了使程序在出现错误或异常时尽量强壮，要把错误或异常合理地处理，并把错误信息报告给调用程序。如果 Java 的异常类体系中有合适的异常类，则可以利用这些已经定义好的类；如果没有合适的类，则需要自己定义新的异常类。有一些原则可以用来指导用户确定是否要自己定义新的异常类。

（1）Java 异常类体系中不包含所需要的异常类型。

（2）虽然异常类的定义和用途相同或相似，但用户需要将自己所提供类的异常与其他人提供类的异常进行区分。

（3）如果使用其他程序包中定义的异常类，将影响程序包的独立性。

通常的情况是，程序设计时要同时使用 Java 的异常类和自定义的异常类。本节最后，将给出完整的求解三角形面积的程序。这个程序使用了 Java 异常类体系中的两个类，也使用了自定义的两个异常类。完整的程序清单如下。

【程序 5-10】TestAllException.java

```
public class TestAllException{
    public static double calculateArea(double a,double b,double c)
    throws TriangleMinusLengthException, TriangleUnequationException{
        if(a<0||b<0||c<0)
            throw new TriangleMinusLengthException("负边长异常");
        if(a+b<c||a+c<b||b+c<a)
            throw new TriangleUnequationException("不满足三角不等式异常");
        double p=(a+b+c)/2;
        return Math.sqrt(p*(p-a)*(p-b)*(p-c));
    }
    public static void main(String[] args){
        try{
            double a=Double.parseDouble(args[0]);
            double b=Double.parseDouble(args[1]);
            double c=Double.parseDouble(args[2]);
            double s=calculateArea(a,b,c);
            System.out.println("边长为"+a+","
              +b+","+c+"的三角形面积是"+s);
        } catch(ArrayIndexOutOfBoundsException e1){
            System.out.println("数组访问越界，请至少输入 3 个参数！");
        } catch(NumberFormatException e2){
```

```
22:             System.out.println("输入的参数必须是数字！");
23:         } catch(TriangleMinusLengthException e3){
24:             System.out.println("边长不能是负数");
25:         } catch(TriangleUnequationException e4){
26:             System.out.println("边长必须满足三角不等式");
27:         }
28:     }
29: }
30:
31: class TriangleMinusLengthException extends Exception{
32:     String name;
33:     public TriangleMinusLengthException(String str){
34:         name=str;
35:     }
36:     public String toString(){
37:         return name;
38:     }
39: }
40: class TriangleUnequationException extends Exception{
41:     String name;
42:     public TriangleUnequationException(String str){
43:         name=str;
44:     }
45:     public String toString(){
46:         return name;
47:     }
48: }
```

对上面程序各种可能出现的异常情况进行运行测试，6 次运行的结果如图 5-11 所示。

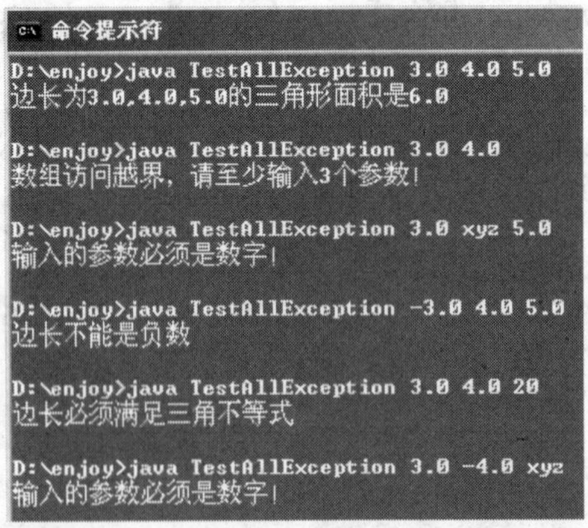

图 5-11 “程序 5-10”的 6 次运行结果

程序的第 31～48 行设计了两个自定义异常类 TriangleMinusLengthException 和 TriangleUnequationException，这两个类在 5-3-1 节和 5-3-2 节讨论过。利用这两个异常类，方法 calculateArea()可以抛出边长为负值的异常和边长不满足三角不等式的异常。这两种异常在方法 calculateArea()中没有处理，而是抛给 main()方法处理。main()方法体内部处理了可能出现的 4 种异常，其中两种是方法 calculateArea()抛出的，另外两种是方法内部的数组访问越界异常以及数字格式化引起的。

因此，自定义异常类和 Java 体系中的异常类可以融合在一起使用，共同作用，起到提高程序健壮性的效果。

在“程序 5-10”中，4 种异常之间没有继承关系，也就是没有抽象-具体的关系，因此，它们之间的先后顺序可以任意放置，只要有一个异常抛出，均会出现异常报告。

5-4　小　　结

异常处理机制是保证 Java 程序正常运行、提高安全性的重要手段，它可以提高程序的健壮性。Java 语言将异常类按层次结构进行组织，系统提供了一些典型的异常类。根据实际需要，程序员可以继承 Exception 类而自己定义异常类，必要的时候在方法中抛出相应的异常。Java 异常类体系中的异常类可以和用户自定义的异常类融合在一起使用，用于开发健壮的、可靠的 Java 程序。程序员在开发应用时，随时做好程序中的异常处理是一种良好的编程习惯。

思考与练习题

一、思考题

1. 什么是异常？Java 中有哪些处理异常的方法？
2. 捕获异常的 catch 语句的排列顺序会对异常处理的结果有影响吗？
3. 用户如何自定义异常？
4. 在 try…catch…finally 结构中，哪个程序块是必须执行的？
5. 如何在方法中声明异常？如何在方法中抛出异常？

二、选择题

1. 给出以下代码，当 test()方法抛出一个 NullPointerException 异常时，打印输出的内容是什么？　　（　　）

```
class Example{
   public static void main(String[] args){
      try{
         test();
         System.out.println("Message1");
      }
      catch(ArrayOutOfBoundException e){
         System.out.println("Message2");
      }
      finally{
         System.out.println("Message3");
      }
   }
}
```

A．打印输出 Message1　　　　B．打印输出 Message2

C．打印输出 Message3　　　　D．以上均不是

2. 给出以下代码，请问程序的运行结果是什么？ （ ）

```
public class Example{
   public static void main(String[] args){
      try{
         return;
      }
      finally{
         System.out.println("Finally");
      }
   }
}
```

A. 无输出内容　　B. 打印输出 Finally

C. 编译失败　　D. 输出异常

3. 给出以下代码，运行结果是什么？ （ ）

```
import java.io.*;
public class Example{
   public static void main(String[] args) throws IOException{
      if(args[0]=="hello")
         throw new IOException();
   }
}
```

A. 代码编译成功

B. 代码编译失败，因为 main()方法不能抛出异常

C. 代码编译失败，因为 IOException 异常是系统异常，不能由应用程序抛出

D. 输出异常

4. 以下哪条描述是正确的？ （ ）

A. try 语句块后必须至少存在一个 catch 语句块

B. try 语句块后可以存在不限数量的 catch 语句块

C. try 语句块后必须至少存在一个 finally 语句块

D. 如果 catch 和 finally 语句块同时存在，则 catch 语句块必须位于 finally 语句块之后

5. 以下哪些不是 catch 语句捕获的类型？ （ ）

A. Throwable　　B. Error　　C. Exception　　D. String

三、填空题

1. ________类是所有异常类的父类。
2. 在程序块中捕获并处理异常的处理方式要采用________结构。
3. 在设计多 catch 语句时，应该注意不同异常类型的捕获顺序，把更________的异常类型的捕获放置在更________异常类型的捕获的前面。
4. 方法重写了父类中的方法，则异常的范围不能________父类中方法声明的异常范围。
5. 用户自定义异常的根类是________类。

第 6 章　输入/输出流和对象串行化

输入/输出（I/O）是计算机系统的重要组成部分。Java 应用程序经常需要从磁盘、网络等介质读取数据，也需要从键盘、鼠标等外设获取数据。数据从“源”流向程序的过程称为输入。数据也常常需要从 Java 程序流向屏幕显示，流向磁盘加以保存，或流向其他计算机。数据从 Java 程序流向“目的地”的过程称为输出。本章将对 Java 的输入/输出系统进行介绍。和输入/输出相关的类大多存放于 java.io 包中。

本章主要内容：

- 流的概念和分类
- 字节流和字符流
- 标准输入/输出
- File 类和文件流
- 内存中的流
- 数据流
- 随机存取文件类 RandomAccessFile
- 对象串行化

6-1　流的概念和分类

在 Java 中，流是从源到目的地的数据有序序列。流中的数据具有严格的先后顺序。流是有方向性的，从一个地方流到另一个地方或多个地方。根据不同的分类标准，流可以被分为不同的类别。

6-1-1　流的概念

Java 程序可以打开一个从数据源（如磁盘文件、网上资源等）到程序的一个流，从这个流中读取数据，称为输入流。因为流是有方向的，因此，只能从输入流读取数据，而不能向其中写入数据。

同理，Java 程序可以打开到外界的某个目的地的流，把程序中的数据写到这个流中，实现把程序数据传输、保存到外界的目的，称为输出流。程序只能向输出流写数据，而不能从输出流中读取数据。

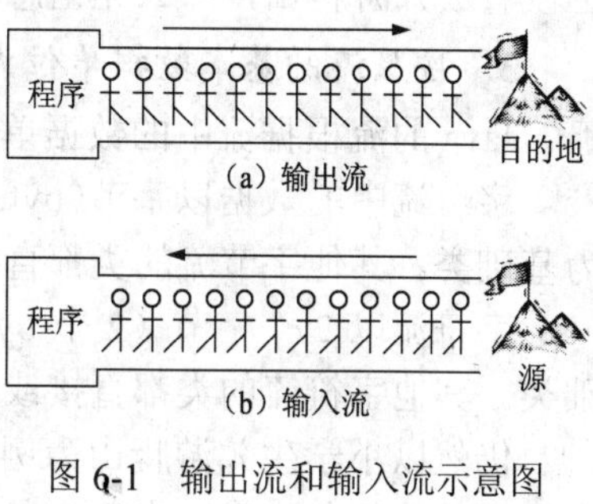

图 6-1　输出流和输入流示意图

输入/输出流的概念可以用一个例子做一个形象的类比。比如一所小学要组织学生去郊游爬山，那么可以把学校看作程序，把山看作目的地，把学生看作数据（见图 6-1（a））。数据传输的基本单位是字节，可以把一个学生看作一个字节。数据的顺序性类似于学生们依次排序行走。一个输出流的建立，类似于老师们规划好爬山的活动并打开学校校门。当学生全部走出学校，就可以关闭校门，也就是关闭输出流。

同样的道理，当爬山活动结束，学生们依次进入学校。这时，学校还是相当于 Java 程序，山相当于输入流的源，学生相当于数据。一个输入流的建立，类似于爬山活动结束、学校大门打开，并且学生依次排队返校。输入结束，就可以关闭输入流，这相当于学生全部返校后要关闭学校大门。

6-1-2 流的分类

Java 中的输入/输出流可以从不同的角度进行分类。这些分类角度包括：流的方向、具体或抽象、基本数据单位大小等。

1. 按照流的方向分类

按照流的方向，Java 中的流分为两大类：输入流和输出流。这两种流采用类似的顺序读或写的方式。Java 中关于流的类有几十个，但每一个输入流几乎都能找到一个输出流和它相对应；同样地，每一个输出流几乎都能找到一个输入流和它相对应。例如，InputStream 对应 OutputStream；Reader 对应 Writer；FileInputStream 对应 FileOutputStream 等。

流的读操作过程是：

打开输入流→读取数据至全部读完→关闭输入流

相对应地，流的写操作过程是：

打开输出流→写数据至全部写完→关闭输出流

2. 按照流的具体和抽象分类

如果流是以特定的源或目的地与程序之间构造的输入/输出流，则它称为节点流，而把其中特定的源或目的地看作节点。节点流是最基本的流。

在其他已经存在的流的基础上构建的输入/输出流称为过滤流。过滤流比节点流更具有抽象性，层次更高。过滤流一般是对节点流或其他过滤流的转换。

如果还以前面所述的小学生郊游爬山作为例子，则节点流和过滤流的关系如图 6-2 所示。

虽然学生还是依次排开向目的地进发，但如果老师要求他们以小组为单位进行管理，那么，尽管在物理上学生们的行走没有什么区别，但老师可以通过小组更方便地管理学生的行程。这在逻辑上就更加抽象一些。

节点流类似于学生排队依次前进形成的流；而过滤流类似于学生们仍然排队依次前进，但要以小组为单位行进、报到、组织和管理。

节点流是过滤流的基础，过滤流必须最终构建在节点流上。比如说，如果学生们物理上没有去郊游爬山，那么无论怎样分组也不能达到走出学校到达目的地集合的任务。

3. 按照流的基本数据单位大小分类

Java 的流根据流中的数据单位不同可以分为两个类的层次体系，即字节流和字符流。

字节流中的数据以字节(byte，8 个 bit)为单位进行读写，以 InputStream 和 OutputStream 为基础类。其他字节流的类都直接或间接继承自这两个类。

字符流以 2 个字节（2 个 byte，16 个 bit）为单位进行读写，以 Reader 和 Writer 为基础类。其他字符流的类都直接或间接继承自这两个类。

仍然以小学生郊游爬山为例分析字节流和字符流的异同。假设学校要求每个学生背一个自己的旅行包出发，在整个的行走过程中这个包不能离身，把一个学生和他的旅行包看作一个整体。这在输入/输出流中相当于字符流，在整个数据传输过程中属于一个字符的两个字节是一个整体，一定不能分开。字节流和字符流的比较如图 6-3 所示。

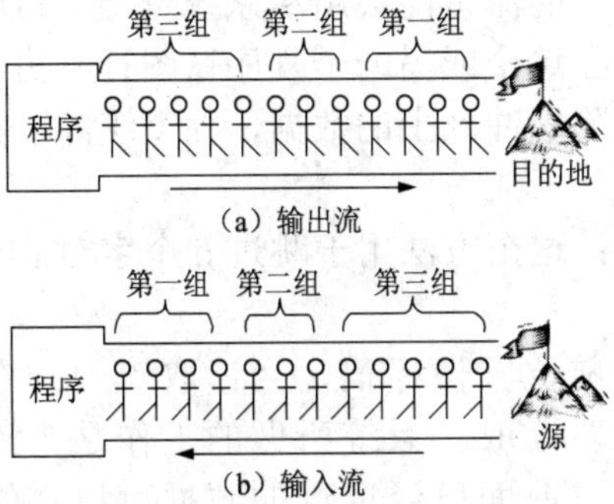

图 6-2　节点流和过滤流的比较示意图

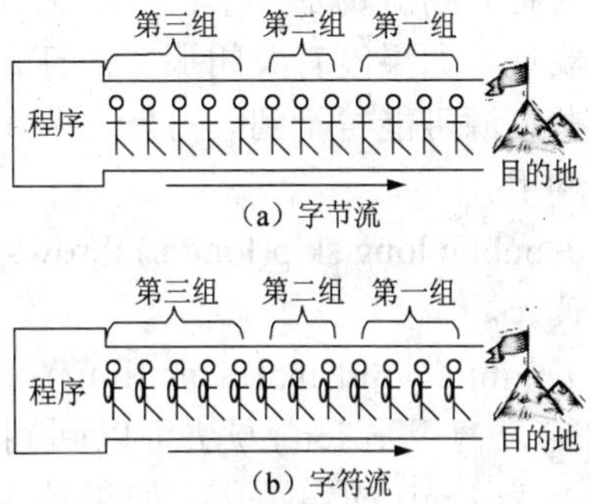

图 6-3　字节流和字符流的比较示意图

6-2　字　节　流

字节流有两个抽象类 InputStream 和 OutputStream，这两个类处于输入字节流和输出字节流的类层次的顶层，它们提供了输入流类和输出流类的通用接口。

字节流一般用于读写二进制数据，基本的读写（节点流读写）是以字节（byte）为单位的。

6-2-1　InputStream

抽象类 InputStream 是输入字节流的最顶层父类，它抽象了字节输入流的基本数据读取方法。这些方法分为 3 类：基本的读取方法；流信息获取方法；流控制方法。其他继承 InputStream 的类实现了这些抽象的方法，有的声明和定义了自己的新方法。

1. 基本的读取方法

InputStream 中声明的读方法都是读取字节的，共有 3 个 read()方法。

（1）public abstract int read() throws IOException：该方法是一个抽象方法，它读取一个字节，并将这个字节的高位补 0，返回相应的整数值。如果读到了流的末尾，则返回-1。

（2）public int read(byte[] b) throws IOException：该方法将读取到的字节数据置于一个字节数组中，并返回所读取的字节总数。

（3）public int read(byte[] b, int off, int len) throws IOException：该方法将读取的字节数据置于一个字节数组中，并返回所读取的字节总数。参数 off 表示字节数组 b 中开始接收数据的位置，参数 len 表示数组中可以利用的总长度。

2. 流信息获取方法

流信息获取方法用于获取流的性质和运行时信息。有以下两个方法。

（1）public int available() throws IOException：这个方法返回流中还有多少可读的字节。由于流是顺序地读或写的，因此，返回流中共有多少内容并没有实际意义，而返回还有多少内容才是有意义和可以实现的。在读取大块数据之前，常常采用这个方法进行测试。

（2）public boolean markSupported()：测试打开的流是否支持做标记和回读方法。

3. 流控制方法

流控制方法负责流的指针（读取的当前位置）控制和关闭操作。

（1）public void close() throws IOException：当输入流中的数据读取完毕后，要使用该方法关闭流。虽然 java 在程序结束时自动关闭所有打开的流，但是当使用完流后，显式地关闭任何打开的流仍是一个很好的选择。一个被打开的流可能会用尽系统资源，这取决于平台和实现。如果没有关闭那些被打开的流，那么在这个或另一个程序试图打开另一个流时，这些资源可能得不到。另外，关闭流还可以清除缓冲区上的数据，使得缓冲区空间可以被再利用。

（2）public long skip(long n) throws IOException：这个方法用于跳过 n 个字节后从新位置开始读起。

（3）public void mark(int limit)：这方法将当前位置做标记，当读取流中一定数量的数据后，调用 reset()方法可以回到这个位置重新读取。系统所做的工作是为流设置一个大小为 limit 的缓冲区，如果使用 reset()方法，前面已经读过的数据可以在缓冲区中查找。但如果设置标记后读取的数据量超过缓冲区的大小，reset()方法不能回到设置标记的位置。

（4）public void reset() throws IOException：这个方法用来把读取流中数据的指针设置到被方法 mark()做标记的位置，从那里重新开始读取数据。

4. 常用输入字节流及其关系

输入字节流以 InputStream 为顶层，形成树状继承关系。这些类数量众多，常用的输入字节流类及其关系如图 6-4 所示。

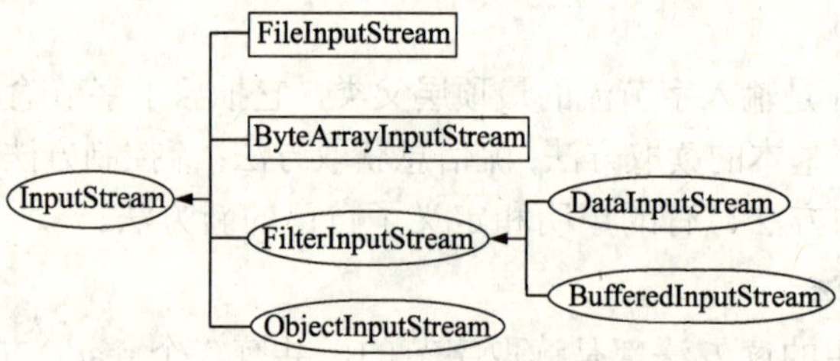

图 6-4　常用输入字节流类及其关系

图 6-4 中方框中的类是节点流类；椭圆中的类是非节点流类。

6-2-2 OutputStream

抽象类 OutputStream 是输出字节流的最顶层父类，它抽象了字节输出流的基本数据读取方法。这些方法分为两类：基本的读取方法和流控制方法。其他继承 OutputStream 的类实现了这些抽象的方法，有的声明和定义了自己新的方法。

1. 基本的写方法

OutputStream 中声明的写方法都是写字节的，最基本的方法是 write()方法，共有 3 个 write()方法。

（1）public abstract void write(int b) throws IOException：该方法是抽象方法，向字节输出流中写入一个字节。

（2）public void write(byte[] b) throws IOException：该方法向输出流中写一个字节数组。

（3）public void write(byte[] b, int off, int len) throws IOException：该方法将字节数组 b 中从 off 下标起始共 len 个字节写入输出流。

2. 流控制方法

字节输出流的控制方法用来进行关闭输出流和强制缓存写出的操作。

（1）public void close() throws IOException：当输出流的写操作全部完成后，调用该方法关闭流。要养成关闭流的习惯，否则，未关闭的流会占用系统大量资源。

（2）public void flush() throws IOException：该方法将缓冲区中缓存的数据全部写出去。为了尽量减少 I/O 操作次数，系统一般会开辟缓冲区暂存要写出的数据，有时用户也会开辟自己的缓存区保存要写出的数据。调用 flush()方法的作用是告知系统程序中的写操作已经完成，并要强制把缓存区中存放的未写出去的数据全部写出。

3. 常用字节输出流类及其关系

输出字节流以 OutputStream 为顶层，形成树状继承关系。这些类数量也很多，常用的输出字节流类及其关系如图 6-5 所示。

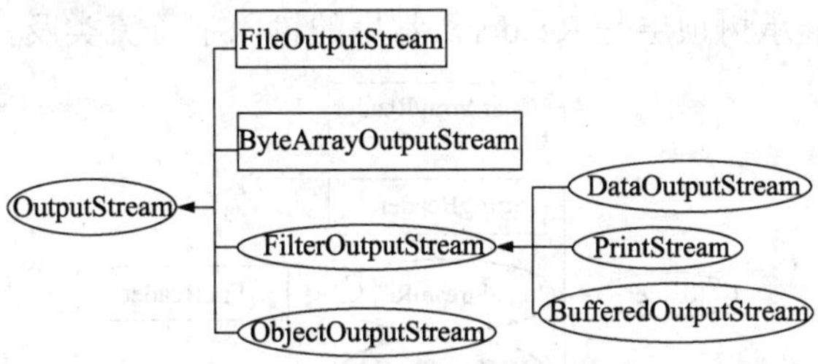

图 6-5　常用输出字节流类及其关系

图 6-5 中方框中的类是节点流类；椭圆中的类是非节点流类。

6-3 字　符　流

字符输入流类和字符输出流类的顶层父类分别是 Reader 和 Writer。字符流能够处理 Unicode 字符集中的所有字符，主要用于读取文本数据。字符输入流和字符输出流的通用方法被抽象出来，分别置于抽象类 Reader 和 Writer 中。

6-3-1 Reader

Reader 是输入字符流的顶层父类，它包含 3 类成员方法。

1. 基本的读字符的方法

Reader 类的基本读方法都是读取字符的，共有 3 个 read()方法。

（1）public int read() throws IOException：该方法读一个字符，并把该字符的高位补 0，返回相应的整数。如果读到流结束，则返回-1。

（2）public int read(char[] cbuf) throws IOException：该方法读若干个字符并把读取到的字符置于数组中，并返回读取的字符数量。

（3）public abstract int read(char[] cbuf, int off, int len) throws IOException：该方法把字符输入流中的字符读取到字符数组 cbuf 中，从 cbuf 的 off 位置开始存放，空间限制为 len。

2. 流信息获取方法

流信息获取方法用于获取流的性质和状态。

（1）public boolean markSupported()：该方法测试打开的流是否支持做标记和回读方法。

（2）boolean ready()：该方法测试当前的流是否就绪，准备好进行读操作。

3. 控制输入流的方法

流控制方法负责字符输入流的指针（读取的当前位置）控制和关闭等操作。

（1）public abstract void close() throws IOException：关闭输入字符流。

（2）public void mark(int readAheadLimit) throws IOException：标记当前流的当前位置，以便读取若干数据后调用 reset()方法可以回到该位置重新读取。参数 readAheadLimit 设置了缓冲区的大小，当读取的数据超过这个限制时，调用方法 reset()将不能回到这个位置。

（3）public void reset() throws IOException：回到流中数据采用 mark()方法做标记的位置。

（4）public long skip(long n) throws IOException：跳过 n 个字符。

4. 常用输入字符流类及其关系

输入字符流类的继承树顶层是 Reader，常用的输入字符流类及其关系如图 6-6 所示。

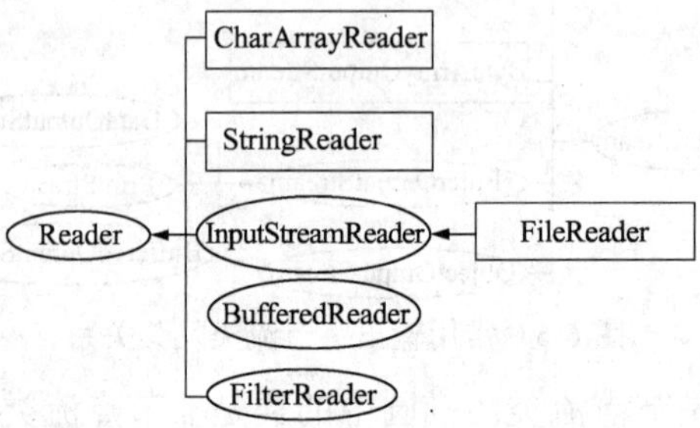

图 6-6　常用输入字符流类及其关系

6-3-2　Writer

Writer 是输出字符流的顶层父类，它包含两类成员方法：基本的写方法和字节输出流的控制方法。

1. 基本的写字符的方法

Writer 类的基本写方法都是写字符的，共有 5 个 write()方法。

（1）public void write(int c) throws IOException：写一个字符 c。

（2）public void write(char[] cbuf) throws IOException：把字符数组 cbuf 中的字符全部写出。

（3）public abstract void write(char[] cbuf, int off, int len) throws IOException：把字符数组 cbuf 中以 off 位置起始的 len 个字符全部写出。

（4）public void write(String str) throws IOException：写一个字符串。

（5）public void write(String str, int off, int len) throws IOException：写一个字符串的一部分。

2. 控制输出字符流的方法

字符输出流的控制方法负责字符输出流的关闭和缓冲区强制写出等操作。

（1）public abstract void close() throws IOException：关闭输出字符流。

（2）public abstract void flush() throws IOException：该方法将缓冲区中缓存的数据全部写出去。调用 flush()方法的作用是告知系统程序中的输出字符流的写操作已经完成，并要强制把缓存区中存放的未写出去的数据全部写出。

3. 常用输入字符流类及其关系

输出字符流类的继承树顶层是 Writer，常用的输出字符流类及其关系如图 6-7 所示。

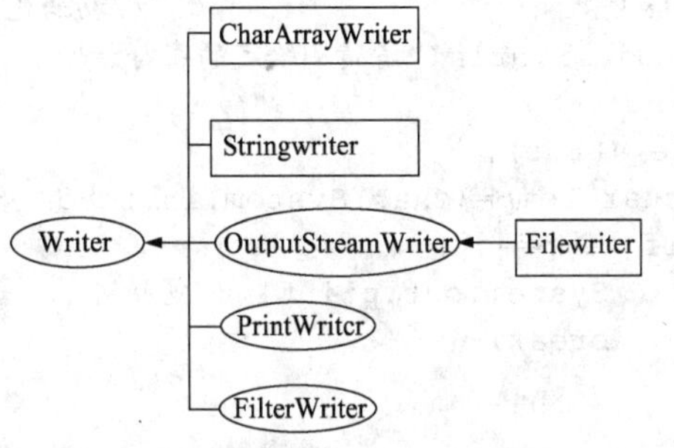

图 6-7　常用输出字符流类及其关系

6-4　标准输入/输出

第 4 章简单介绍了 System 类的类变量和类方法，其中 3 个重要的类变量分别是系统的标准输入、标准输出和标准错误输出：in、out 和 err。

```
public static final InputStream in;
public static final PrintStream out;
public static final PrintStream err;
```

定义这 3 个类变量的原因是为了提高编程效率和提高程序执行效率。因为，从键盘读入数据或者向屏幕输出数据是很常见的操作，如果每次输入/输出都创建输入/输出流将影响系统的运行效率，编程实现也比较麻烦。为此，Java 在 System 类中定义了与系统标准输入/输出相联系的上述 3 个流。

6-4-1　标准输入

在 System 类中，静态变量 in 的定义是：

```
public static final InputStream in;
```

因此，System.in 是 InputStream 类的对象。当程序需要从键盘读入数据的时候，调用 System.in 的 read()方法即可。使用这个方法需要注意下面几个方面：

（1）由于该方法的声明是 public abstract int read() throws IOException，所以必须使用 try…catch（或 try…catch…finally）进行捕捉和处理可能抛出的 IOException 异常。

（2）InputStream 的 read()方法返回的是一个整数，整数的 3 个高位 byte 的值都是 0。如果要得到真正输入的数据，必须进行强制转换，舍弃高位数值。

（3）System.in.read()方法执行时将使得整个程序（实际上是线程）挂起。直到用户从键盘输入数据后线程才继续执行。

下面的程序将示例标准输入的用法。程序要求用户猜测程序内部预先给定的一个字符"x"。当用户不断地从键盘输入字符时，如果与设定的字符不匹配，则继续；如果匹配，则说明用户猜测字符成功，程序退出。

【程序 6-1】TestSystemIn.java

```
import java.io.IOException;
public class TestSystemIn{
    public static void main(String[] args){
        char c='x';                      //初始化
        System.out.println("请猜测给定的字符: ");
        try{
            while (true){
                char temp=(char)System.in.read();
                if(temp==c){
                    System.out.println("您猜对了，是" + temp);
                    break;
                }
            }
        } catch(IOException ioe){}
    }
}
```

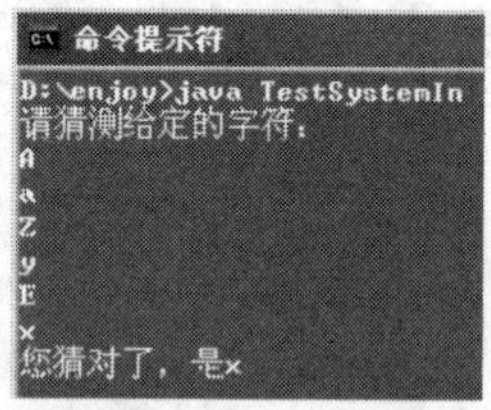

图 6-8 “程序 6-1”的一次运行结果

上面程序的一次运行结果如图 6-8 所示。

上面程序中，虽然当用户没有猜对字符时，程序不反馈任何信息，但运行结果中用户输入的信息仍然显示在屏幕上。这是命令行界面的机制，与 Java 程序无关。

6-4-2 标准输出

Java 的标准输出是向屏幕（确切地说是向运行 Java 程序的命令行窗口）打印输出信息。该功能通过 System.out 类变量（PrintStream 型的对象）调用两个打印方法完成。PrintStream 是一种过滤流，其中定义了在屏幕上显示各种不同类型数据的方法 print()和 println()。

println()方法向屏幕输出其参数指定的变量或对象，然后再换行，光标停留在屏幕下一行的第一个位置。如果该方法的参数为空，则输出一个空行。

println()方法有多种过载版本，包括基本类型变量的输出和对象的输出。因为任何类型的对象都具有 toString()方法，因此，println()可以输出任何类型的变量的值。

print()方法与 println()方法类似，也可以将不同类型变量与对象输出到屏幕上。但 print()方法输出后不换行。

6-4-3 JDK 1.5 新增标准 I/O 功能

为了输出和输入方便，JDK 1.5 新增了 System.in 和 System.out 的方法。

1. System.out.printf()

System.out.printf()方法的功能类似于 C/C++语言中的 printf()函数。该方法的格式是：

```
System.out.printf(格式控制,表达式 1,表达式 2,…,表达式 n)
```

其中，格式控制部分由格式控制符（%d, %c, %f, %s, %n）和普通字符构成，普通字符按照原来的位置和内容输出，格式控制符用来替换成相应的表达式的值。

（1）%d：输出整型数。

（2）%md：输出占 m 列的整型数。

（3）%c：输出字符型数。

（4）%f：输出浮点型数。

（5）%m.nf：输出占 m 列、小数点保留 n 位的浮点数。

（6）%s：输出字符串型数。

下面的例子应用了上述所有的格式控制符。

【程序 6-2】TestPrintf.java

```
public class TestPrintf{
    public static void main(String[] args){
        char c='A';
        long aLong=9876;
        float f=3.1416f;
        double e=271.828;
        String s1="Hello";
        String s2="Java";
        System.out.printf("%c%n%10d\nxyz\n%8.3f%n%10.4f\n%s %s",
            c,aLong,f,e,s1,s2);
    }
}
```

上面程序的运行结果如图 6-9 所示。

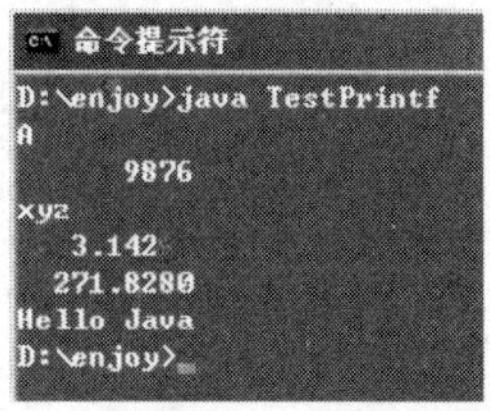

图 6-9　“程序 6-2”的运行结果

2.　Scanner 类

Scanner 类也是 JDK 1.5 新增的类。它有一个构造方法

```
public Scanner(InputStream source)
```

因此，该类可以用 System.in 作为参数构造一个对象：

```
Scanner scanner=new Scanner(System.in)
```

该对象调用 Scanner 类的相应方法就可以读取用户输入的数据。这些方法包括：

```
public byte nextByte()
public short nextShort()
public int nextInt()
public long nextLong()
public float nextFloat()
public double nextDouble()
public String nextLine()
```

上述所有方法都有一个相应的判断是否存在数据的方法。例如，nextByte()方法有相应的测试方法 hasNextByte()

```
public boolean hasNextByte()
```

每一个 next()方法执行时都会堵塞所在线程，直到用户输入数据并按回车键才进行处理。

下面的例子要求用户输入若干个整数，然后给出这些整数的中数。

【程序 6-3】TestScanner.java

```
import java.io.*;
import java.util.*;
public class TestScanner{
    public static void main(String[] args){
        System.out.printf("%s%s\n","请输入若干整数","每一个用回车确认");
        System.out.println("最后输入一个非整数结束输入");
```

```
7:         Scanner scanner=new Scanner(System.in);
8:         int[] arr=new int[10000];
9:         int count=0;
10:        while(scanner.hasNextInt()){
11:            arr[count]=scanner.nextInt();
12:            count++;
13:        }
14:        //为输入的整数进行冒泡排序
15:        for(int i=count-1;i>=0;i--){
16:            for(int j=0;j<i;j++){
17:                if(arr[j]>arr[j+1]){
18:                    int temp=arr[j];
19:                    arr[j]=arr[j+1];
20:                    arr[j+1]=temp;
21:                }
22:            }
23:        }
24:        System.out.println("您输入的整数列的中数是: ");
25:        if(count%2!=0)            //奇数个整数的中数有一个
26:            System.out.println(arr[count/2-1]);
27:        else{                     //偶数个整数的中数有两个
28:            System.out.print(arr[count/2-1]+",");
29:            System.out.println(arr[count/2]);
30:        }
31:    }
32: }
```

上面程序的运行结果如图 6-10 所示。

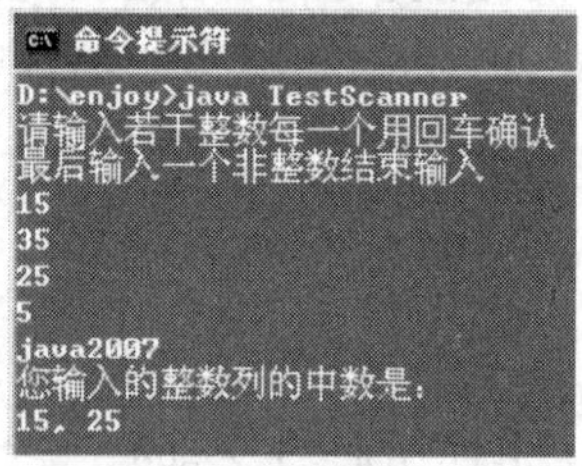

图 6-10 “程序 6-3”的运行结果

“程序 6-3”中首先以 System.in 作为参数，创建了一个 Scanner 类的对象 scanner（第 7 行），这个对象通过调用 scanner.hasNextInt()方法不断探测用户是否输入了整数（第 10 行）。如果是，就保存下来；如果不是，则输入过程结束。用户输入完毕后，就利用冒泡排序把输入的所有整数进行排序，然后找出其中的中数：当输入的整数个数是奇数个时，中数有一个；偶数时，中数有两个。

6-5 File 类与文件信息

Java 中的 File 类是外存文件和目录在 Java 程序中的抽象表示。不要以为 File 类的名称是“文件”就说明它只能代表文件。事实上，它有双重的代表作用：抽象代表文件，也抽象代表目录。

File 类用来获取有关文件的信息和操控文件，但不提供对文件读/写操作的方法。文件的读/写操作由输入/输出流完成。

6-5-1　File 类构造方法

可以使用 File 类的构造方法创建 File 对象。File 类的构造方法有 3 个。

1. public File(String pathname)

该方法根据一个路径创建一个 File 对象。参数 pathname 指定新创建的 File 对象对应的磁盘文件名或目录名及其路径名。pathname 可以是绝对路径，也可以是相对路径。例如：

```
File file1=new File("D:\enjoy\data1.txt");
File file2=new File("data\data2.txt");
```

上面第一行采用了绝对路径作为参数。第二行采用了相对路径作为参数，它表示 File 对象 file2 对应的磁盘文件在当前目录的 data 子目录下的"data2.txt"文本文件。

使用相对路径可以增强程序的可移植性，所以要尽量使用相对路径创建 File 对象。

2. public File(String parent, String child)

这个方法使用父目录的绝对路径或相对路径 parent 以及文件名 child 指定要创建的 File 类对象对应的文件或目录。例如：

```
File file3=new File("D:\Enjoy","data");
File file4=new File("D:\Enjoy\data","data4.txt");
```

上面的 File 对象 file3 通过目录"D:\enjoy"和子目录"data"创建，该对象对应磁盘上的一个目录；File 对象 file4 通过目录名"D:\enjoy\data"和文件名"data4.txt"创建，该对象事实上对应文件"D:\enjoy\data\data4.txt"。

3. public File(File parent, String child)

这个方法利用已经存在的、代表文件或目录的 File 类对象 parent 以及一个文件或目录名 child 创建新的 File 对象。例如：

```
File file5=new File("D:\Enjoy");
File file6=new File(file5,"data");
```

上面的 file5 对应目录"D:\enjoy"，在此基础之上创建一个新的 File 对象 file6，这个对象对应子目录"D:\enjoy\data"。

4. public File(URI uri)

URI（Uniform Resource Identifier）对象 uri 代表一个与系统无关的路径形式，是一个抽象的路径。恒有：

```
new File(f.toURI()).equals(f)
```

例如，可以利用一个 URI 对象创建一个 File 对象：

```
File file7=new File("http://www.sina.com.cn/news/record.html");
```

6-5-2　File 类成员方法

File 类成员方法可以获取文件或目录的性质、和文件内容相关的信息以及对文件或目录进行操作等。可以分为 4 类：文件名或目录名信息获取，文件性质信息获取，文件内容有关信息获取，文件和目录操作。

1. 文件名或目录名信息获取

（1）public String getName()：获取当前 File 方法对应的文件的文件名。

（2）public String getParent()：获取本 File 对象对应的文件的父目录的路径名。

（3）public String getPath()：获取本 File 对象对应的文件的路径名。

（4）public String getAbsolutePath()：获取本 File 对象对应的文件的绝对路径名。

（5）public String[] list()：以字符串数组的形式返回本 File 对象对应的目录下所有子目录和文件的名称。

2. 文件性质信息获取

（1）public boolean isAbsolute()：判断本 File 对象对应的文件或目录的路径是否为绝对路径。

（2）public boolean canRead()：判断本 File 对象对应的文件是否可读。

（3）public boolean canWrite()：判断本 File 对象对应的文件是否可写。

（4）public boolean exists()：判断本 File 对象对应的文件是否存在。

（5）public boolean isDirectory()：判断本 File 对象对应的是否为目录。

（6）public boolean isFile()：判断本 File 对象对应的是否为文件。

3. 文件内容有关信息获取

（1）public long length()：获取本 File 对象对应的文件的大小。

（2）public long lastModified()：获取本 File 对象对应的文件最后一次修改的时间（用 Java 给出的毫秒计时法表示）。

4. 文件和目录操作

（1）public boolean renameTo(File dest) ：更该对应文件的名称。

（2）public boolean createNewFile() throws IOException：创建本 File 对象对应的文件。

（3）public boolean delete()：删除本 File 对象对应的文件。删除成功返回 true；否则返回 false。

（4）public boolean mkdir()：创建本 File 对象对应的目录。创建成功返回 true；否则返回 false。

6-5-3 使用 File 类获取文件信息举例

下面的例子中创建了 File 类的对象，然后利用这个对象进行了前面讲述的多种方法提供的操作。

【程序 6-4】TestFile.java

```
import java.util.Date;
import java.io.File;
import java.io.IOException;
public class TestFile{
    static void fileInfo(File f){
        System.out.println(
            "Name: "+f.getName()
            +"\nParent: "+f.getParent()
            +"\nPath: "+f.getPath()
            +"\nAbsolutePath: "+f.getAbsolutePath()
            +"\nAbsolute? "+f.isAbsolute()
            +"\nCan read: "+f.canRead()
```

```
            +"\nCan write: "+f.canWrite()
            +"\nExist: "+f.exists()
            +"\nLength: "+f.length()
            +"\nLast Modified: "+new Date(f.lastModified()));
    }
    public static void main(String[] args) throws IOException{
      String path="data\\mydata.txt";
        File f=new File(path);
        f.createNewFile();
        fileInfo(f);
    }
}
```

```
命令提示符
D:\enjoy>java TestFile
Name: mydata.txt
Parent: data
Path: data\mydata.txt
AbsolutePath: D:\enjoy\data\mydata.txt
Absolute? false
Can read: true
Can write: true
Exist: true
Length: 0
Last Modified: Tue Apr 03 21:53:22 CST 2007
```

图 6-11　“程序 6-4”的运行结果

上面程序的执行结果如图 6-11 所示。

上面程序执行之前要注意必须在 enjoy 目录下建立子目录 data，否则程序在创建文件时会出现目录找不到的异常。

6-6　文　件　流

文件和目录类 File 只能操纵文件和获取与文件相关的信息，但不能读取文件的内容，也不能向文件中写内容。要做到对文件的读/写操作，必须使用相关的文件流。文件流可以分为两类：文件字节流和文件字符流。

6-6-1　文件字节流

文件字节流包含两个类：FileInputStream 和 FileOutputStream，分别用于输入和输出。

1.　FileInputStream 类

FileInputStream 类是 InputStream 的子类（见图 6-4），称为文件字节输入流。文件字节输入流按字节读取文件中的数据。该类的所有方法都是从 InputStream 类继承来的。为了创建 FileInputstream 类的对象，可以使用下列构造方法：

```
public FileInputStream(String name)throws FileNotFoundException
public FileInputStream(File file)throws FileNotFoundException
```

第一个构造方法使用给定的文件名 name 创建一个 FileInputStream 对象。第二个构造方法使用 File 对象创建 FileInputStream 对象。构造方法参数指定的文件称为输入流的源，输入流通过使用 read()方法从输入流读出源中的数据。

输入输出的唯一目的是提供通往数据的通道，程序可以通过这个通道读取数据，read()方法给程序提供一个从输入流中读取数据的基本方法。

read()方法的格式如下：

```
public int read() throws IOException
```

read()方法从输入流中顺序读取单个字节的数据。该方法返回字节值（0～255 之间的一个整数），读取位置到达文件末尾，则返回-1。

read()方法还有其他一些形式。这些形式能使程序把多个字节读到一个字节数组中：

```
public int read(byte[] b) throws IOException
```

```
public int read(byte[] b,int off,int len) throws IOException
```

上述 3 种方法在介绍 InuptStream 类时已经介绍过。

FileInputStream 流顺序地读取文件，只要不关闭流，每次调用 read()方法就顺序地读取文件中其余的内容，直到文件的末尾或流被关闭。

2. FileOutputStream 类

FileInputStream 类相对应的类是 FileOutputStream 类。FileOutputStream 提供了基本的文件写入能力，是 OutputStream 的子类，称为文件字节输出流。文件字节输出流按字节将数据写到文件中。为了创建 FileOutputStream 类的对象，可以使用下列构造方法：

```
public FileOutputStream(String name)throws FileNotFoundException
public FileOutputStream(File file)throws FileNotFoundException
```

第一个构造方法使用给定的文件名 name 创建一个 FileOutputStream 对象。第二个构造方法使用 File 对象创建 FileOutputStream 对象。构造方法参数指定的文件称为输出流的目的地，输出流使用 write()方法把数据写入输出流到达目的地。

FileOutputStream 对象可以使用 write()方法把字节发送给输出流。write 的用法如下：

```
public void write(int b)throws IOException
public void write(byte[] b)throws IOException
public void write(byte[] b,int off,int len)throws IOException
```

这 3 个写方法已经在介绍 OutuptStream 类时讲解过，这里不做赘述。

FileOutputStream 流顺序地写文件，只要不关闭流，每次调用 writer()方法就顺序地向文件写入内容，直到流被关闭。如果输出流要写入数据的文件已经存在，该文件中的数据内容就会被刷新；如果要写入数据的文件不存在，该文件就会被创建。

3. 使用文件输入/输出文件字节流

假设存在文件“D:\enjoy\data\secret.txt”，我们的程序要对一段话加密，把密文存于“secret.txt”中。然后，将文件中的密文读取出来，在程序中解密，看一看解密后的文本与加密前的文本是否一致。

【程序 6-5】TestFileInOut.java

```
import java.io.*;
public class TestFileInOut{
    public static void main(String[] args){
        File f=new File("data\\secret.txt");
        String 明文="Welcome to Java world!";
        byte[] out=明文.getBytes();
        int len=out.length;
        for(int i=0;i<len;i++) //加密
           out[i]=(byte)(255-out[i]);
        byte[] in=new byte[len];
        try{
           FileOutputStream fos=new FileOutputStream(f);
           fos.write(out);
           fos.flush();
           fos.close();
           FileInputStream fis = new FileInputStream(f);
           fis.read(in);
        } catch(IOException ioe){
```

```
            System.out.println("输入输出错误！");
        }
        String 密文=new String(in);
        for(int i=0;i<len;i++) //解密
            in[i]=(byte)(255-in[i]);
        String 解密密文=new String(in);
        System.out.println("明文加密前：\n"+明文);
        System.out.println("明文加密后：\n"+密文);
        System.out.println("解密密文后：\n"+解密密文);
    }
}
```

上面程序的执行结果如图 6-12 所示。

图 6-12 “程序 6-5”的运行结果

“程序 6-5”中的加密算法很简单。因为字符我们例子中用到的字节都在 0~255 之间，那么任何一个字节 b 都有唯一的另一个字节 255-b 与之对应。把每一个字节 b 变换成与之对应的字节 255-b，则得到密文。密文通过 FileOutputStream 类的 write()方法存储到文件“secret.txt”中。在该文件中的密文是“ 撚悮氰嫄叩瀴炦垚崕浂”，难以被他人识别。解密的过程与加密相反：首先用 InputStream 类的 read()方法读取文件“secret.txt”中的数据到一个字节数组，然后把这个数组中的每一个元素 b 变换成为它对应的字节 255-b，密文又变成了明文。

6-6-2 文件字符流

文件字符流包括两个重要的类：FileReader 类和 FileWriter 类。字符流存/取数据的基本单位是字节。

1. FileReader 类

FileReader 类是 Reader 的子类，称为文件字符输入流。文件字符输入流按字符读取文件中的数据。字节流不能直接操作 Unicode 字符，所以 Java 提供了字符流，由于汉字在文件中占用 2 个字节，如果使用字节流，读取不当会出现乱码现象。采用字符流就可以避免这个现象，在 Unicode 字符中，一个汉字被看成一个字符。

为了创建 FileReader 类的对象，可以使用下列构造方法：

```
public FileReader(String fileName)throws FileNotFoundException
public FileReader(File file)throws FileNotFoundException
```

第一个构造方法使用给定的文件名 name 创建一个 FileReader 对象。第二个构造方法使用 File 对象创建 FileReader 对象。构造方法参数指定的文件称为输入流的源，输入流通过使用 read()方法从输入流读出源中的数据。read()方法有 3 个过载版本，在 Reader 类的方法介绍中已经叙述过：

```
public int read()throws IOException
public int read(char[] cbuf)throws IOException
public abstract int read(char[] cbuf,int off,int len)throws IOException
```

2. FileWriter 类

FileWriter 提供了基本的文件写入能力。FileWriter 类是 Writer 的子类，称为文件字符输出流。文件字符输出流按字符将数据写入到文件中。为了创建 FileWriter 类的对象，可以使用下列构造方法：

```
public FileWriter(String fileName)throws IOException
public FileWriter(File file)throws IOException
```

第一个构造方法使用给定的文件名 name 创建一个 FileWriter 对象。第二个构造方法使用 File 对象创建 FileWriter 对象。构造方法参数指定的文件称为输出流的目的地，输出流通过使用 write()方法把字符数据写入输出流到达目的地。

FileWriter 对象可以使用 write()方法把字符数据写入输出流，其用法如下：

```
public void write(int c)throws IOException          //写一个字符
public void write(char[] cbuf)throws IOException   //写 cbuf.length 个字符
public abstract void write(char[] cbuf,int off,int len)throws IOException
//写数组片段
public void write(String str)throws IOException    //写全部的字符串
public void write(String str,int off,int len)throws IOException
                                                    //写字符串片段
```

FileWriter 流顺序地写文件，只要不关闭流，每次调用 write()方法就顺序地向文件写入内容，直到流被关闭。如果输出流要写入数据的文件已经存在，该文件中的数据内容就会被刷新；如果要写入数据的文件不存在，该文件就会被建立。

3. 使用文件输入/输出文件字符流

可以把上一部分用文件字节流存取加密文件的程序改用文件字符流实现。

【程序 6-6】 TestFileInOut2.java

```
import java.io.*;
public class TestFileInOut2{
    public static void main(String[] args){
        File f=new File("data\\secret.txt");
        String 明文="Welcome to Java world!";
        char[] out=明文.toCharArray();
        int len=out.length;
        for(int i=0;i<len;i++)
            out[i]=(char)(65535-out[i]);
        char[] in=new char[len];
        try{
            FileWriter fw=new FileWriter(f);
            fw.write(out);
            fw.flush();
            fw.close();
            FileReader fr=new FileReader(f);
            fr.read(in);
        } catch(IOException ioe){
            System.out.println("输入/输出错误");
        }
        for(int i=0;i<len;i++)
            in[i]=(char)(65535-in[i]);
        String 密文=new String(in);
        System.out.println("加密前明文：\n"+明文);
        System.out.println("解密后密文：\n"+密文);
    }
}
```

上面程序的执行结果如图 6-13 所示。

图 6-13 “程序 6-6”的运行结果

“程序 6-6”和“程序 6-5”的加密方法相同，只不过参数 255 变为 65535。这是因为，一个 Unicode 字符对应的值在 0~65535 之间。加密存储后，“secret.txt”中的内容是：

??

这说明这些字符在文本文件中不能显示出来，或者在 Unicode 字符表中尚未定义。

6-7 内存中的输入/输出流

输入/输出流并不仅限于磁盘、网络或其他计算机，内存也可以作为输入/输出流的来源和目的地。以内存作为输入/输出的来源/目的地，主要起到数据流动中转的作用。基于内存的输入/输出流可分为 3 类：缓冲流、数组流和字符串流。

6-7-1 缓冲流

缓冲流包括字节缓冲流 BufferedInputStream 类/BufferedOutputStream 类和字符缓冲流 BufferedReader 类/BufferedWriter 类。这种流把数据从原始流成块读入或把输出数据积累到较大的数据块后再成批写出，通过减少系统资源的读写次数来加快程序的执行。

BufferedOutputStream 或 BufferedWriter 类仅仅在缓冲区满或调用 flush()方法时才将数据写到目的地。

1. BufferedInputStream

BufferedInputStream 类的构造方法有：

```
public BufferedInputStream(InputStream in)
public BufferedInputStream(InputStream in,int size)
```

这两个构造方法都需要一个字节输入流 InputStream 类的实例 in 作为基础，在这个基础之上构建字节输入缓存流。第二个构造方法的参数 size 指定了缓冲区的大小。第一个构造方法中的缓冲区是默认大小。

BufferedInputStream 类的重要成员方法都重写了 InputStream 类的相关成员方法。

2. BufferedOutputStream

BufferedOutputStream 类的构造方法有：

```
public BufferedOutputStream(OutputStream in)
public BufferedOutputStream(OutputStream in,int size)
```

这两个构造方法都需要一个字节输出流 InputStream 类的对象 in 作为基础，在这个基础之上构建字节输出缓存流。第二个构造方法的参数 size 指定了缓冲区的大小。第一个构造方法中的缓冲区是默认大小。

BufferedOutputStream 类的重要成员方法都重写了 OutputStream 类的相关成员方法。

3. BufferedReader

BufferedReader 类的构造方法有：

```
public BufferedReader(Reader in)
public BufferedReader(Reader in,int size)
```

这两个构造方法都以节点流 Reader 类的对象作为基础，创建输入字节缓存流。第二个构造方法中的参数 size 设置缓冲区大小，而第一个构造方法中没有这个参数，缓冲区设置为默认大小。

BufferedReader 类的重要成员方法都重写了 Reader 类的相关成员方法。但新增了一个重要的读取一行数据的方法：

```
public String readLine()throws IOException
```

行的标志是回车符“\r”或换行符“\n”，或者是回车符和换行符的结合“\r\n”。根据流单向性特点，InputStream 或 Reader 读取一行数据是很困难的，但由于 BufferedReader 是缓冲流，在缓冲区中有数据的保存，因此可以实现读取一行的功能。

4. BufferedWriter

BufferedWriter 类的构造方法有：

```
public BufferedWriter(Writer out)
public BufferedWriter(Writer out,int size)
```

这两个构造方法都以节点流 Writer 类的对象作为基础，创建输出字节缓存流。第二个构造方法中的参数 size 设置缓冲区大小，而第一个构造方法中没有这个参数，缓冲区设置为默认大小。

BufferedWriter 类的重要成员方法都重写了 Writer 类的相关成员方法。但新增了一个重要的增加行分隔符的方法：

```
public void newLine()throws IOException
```

行的标志是回车符“\r”或换行符“\n”，或者是回车符和换行符的结合“\r\n”。根据实际系统的规定，此方法会增加相应的行分隔符。

5. 缓冲流应用举例

由于字符缓冲流可以进行操作，包括按行读取数据和写数据时增加行分隔符，因此，可以利用缓冲流对数据进行和行有关的加工。

下面的例子把文本行与行之间再增加一个行分隔符，这样就形成了英文风格的文本。

【程序 6-7】TestBuffered.java

```
import java.io.*;
public class TestBuffered{
    static void transform(String source,String dest){
        try{
            FileReader fr=new FileReader(source);
            BufferedReader br=new BufferedReader(fr);
            FileWriter fw=new FileWriter(dest);
            BufferedWriter bw=new BufferedWriter(fw);
            String s=null;
            while((s=br.readLine())!=null){
                bw.write(s);
                bw.newLine();
                bw.newLine();
            }
            bw.flush();
            bw.close();
            fw.close();
```

```
            br.close();
            fr.close();
        } catch(IOException ioe){
            System.out.println(ioe);
        }
    }
    public static void main(String[] args){
        String sourceName="data\\中文格式文本.txt";
        String destName="data\\英文格式文本.txt";
        transform(sourceName, destName);
        System.out.println("转换结束");
    }
}
```

上面的程序执行后，data 目录下的两个文本文件的内容如图 6-14 所示。

图 6-14 “程序 6-7”的运行结果

6-7-2 数组流

流的源和目标还可以是内存中的数组。字节数组输入流 ByteArrayInputStream 和字节数组输出流 ByteArrayOutputStream 分别使用字节数组作为流的源和目标。而字符数组输入流 CharArrayReader 和字符数组输出流 CharArrayWriter 分别使用字符数组作为流的源和目标。

1. ByteArrayInputStream

ByteArrayInputStream 类构造字节数组输入流对象的方法如下：

```
public ByteArrayInputStream(byte[] buf)
public ByteArrayInputStream(byte[] buf,int offset,int length)
```

第一个构造方法构造的字节数组流的源是参数 buf 指定的字节数组的全部字节单元；第二个构造方法构造的字节数组流的源是参数 buf 指定的字节数组的一部分：从 offset 处开始取的 length 个字节单元。

字节数组输入流调用下面的方法可以顺序地从源中读出一个字节，该方法返回读出的字节值：

```
public int read()
```

字节数组输入流可以调用如下方法，顺序地从源的 off 位置开始读出 length 个字节，并将读出的字节存放到参数 b 指定的字节数组中：

```
public int read(byte[] b,int off,int len)
```

上面的方法如果未读出字节则返回-1。

2. ByteArrayOutputStream

ByteArrayOutputStream 流构造字节数组输出流对象的方法如下：

```
public ByteArrayOutputStream()
public ByteArrayOutputStream(int size)
```

第一个构造方法构造的字节数组输出流指向一个缓冲区。这个缓冲区默认大小为 32 字节的。第二个构造方法构造的字节数组输出流指向的缓冲区的初始大小是由参数 size 指定。对于上述两种构造方法创建的字符数组输出流，如果输出流向缓冲区写入的字节个数大于缓冲区时，缓冲区的容量都会自动增加。

字节数组输出流调用下面的方法可以顺序地向缓冲区写入一个字节：

```
public void write(int b)
```

字节数组输出流调用下面的方法可以将参数 b 中指定的从位置 off 开始的 len 个字节顺序地写入缓冲区：

```
public void write(byte[] b,int off,int len)
```

字节数组输出流调用下面的方法可以返回输出流写入到缓冲区的全部字节：

```
public byte[] toByteArray()
```

字节数组流输入/输出操作不会发生 IOException 异常。可以这样理解字节数组流的这个性质：缓冲流是在内存中的，而内存在程序的控制范围之内，并且字节是一个基本单元，不像字符那样，必须由两个字节结合才可以，因此不会出现异常。但文件、网络等资源中的内容和信息并不能完全由程序控制，因此会发生异常，在程序运行过程中需要捕捉这样的异常。

3. CharArrayReader

CharArrayReader 类构造字符数组输入流对象的方法如下：

```
public CharArrayReader(Char[] buf)
public CharArrayReader(Char[] buf,int offset,int length)
```

第一个构造方法构造的字符数组流的源是参数 buf 指定的字符数组的全部字符单元；第二个构造方法构造的字符数组流的源是参数 buf 指定的字符数组的一部分：从 offset 处开始取的 length 个字符单元。

字符数组输入流调用下面的方法可以顺序地从源中读出一个字符，该方法返回读出的字符值：

```
public int read()throws IOException
```

字符数组输入流可以调用如下方法，顺序地从源的 off 位置开始读出 len 个字符，并将读出的字符存放到参数 b 指定的字符数组中：

```
public int read(Char[] b,int off,int len) throws IOException
```

上面的方法如果未读出字符则返回-1。

4. CharArrayWriter

CharArrayWriter 流构造字符数组输出流对象的方法如下：

```
public CharArrayWriter()
public CharArrayWriter(int size)
```

第一个构造方法构造的字符数组输出流指向一个缓冲区。这个缓冲区默认大小为 32 字符。第二个构造方法构造的字符数组输出流指向的缓冲区的初始大小是由参数 size 指定。对于上述两种构造方法创建的字符数组输出流，如果输出流向缓冲区写入的字符个数大于缓冲区时，缓冲区的容量都会自动增加。

字符数组输出流调用下面的方法可以顺序地向缓冲区写入一个字符：

```
public void write(int c)
```

字符数组输出流调用下面的方法可以将参数 c 中指定的从位置 off 开始的 len 个字符顺序地写入缓冲区：

```
public void write(char[] c,int off,int len)
```

字符数组输出流调用下面的方法可以返回输出流写入到缓冲区的全部字符：

```
public char[] toCharArray()
```

字符数组流输入/输出的读操作会发生 IOException 异常，但写操作不会发生异常。读操作发生异常的原因在于读到了单个字节，而单个字节不构成字符。

5. 数组流举例

下面的程序把一句话分割成若干部分，通过字符数组输出流分批输出到内存中的一个字符数组中。然后通过字符输入数组流把字符数组中的数据读出，比较写出前和写入后二者是否一样。

【程序 6-8】 TestArray.java

```
import java.io.*;
public class TestArray{
    public static void main(String[] args){
        try{
            CharArrayWriter caw = new CharArrayWriter();
            String s1="Welcome ";
            char[] ca=s1.toCharArray();
            caw.write(ca);                              //第一部分写入数组输出流
            String s2="to Java ";
            ca=s2.toCharArray();
            caw.write(ca);                              //第二部分写入数组输出流
            String s3="world!";
            ca=s3.toCharArray();
            caw.write(ca);                              //第三部分写入数组输出流
            char[] cArray=caw.toCharArray(); //输出数组流中的数据转换成数组
            CharArrayReader car=new CharArrayReader(cArray);
            char[] accept=new char[1000];
            int len=car.read(accept);     //数据通过输入流导入 accept 数组
            char[] result=new char[len];
            for(int i=0;i<len;i++)        //接收数组整理
                result[i]=accept[i];
            String s=new String(result);
            System.out.println("原始段落: ");
            System.out.println(s1+s2+s3);
            System.out.println("写到数组流又读回的段落: ");
            System.out.println(s);
        } catch(IOException ioe){
            System.out.println(ioe);
        }
    }
}
```

上面程序的执行结果如图 6-15 所示。

图 6-15 “程序 6-8”的运行结果

"程序 6-8"定义了一个字符输出流 caw（第 5 行），然后把 3 个字符串分别转换成字符数组（第 6～17 行），至此，完成了数据的输出工作。

然后，把字符输出流 caw 中的数据转换成为一个字符数组（第 15 行），并以此数组为参数（即数据源）构造了一个字符输入流 car（第 16 行）。最后，程序得到输入流中的数据，并显示、比较。

6-7-3 字符串流

字符串也可以作为输入流的源和输出流的目标。字符串流包括字符串输入流 StringReader 和字符串输出流 StringWriter。

1. StringReader 类

StringReader 使用字符作为输入流的源。StringReader 只有一个构造方法：

```
public StringReader(String s)
```

上面的构造方法把字符串 s 作为输入流的源。

利用 StringReader 输入流读取字符串中的数据，可以利用下面的两个 read()方法：

```
public int read()throws IOException
public int read(char[] cbuf,int off,int len)throws IOException
```

上面第一个 read()方法读入一个字符，并把这个字符转换成整数值，然后返回这个整数值。第二个 read()方法读入字符串流的源字符串的一部分，返回实际读入的字符的个数。

2. StringWriter

StringWriter 将内存作为流的目的地，StringWriter 流类有下面的两个构造方法：

```
public StringWriter()
public StringWriter(int initialSize)
```

上述两个构造方法都把字符串输出流指向一个缓冲区，如果输出流向缓冲区写入的字符所占内存的总量大于缓冲区时，缓冲区的容量会自动增加。但第一个构造方法构造的字符串输出流指向一个默认大小的缓冲区，而第二个构造方法构造的字符串输出流指向的缓冲区大小由 initialSize 决定。

字符串输出流调用下列方法可以向缓冲区写入字符：

```
public void write(int c)
public void write(char[] cbuf,int off,int len)
public void write(String str)
public void write(String str,int off,int len)
```

在所有的输出内容输出完毕后，为了保证缓冲区上的内容也能够全部写入目标，可以使用下列方法刷新缓冲区：

```
public void flush()
```

字符串输出流调用下面被重写了的 Object 类的方法把写入缓冲区的全部字符转换成一个字符串：

```
public String toString()
```

3. 字符串流应用举例

下面的程序利用一个字符串输出流接收程序输出的语句片段，然后把接收到的字符串一次性显示出来。

【程序 6-9】TestString.java

```
1:  import java.io.*;
2:  public class TestString{
3:      public static void main(String[] args){
4:          StringWriter sw=new StringWriter();
5:          System.out.println("您输入的语句片段是: ");
6:          String piece="Welcome ";
7:          System.out.println(piece);
8:          sw.write(piece);
9:          piece="to ";
10:         System.out.println(piece);
11:         sw.write(piece);
12:         piece="Java ";
13:         System.out.println(piece);
14:         sw.write(piece);
15:         piece="world!";
16:         System.out.println(piece);
17:         sw.write(piece);
18:         sw.flush();
19:         String result=sw.toString();
20:         try{
21:             sw.close();
22:         } catch(IOException ioe){}
23:         System.out.println("语句片段在字符输出流中合成后是: ");
24:         System.out.println(result);
25:     }
26: }
```

上面程序的执行结果如图 6-16 所示。

“程序 6-9”中的第 6、9、12、15 行都是语句片段。这些语句片段相当于大型应用程序在不同时间产生了不同的字符串数据，但它们都可以用统一的格式写入同一个字符串输出流，在字符串输出流中合成在一起。

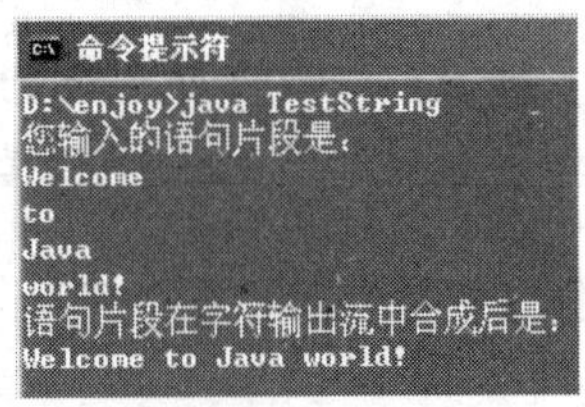

图 6-16　“程序 6-9”的运行结果

6-8　数　据　流

数据流类包括数据输入流类 DataInputStream 和数据输出流类 DataOutputStream。这两个类提供了许多用于读写基本数据类型的方法。这两个流是很有用的流，它们允许程序按照与机器无关的风格读取 Java 原始数据。也就是说，当利用这两个流读/写数据时，不再关心数据的类型在具体存储时每条数据占有多少个字节。

6-8-1　数据流类及其构造方法

DataInputStream 类提供的构造方法是：

```
public DataInputStream(InputStream in)//以 InputStream 流为基础创建数据输入流
```

DataOutputStream 类提供的构造方法是：

```
public DataOutputStream(OutputStream in)//以 OutputStream 流为基础创建数据输出流
```

6-8-2 数据流类的成员方法

DataInputStream 提供的读取基本类型的方法包括：

```
public final boolean readBoolean()throws IOException    //读取 boolean 型数
public final byte readByte()throws IOException          //读取 byte 型数
public final int readUnsignedByte()throws IOException   //读取无符号 byte 型数
public final short readShort()throws IOException        //读取 short 型数
public final int readUnsignedShort()throws IOException  //读取无符号 short 型数
public final char readChar()throws IOException          //读取 char 型数
public final int readInt()throws IOException            //读取 int 型数
public final long readLong()throws IOException          //读取 long 型数
public final float readFloat()throws IOException        //读取 float 型数
public final double readDouble()throws IOException      //读取 double 型数
public final String readLine()throws IOException        //读取一行数据
public final String readUTF()throws IOException         //读取 UTF 型数
```

DataOutputStream 提供的写基本类型的方法包括：

```
public final void writeBoolean(boolean v)throws IOException   //写boolean型数据
public final void writeByte(int v)throws IOException          //写 byte 型数据
public final void writeShort(int v)throws IOException         //写 short 型数据
public final void writeChar(int v)throws IOException          //写 char 型数据
public final void writeInt(int v)throws IOException           //写 int 型数据
public final void writeLong(long v)throws IOException         //写 long 型数据
public final void writeFloat(float v)throws IOException       //写 float 型数据
public final void writeDouble(double v)throws IOException     //写 double 型数据
public final void writeUTF(String str)throws IOException      //写 UTF 型数据
```

注意：上面的写方法中写 byte、short、char、int 数据类型时，参数类型都是 int 型。Java 虚拟机在实际的写操作过程中，要把 int 型的无用的高位去掉。

6-8-3 数据流类的应用举例

下面的例子利用数据输出流向内存（字节数组输出流）写入不同类型的数据；然后从内存（字节数组输入流）中读入相应类型的数据。

【程序 6-10】TestDataInOut.java

```
import java.io.*;
public class TestDataInOut{
    public static void main(String[] args){
        try{
            //创建数组字节输出流作为基础的节点流
            ByteArrayOutputStream baos=new ByteArrayOutputStream();
            //在节点流的基础上建立数据流（一种过滤流）
            DataOutputStream dos=new DataOutputStream(baos);
            byte aByte=25;
            System.out.println("写入 byte 型: "+aByte);
            dos.writeByte(aByte);
            char aChar='好';
            System.out.println("写入 char 型: "+aChar);
```

```
            dos.writeChar(aChar);
            int aInt=273;
            System.out.println("写入 int 型: "+aInt);
            dos.writeInt(aInt);
            double aDouble=61.123;
            System.out.println("写入 double 型: "+aDouble);
            dos.writeDouble(aDouble);
            String aString="好好学习，天天向上";
            System.out.println("写入 String 型: "+aString);
            dos.writeUTF(aString);
            dos.flush();
            byte[] container=baos.toByteArray();
            dos.close();
            baos.close();

            ByteArrayInputStream bais=new ByteArrayInputStream(container);
            DataInputStream dis=new DataInputStream(bais);
            byte theByte=dis.readByte();
            System.out.println("读取 byte 型: "+theByte);
            char theChar=dis.readChar();
            System.out.println("读取 char 型: "+theChar);
            int theInt=dis.readInt();
            System.out.println("读取 int 型: "+theInt);
            double theDouble=dis.readDouble();
            System.out.println("读取 double 型: "+theDouble);
            String theString=dis.readUTF();
            System.out.println("读取 String 型: "+theString);
            dis.close();
            bais.close();
        } catch(IOException ioe){
            System.out.println(ioe);
        }
    }
}
```

上面程序的运行结果如图 6-17 所示。

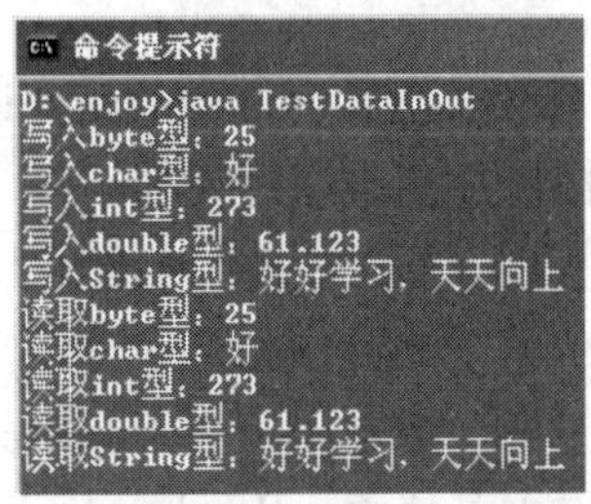

图 6-17　“程序 6-10”的运行结果

“程序 6-10”中，无论是数据输出流还是数据输入流都是过滤流。它们都建立在相应的字节数组流的基础之上。注意程序中写入不同类型数据的顺序与读取不同类型数据的顺序是相同的，否则，读取的数据和原来的数据会有很大不同，甚至发生异常。

6-9　随机存取文件

前面学习了用来处理文件的几个文件输入流和文件输出流，这些流都是单向的，即流中的数据必须按顺序进行读写。而在某些情况下，程序需要不按照顺序随机地访问磁盘文件中的内容。为此，Java 还提供了专门用来处理文件随机输入输出功能更强大的随机存取文件类 RandomAccessFile。

6-9-1 RadomAccessFile 类

RandomAccessFile 类既不是输入流类 InputStream 的子类，也不是输出流类 OutputStream 的子类。但是 RandomAccessFile 类创建的流的指向既可以作为源，也可以作为目的地。

RandomAccessFile 类也在包 java.io 中，但它的继承关系直接隶属于 Object 类。即它与 InputStream 类、OutputStream 类、Reader 类、Writer 类是平行的关系，它们之间不存在继承关系。不过，RandomAccessFile 类实现了 DataInput 和 DataOutput 两个接口，实现了其中的抽象方法，这使得 RandomAccessFile 类的功能全面而强大。

6-9-2 RandomAccessFile 类的构造方法

RandomAccessFile 类有两个构造方法：

```
public RandomAccessFile(String name,String mode) throws FileNotFoundException
public RandomAccessFile(File file,String mode) throws FileNotFoundException
```

上面第一个构造方法利用文件名来创建随机文件流的类，而第二个构造方法利用 File 类的对象创建随机文件流的类。

两个构造方法中，第二个参数 mode 有 4 种取值：

（1）“r”：以只读方式打开文件。

（2）“rw”：以读写方式打开文件。

（3）“rwd”：以读写方式打开文件，并要求内存中的变化同步写到底层存储设备。

（4）“rws”：以读写方式打开文件，并要求内存中的变化同步写到底层存储设备，并且还可以更新文件的元数据。

6-9-3 RandomAccessFile 的方法

可以把 RandomAccessFile 类用于文件操作的方法分为 3 大类：对文件指针的操作、读文件操作和写文件操作。

1. 对文件指针的操作

由于 RandomAccessFile 类的对象是随机读写流，因此，它必须可以像通过下标访问数组一样，通过一个文件指针来随机地访问整个文件。文件指针的位置需要可以得到，也可以设置其位置。RandomAccessFile 类的文件指针操作的方法有：

（1）public long getFilePointer() throws IOException：返回当前文件指针。

（2）public void seek(long pos) throws IOException：把文件指针置于给出的位置 pos。

（3）public long length() throws IOException：返回文件长度。

（4）public int skipBytes(int n) throws IOException：从当前位置开始跳过 n 个字节。

2. 读文件操作

RandomAccessFile 类提供的读方法与它实现的接口 DataInputStream 中声明的方法名字、参数列表和要实现的功能完全相同，请参看前面介绍的 DataInputStream 类。

3. 写文件操作

RandomAccessFile 类提供的写方法与它实现的接口 DataOutputStream 中声明的方法名字、参数列表和要实现的功能完全相同，请参看前面介绍的 DataOutputStream 类。

6-9-4 RandomAccessFile 应用举例

下面的例子中将采用 RandomAccessFile 创建的随机文件流把内容保存到文件里，然后通过调整指针从文件里读出需要的内容，略过不需要的内容。

【程序 6-11】 TestRandomAccess.java

```
1:  import java.io.*;
2:  public class TestRandomAccess{ //Random Access File
3:      public static void main(String[] args){
4:          try{
5:            RandomAccessFile raf=new RandomAccessFile("data\\random.txt","rw");
6:              for(int i=0;i<3;i++){
7:                  raf.writeChar('S');
8:                  raf.writeInt(i+10);
9:              }
10:             for(int i=0;i<3;i++){
11:                 raf.seek(6*i+2);
12:                 int n=raf.readInt();
13:                 System.out.println(n);
14:             }
15:             System.out.println();
16:             raf.seek(0);
17:             for(int i=0;i<3;i++){
18:                 raf.skipBytes(2);
19:                 int n=raf.readInt();
20:                 System.out.println(n);
21:             }
22:         } catch(IOException ioe){
23:             System.out.println(ioe);
24:         }
25:     }
26: }
```

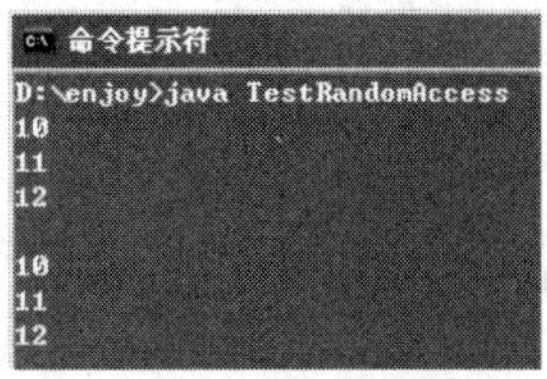

图 6-18 “程序 6-11”的运行结果

上面程序的运行结果如图 6-18 所示。

上面程序的第 6～9 行，依次向文件中写入“13”，“S”，“14”，“S”，“15”，“S”。第 10～14 行利用 seek()方法把指针定位到数字，然后读出这些数字。第 17～22 行让文件指针回到文件起始位置，利用 skipBytes()方法定位到数字，然后读出这些数字。

6-10 对象串行化

为了把存储和运行在内存中的对象永久保存到外存中，需要把对象转换成为一种可保存的格式，并且需要这种格式支持对象的复原。本节介绍对象永久保存和复原的方法。

6-10-1 对象串行化概述

将 Java 程序中的“立体”对象（对象有各种成员属性，而成员属性可能有自己的成员属性，形成立体结构）保存在外存中，称为对象的永久化。由于外存中的信息都是一串有序的信息，因此对象永久化的过程也称为对象串行化。对象永久化有两个重要的目的：一是为了长久存储；二是为了传输，也就是把一个对象从一个运行环境转移到另一个运行环境。

支持对象串行化的类有两个：ObjectInputStream 和 ObjectOutputStream。称这两个类生成的对象为对象流。

6-10-2 对象输出流和对象输入流

1. 两个对象流类的构造方法

ObjectInputStream 有两个构造方法：

```
public ObjectInputStream(InputStream in)throws IOException
protected ObjectInputStream()throws IOException,SecurityException
```

上面两个方法中，常用的是第一个。这个方法需要一个 InputStream 流作为基础，在 InputStream 流之上构建对象输入流。第二个方法不需要基础的 InputStream 流。

ObjectOutputStream 类也有两个构造方法：

```
public ObjectOutputStream(OutputStream out)throws IOException
protected ObjectOutputStream()throws IOException,SecurityException
```

上面的第一个构造方法需要一个 OutputStream 流，而第二个构造方法不需要这样的流作为基础。

2. 两个对象流类的常用成员方法

由于 ObjectInputStream 和 ObjectOutpuStream 分别实现了 DataInput 和 DataOutput 接口，因此，它们具备读/写基本类型的方法，如 readInt() / writeInt()等方法。但 ObjectInputStream 有一个重要的方法：

```
public final Object readObject() throws IOException, ClassNotFoundException
```

这个方法用来从存储对象串行化后源中得到串行化前的对象的备份。而 ObjectOutput_Stream 类也有对应的方法：

```
public final void writeObject(Object obj)throws IOException
```

这个方法把对象 obj 进行串行化，然后输出到对象流的输出目的地。

要串行化的对象所属的类必须实现 Serializable 接口。这个接口中没有方法，让类实现这个接口的目的是告诉 Java 系统这个类的对象可能会进行串行化操作，需要在串行化时做标记并由这些标记帮助对象复原。

3. 对象串行化举例

下面的程序中 KeyValue 是一个有两个成员变量的类，并且它实现了可串行化接口 Serializable。主方法中创建了一个 KeyValue 类的对象，然后把这个对象串行化，存于内存的字节数组中。最后从字节数组中把对象读出复原。

【程序 6-12】TestSerialize.java

```
1: import java.io.*;
2: class KeyValue implements Serializable{
3:     String key;
4:     int value;
5:     KeyValue(String key,int value){
6:         this.key=key;
7:         this.value=value;
8:     }
9:     void show(){
10:        System.out.println("KeyValue对象: key="+key+";value="+value);
11:    }
12: }
13:
14: public class TestSerialize{
15:     public static void main(String[] args){
16:         try{
17:             ByteArrayOutputStream baos=new ByteArrayOutputStream();
18:             ObjectOutputStream oos=new ObjectOutputStream(baos);
19:             KeyValue kv=new KeyValue("分数", 85);
20:             System.out.println("对象串行化之前");
21:             kv.show();
22:             oos.writeObject(kv);
23:             byte[] bArray=baos.toByteArray();
24:             oos.close();
25:             baos.close();
26:             ByteArrayInputStream bais=new ByteArrayInputStream(bArray);
27:             ObjectInputStream ois=new ObjectInputStream(bais);
28:             KeyValue copy=(KeyValue)ois.readObject();
29:             ois.close();
30:             bais.close();
31:             System.out.println("对象串行化、复原之后: ");
32:             copy.show();
33:         } catch(IOException ioe){
34:             System.out.println(ioe);
35:         } catch(ClassNotFoundException cnfe){
36:             System.out.println(cnfe);
37:         }
38:     }
39: }
```

上面程序的运行结果如图 6-19 所示。

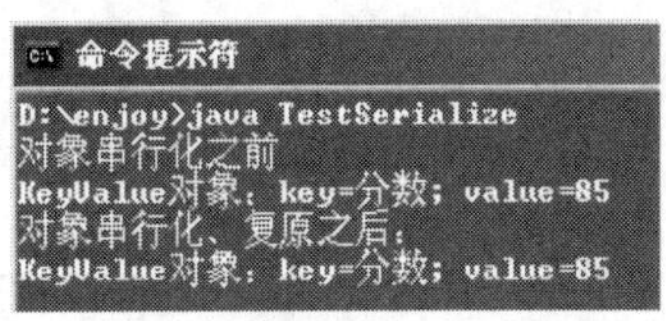

图 6-19 “程序 6-12”的运行结果

“程序 6-12”的第 23 行 byte[] bArray=baos.toByteArray();由一个字节数组输出流生成了一个字节数组。就是在这个数组中存放了 KeyValue 对象 kv 的串行化数据。我们也可以不用数组流而采用文件流，运行结果是一样的。

6-10-3 构造可串行化对象的类

在对象串行化时，只有对象中的数据（即变量的值）被保存，而该对象所属类的成员方法、构造方法和静态变量的值都不能保存。

另外，对象的有一些成员变量不需要串行化，或者无法串行化。例如，如果一个成员变量存放了一个随机数，那么在对象保存和复原时可能不需要这个变量。还有一些线程类对象和临时变量对象等，都不需要永久保存。为了通知 Java 系统不串行化这些成员变量的值，可以在成员变量声明中用 transient 关键字修饰，这样的变量称为易失量。

下面程序中的类 Pair 有一个易失量 transient int c; 这个变量在 Pair 对象串行化时并没有参与串行化，也就没有保存。

【程序 6-13】 TestSerialize2.java

```
import java.io.*;
class Single implements Serializable{
    int x;
    Single(int x){
        this.x=x;
    }
    void show(){
        System.out.println("Single: x="+x);
    }
}
class Pair implements Serializable{
    Single a;
    Single b;
    transient int c=(int)(Math.random()*100);
    Pair(Single z){
        a=z;
        b=z;
    }
    Pair(Single y,Single z){
        a=y;
        b=z;
    }
    void show(){
        a.show();
        b.show();
        System.out.println("c="+c);
    }
}

public class TestSerialize2{
    public static void main(String[] args){
        Single s=new Single(13);
        Single t=new Single(25);
        Pair p=new Pair(s, t);
        System.out.println("对象串行化前: ");
        p.show();
        try{
            ByteArrayOutputStream baos=new ByteArrayOutputStream();
            ObjectOutputStream oos=new ObjectOutputStream(baos);
            oos.writeObject(p);
```

```
41:             oos.flush();
42:             byte[] inArray=baos.toByteArray();
43:             oos.close();
44:             ByteArrayInputStream bais=new ByteArrayInputStream(inArray);
45:             ObjectInputStream ois=new ObjectInputStream(bais);
46:             Pair p2=(Pair)ois.readObject();
47:             System.out.println("对象串行化后: ");
48:             p2.show();
49:         } catch(Exception ioe){
50:             System.out.println(ioe);
51:         }
52:     }
53: }
```

上面程序的运行结果如图 6-20 所示。

但是，如果把第 2 行的“implements Serializable”去掉，重新编译“程序 6-13”，虽然编译能通过，但运行过程中会出现如图 6-21 所示的异常。

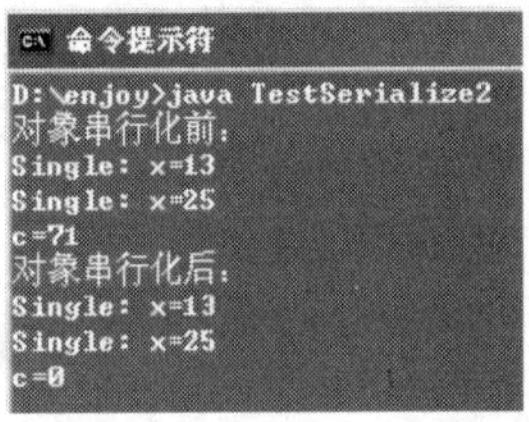

图 6-20　“程序 6-13”的运行结果

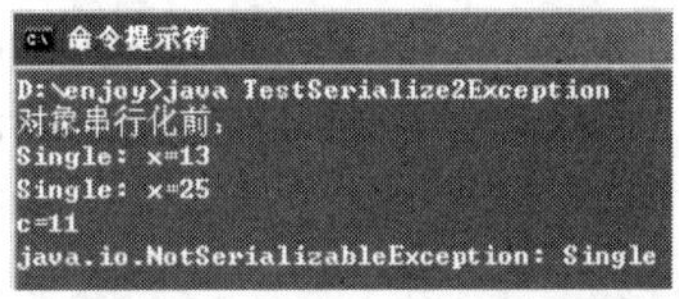

图 6-21　“程序 6-13”改动后的运行时异常

出现上面运行时不能串行化异常的原因在于 Single 类没有被声明实现 Serializable 接口。要成功地串行化某个类的对象，需要把该类所有的成员变量的类声明实现 Serializable 接口，而它们的成员变量所属的类也需要被声明实现 Serializable 接口，依此类推。不过，基本类型不需这样的声明；常见的 Java API 提供的类也在类定义时进行了声明。例如，字符串 String 类就实现了 Serializable 接口。否则，由于“程序 6-12”的类 KeyValue 有一个成员变量 key 为 String 类型，类 KeyValue 对象将无法正常串行化。

6-11　小　　结

本章介绍了 Java 的输入/输出流和对象的串行化，这两部分内容是紧密联系的。对于 Java 的每一个流，需要从三个角度理解和考察它：①是输入流还是输出流？②是字节流还是字符流？③是节点流还是过滤流？这三个角度构成了流的三个维度，只有正确理解这三个维度才能正确地使用流进行数据的输入输出。对象串行化用于对象的永久保存和传输，尤其在 Java 的网络应用程序中使用广泛。

思考与练习题

一、思考题

1. 什么是字节流？什么是字符流？二者有什么区别？
2. 什么是节点流？什么是过滤流？二者有什么区别？

3．对象串行化时不对哪种类型的成员变量值进行串行化？
4．要把类对象成功串行化，要让类实现哪个接口？这个接口中有方法声明吗？
5．RandomAccessFile 类实现了哪两个接口？

二、选择题

1．以下哪个类提供了一个创建目录的方法？（ ）
A．File B．DataOutput C．FileOutputStream D．FileDescriptor
2．以下哪个是构造 RandomAccessFile 实例的正确方法？（ ）
A．RandomAccessFile("file", "r"); B．RandomAccessFile("r", "file");
C．RandomAccessFile('r', "file"); D．RandomAccessFile("file", 'r');
3．以下哪个描述是错误的？（ ）
A．InputStream 类和 OutputStream 类是基于字节流的
B．ObjectInputStream 类和 ObjectOutputStream 类支持序列化的对象
C．Reader 类和 Writer 类是基于字符流的
D．Reader 类和 Writer 类是支持对象序列化的首选
4．以下哪个被用于作为基本的 IO 控制台？（ ）
A．System B．SecurityManager C．Math D．Runtime
5．给出以下代码，程序的运行结果是哪一个？（ ）

```
class Example{
   public static void main(String[] args){
      File f=new File("c:\\MyFile.txt");
   }
}
```

请选择一个正确答案：
A．MyFile.txt 在本地硬盘上被创建
B．在 UNIX 系统上运行失败，因为路径的分隔符不对
C．MyFile.txt 在本地硬盘上没有被创建
D．程序编译失败，因为 File 类构造器形式错误

三、填空题

1．按照流的方向，Java 中的流分为两大类________和________。
2．Java 的流根据流中的数据单位不同可以分为两个类的层次体系，即________和________。
3．抽象类________是输入字节流的最顶层父类，它抽象了字节输出流的基本数据读取方法。
4．字符输入流类和字符输出流类的顶层父类分别是 Reader 和 Writer。字符流能够处理字符集中的所有________字符。
5．System.out 类变量对象的类型是________类。

第 7 章　图形用户界面

前面几章，我们所编写的程序都是用命令行的方式操作的，程序只能接受键盘输入，处理结果在屏幕的控制台窗口显示。这是程序和用户进行交互的一种比较基础的方式，现代程序大多不是这样了。这一章我们将学习编写图形用户界面程序，使用户可以通过图形界面和程序方便地进行交互。

本章主要内容：

- 图形用户界面的要素
- 窗体类 JFrame
- 布局管理器
- 事件处理机制
- 图形界面中的基本组件
- 菜单和对话框

7-1　图形用户界面概述

下面，我们将从一个例子入手，介绍 Java 的图形用户界面。

7-1-1　一个图形用户界面的例子

为了给读者一个直观的印象，下面先举一个例子说明什么是图形用户界面程序。

【程序 7-1】 TestGUI.java

```
import java.awt.*;
import java.awt.event.*;
import javax.swing.*;
public class TestGUI extends JFrame implements ActionListener{
    JButton english=new JButton("English Title");
    JButton 中文=new JButton("中文标题");
    Container con=this.getContentPane();
    TestGUI(){
        con.setLayout(new FlowLayout());
        con.add(english);
        con.add(中文);
        english.addActionListener(this);
        中文.addActionListener(this);
        setLocation(100,100);
        setSize(250,150);
        setVisible(true);
        setDefaultCloseOperation(JFrame.EXIT_ON_CLOSE);
    }

    public void actionPerformed(ActionEvent ae){
        if(ae.getSource()==english){
```

```
            this.setTitle("The first GUI");
        }
        if(ae.getSource()==中文){
            this.setTitle("第一个图形界面");
        }
    }
    public static void main(String[] args){
        new TestGUI();
    }
}
```

图 7-1 “程序 7-1”的图形用户界面

这个程序的一个运行界面如图 7-1 所示。

“程序 7-1”的功能很简单：界面中的窗口里面有两个按钮“English Title”和“中文标题”。用鼠标单击第一个按钮，窗口的标题（窗口最上面的部分）会显示“The first GUI”；用鼠标单击第二个按钮，窗口标题会更改为“第一个图形界面”。

7-1-2 图形用户界面的要素

现在暂且不关心“程序 7-1”中代码的用法和含义，本章后面的几节会有重点的介绍。现在先看一下图形用户界面中的一些基本要素，如图 7-2 所示。

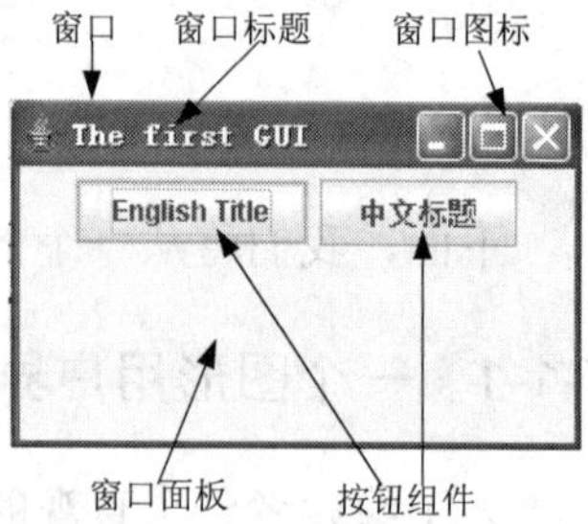

图 7-2 图形用户界面

如图 7-2 所示，图形用户界面需要有一个窗体，这个窗体分为两部分：上面很窄的一条用来显示标题和窗口最大化、最小化和退出按钮；下面的大块区域是窗体的面板，界面的大部分内容都放置在面板中。窗体的面板作为一个容器，它里面可以放置各种各样的组件。图 7-2 中面板有两个按钮组件。

面板中组件的排列方式（称为布局）对提高界面的用户友好性有很重要的作用。例如，图 7-2 中的两个按钮可以左右排列，也可以上下排列。Java 有专门的布局管理器。布局管理器是 Java 的一大特色，也是 Java 比 C++优越的地方。“程序 7-1”中就使用了 Java 布局管理器的一种：FlowLayout 布局。

“程序 7-1”运行时能看到图 7-1 所示的界面，但在界面背后还有一些要做的工作，其中最重要的就是事件的监听和处理。如果用户用鼠标单击了窗体中的一个按钮，这就是一个事件。需要事先为这个按钮配备一个监听器，监听这样的事件。在程序中需要为每一个需要对事件进行处理的组件配备一个监听器。Java 的图形界面事件处理模型主要是关于在程序获得事件后，采用怎样的机制进行处理和响应。

所以，Java 图形界面程序有 3 个要素：放置组件的容器（包括窗体）、在容器中的组件（按钮、文本框、菜单等）和事件监听处理机制。

7-1-3 java.awt 包和 javax.swing 包

在 Java 1.2 之前，图形用户界面的所有组件类都在 java.awt 包中，所有组件都是通过继承 Component 组件类实现的。组件主要有两种：一种是容器组件，另一种是基本组件。

java.awt 包中的基本组件包括：Button（按钮）、Label（标签）、TextField（文本域）、

TextArea（文本区）、List（列表）、ScrollBar（滚动条）、Checkbox（复选框）、Choice（单选框）、Menu（菜单）、MenuBar（菜单条）。

java.awt 包中的容器组件包括：Window、Frame、Dialog、Applet 和 Panel。所有的容器类都继承自 Container 类。

但从 Java 1.2 开始，JDK 中又增加了一个新的包 javax.swing。这个包中提供了与 java.awt 包中几乎完全相对应的组件。例如，javax.swing 中的 Jbutton 类与 java.awt 中的 Button 类相对应，JFrame 与 Frame 相对应。java.awt 包中的组件称为 AWT 组件，javax.swing 包中的组件称为 Swing 组件。

Sun 公司开发 javax.swing 包的主要目的是为了程序的可移植性。AWT 组件类创建的对象在字节码中是统一的，但它们在具体的计算机上要有一个“对等体”真正负责程序的运行，这个对等体是用 C/C++等语言开发。因此，运行在不同机器上的程序会略有差别，占用资源多，并且复杂的用户界面程序难于调试。而 Swing 组件类取消了对等体，直接针对不同的系统解释执行字节码，使得程序消耗资源少，并且在不同计算机上运行几乎看不出界面的差别。

由于消耗资源的程度不同，把有对等体的 AWT 组件称为重组件，而没有对等体的部分 Swing 组件称为轻便组件（javax.swing 包中也有重组件，例如 JFrame）。在今后的编程过程中应该尽量采用轻组件，并且尽量避免采用重组件。

但是，这并不能说明 java.awt 包就没有用处了。事实上，重要的布局管理器和有关事件监听的类都在 java.awt 包中。Sun 不建议使用的是 java.awt 中的重组件，而不是布局管理器和事件监听器。

7-2　窗体类 JFrame

许多 Java 程序的图形界面都由 JFrame 对象作为容器；或者直接用 JFrame 类产生该类的一个对象作为图形界面的容器；或者继承 JFrame 类，产生其子类的对象作为图形界面的容器。

7-2-1　JFrame 类概述

JFrame 类是 Swing 组件编程最常用的类。其继承关系是：Object→Component→Container→Window→Frame→JFrame。

容器是图形界面的框架，窗体类 JFrame 就是一种容器类。窗体还含有另外一个容器——窗口面板（见图 7-2）。如果使用 JDK1.5 或以上版本及其相应的虚拟机，可以把组件直接添加到窗体中；但如果 Java 的版本在 1.5 以下，则不能把组件直接添加到窗体中，而应该添加到窗体的面板中。向一个容器 con 中添加一个组件 com 的方法是：

```
con.add(com);
```

向容器中添加组件时，组件的排列模式要受到容器布局管理器的限制。通常情况下，可以为容器改变布局管理器，从而改变组件在容器中的布局。但不能为 JFrame 窗体设置管理布局，因为它的布局管理器是固定不变的，是一种 BorderLayout 布局（请参见下节）。不过，可以为 JFrame 对象的面板设置布局。

我们知道，以类为模板创建一个对象后，这个对象就在内存中。JFrame 类产生的对象也在内存中。但与普通的对象不同，这个对象不但要产生后驻留在内存，还要在屏幕上显示出来。例如，“程序 7-1”第 29 行产生了一个匿名对象（JFrame 子类的对象），这个对象在屏幕上显示了出来，是一个窗口。

7-2-2 JFrame 的构造方法

JFrame 类的构造方法包括：

（1）public JFrame()：创建一个无标题的窗口。

（2）public JFrame(String title)：创建一个标题为 title 的窗口。

7-2-3 JFrame 的常用成员方法

JFrame 类的成员方法大多继承自它的父类或祖先类。

（1）public Container getContentPane()：返回 JFrame 窗口的面板。常常使用这个返回的面板添加需要的组件。

（2）public void setSize(int width, int height)：以两个参数宽和高设置窗体大小。

（3）public void setSize(Dimension d)：是（2）的过载方法。用一个二维的变量 d 设置窗体的大小。

（4）public void setLocation(int x, int y)：设置窗体左上角元素在屏幕中的位置。

（5）public void setLocation(Point p)：是（4）的过载方法。用一个具有两个成员变量的点 p 设置窗体左上角在屏幕中的位置。

（6）public void setBounds(int x, int y, int width, int height)：设置窗体边界，也就是同时设置窗体左上角的位置为（x, y），宽度和高度为（width, height）。这个方法等价于（4）和（3）的合成，即 setLocation(x, y); setSize(width, height)。

（7）public void setBounds(Rectangle r)：方法（6）的过载方法。矩形类的对象 r 具有的 4 个成员变量恰好对应方法（6）中的 4 个参数

（8）public void setVisible(boolean b)：设置窗体为可见的。窗体默认为不可见的。

（9）public void setResizable(boolean resizable)：设置窗体是否可以调整大小。默认窗体可以调整大小。

（10）public void setDefaultCloseOperation(int operation)：设置单击窗体右上角的关闭图标时，程序将要做的工作。参数 operation 有 4 种取值：

```
JFrame.DO_NOTHING_ON_CLOSE        //不做任何事情
JFrame.HIDE_ON_CLOSE              //隐藏当前窗口
JFrame.DISPOSE_ON_CLOSE           //隐藏当前窗口，并释放窗体占有的其他资源
JFrame.EXIT_ON_CLOSE              //结束窗体所在的应用程序
```

方法（10）中 JFrame 的这 4 个类变量都是 int 型的常量，有各自固定的值。编写程序时要引用常量，而不要直接写出常量对应的整数值，以免发生混乱，降低程序的可读性。

7-3 布局管理器

在“程序 7-1”中，在窗体的面板中添加了两个按钮，这两个按钮是横向排列的。当把窗口的宽度缩小的时候，两个按钮的排列方式会变成纵向的。负责这个重新排列、布局

功能的就是布局管理器。Java 程序中最常用的布局管理器类是 FlowLayout、BorderLayout、GridLayout 和 CardLayout。这 4 个类都在 java.awt 包中。

容器对象 c 可以使用下面的方法设置自己的布局：

```
c.SetLayout(布局对象);
```

7-3-1 FlowLayout 布局管理器

设置为 FlowLayout 布局的容器在添加组件时，和我们书写普通的文本类似，组件按照先后顺序从左到右依次排列。一行排满之后就转到下一行继续从左至右排列。组件的大小采用它们的最佳尺寸。例如，图 7-1 中两个按钮所在的面板被设置为 FlowLayout 布局，因此两个按钮采用了它们最佳尺寸：恰好放下按钮的标题文本。

FlowLayout 有 3 个构造方法：

（1）public FlowLayout()：构造默认 FlowLayout 布局管理器，组件对齐方式为中间对齐，组件的纵向和横向间隔都是默认的 5 个像素。

（2）public FlowLayout(int align)：组件的纵向和横向间隔都是默认的 5 个像素。组件的对齐方式有 FlowLayout.LEFT（居左对齐）、FlowLayout.RIGHT（居右对齐）和 FlowLayout.CENTER（居中对齐）。

（3）public FlowLayout(int align, int hgap, int vgap)：规定了元素对齐的格式和元素间横向、纵向的间隔。

FlowLayout 可以使用下列 3 种方法分别重新设置布局的元素间横向间隔和纵向间隔，以及对齐方式：

（1）public void setHgap(int hgap)

（2）public void setVgap(int vgap)

（3）public void setAlignment(int align)

下面程序中就使用了 FlowLayout 布局管理器。

【程序 7-2】 TestFlowLayout.java

```
import java.awt.*;
import javax.swing.*;
public class TestFlowLayout{
   public static void main(String[] args){
      JFrame f=new JFrame();
      Container con=f.getContentPane();
      con.setLayout(new FlowLayout(FlowLayout.RIGHT,0,15));
      JButton[] buttons=new JButton[5];
      for(int i=0;i<5;i++){
         buttons[i]=new JButton("按钮"+i);
         con.add(buttons[i]);
      }
      f.setTitle("验证 FlowLayout");
      f.setBounds(100,100,250,150);
      f.setVisible(true);
      f.setDefaultCloseOperation(JFrame.EXIT_ON_CLOSE);
   }
}
```

上面程序运行的界面如图 7-2 所示

从图 7-3 可以看出，面板中的每行元素都是居右对齐的。左右两个元素之间没有距离，而上下两行元素有较宽的距离，这是因为在程序的第 7 行设置组件左右距离为 0，而上下距离为 15 个像素。

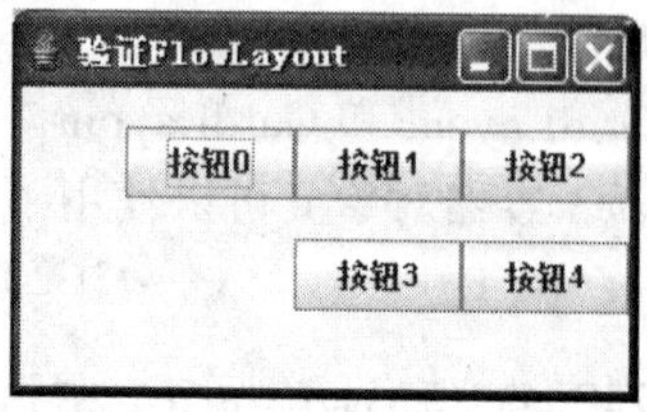

图 7-3 “程序 7-2”的界面

当设置为 FlowLayout 布局的容器的大小发生变化时，其内部构件大小不变，但相对位置会发生改变。

7-3-2 BorderLayout 布局管理器

Window 容器的默认布局管理器是 BorderLayout。由于 JFrame、JDialog 都是 Windows 类的间接子类，JFrame、JDialog 的默认布局管理器也是 BorderLayout，并且它们的面板的默认布局管理器也是 BorderLayout。

如果一个容器使用 BorderLayout 布局，那么容器空间简单地划分为东、西、南、北、中 5 个区域，中间的区域最大。如果要把某个组件 x 添加至设为 BorderLayout 布局的容器 con 的某个位置，则可以使用以下两个方法中的一个：

```
con.add(x,BorderLayout.pos)
con.add(BorderLayout.pos,x)
```

上面方法中的 pos 是 NORTH、SOUTH、EAST、WEST、CENTER 之一，分别表示在北部、南部、东部、西部、中部加入组件 x。

下面的程序使用了 BorderLayout 布局。

【程序 7-3】 TestBorderLayout.java

```
import java.awt.*;
import javax.swing.*;
public class TestBorderLayout extends JFrame{
    TestBorderLayout(){
        Container con=this.getContentPane();
        con.add(BorderLayout.NORTH,new JButton("北区"));
        //con.add(BorderLayout.NORTH,new JButton("又北区"));
        con.add(BorderLayout.SOUTH,new JButton("南区"));
        con.add(BorderLayout.EAST,new JButton("东区"));
        con.add(BorderLayout.WEST,new JButton("西区"));
        con.add(BorderLayout.CENTER,new JButton("中区"));
        setTitle("BorderLayout 布局");
        setLocation(200,200);
        setSize(250,250);
        setVisible(true);
        setDefaultCloseOperation(JFrame.EXIT_ON_CLOSE);
    }
    public static void main(String[] args){
        new TestBorderLayout();
    }
}
```

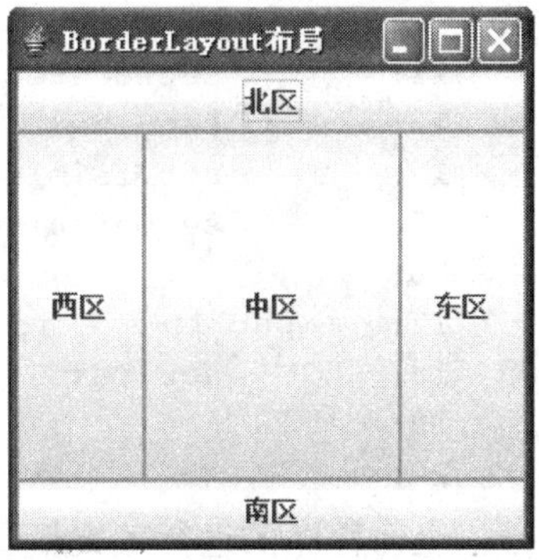

图 7-4　“程序 7-3”的运行结果

上面程序的运行效果如图 7-4 所示。

从“程序 7-3”的运行效果可以看出，对于 BorderLayout 布局的容器，添加到容器某个位置的某个组件占据了整个区域，而不像 FlowLayout 布局的容器那样，选择一个适合自己的尺寸。

如果把“程序 7-3”的第 7 行注释符号“//”去掉，也就是在容器的北区先后添加了两个按钮“北区”和“又北区”，那么程序运行的效果如图 7-5 所示。先后在容器的同一个位置添加的两个组件只显示最后添加的那个组件。

最后，把“程序 7-3”的第 6、7、10 行全部注释掉，程序的运行效果如图 7-6 所示。

图 7-5　组件覆盖的效果

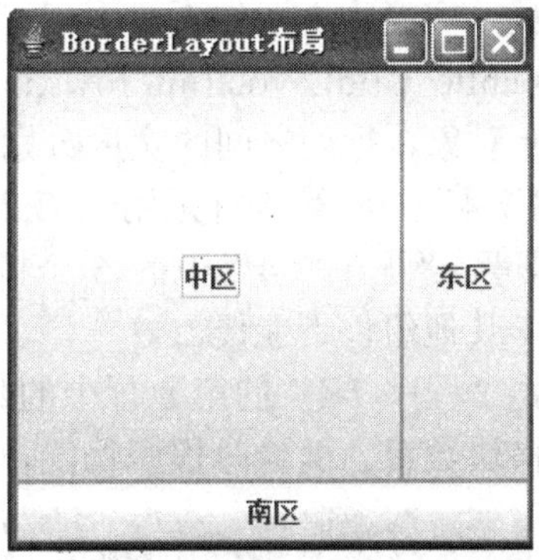

图 7-6　组件缺少时的效果

设置为 BordreLayout 容器的东、西、南、北 4 个位置如果没有组件，则其他组件会侵占这个位置；但如果中部没有组件，那么容器中部会留有空白。

7-3-3　GridLayout 布局管理器

GridLayout 布局管理器使容器中的各个组件以规则的网格状分布，平均占据整个容器空间。当容器的大小发生变化时，其中的组件大小也发生变化，但始终平均占据容器空间。与 BorderLayout 容器相同，GridLayout 容器中的组件始终充满网格某个块的所有空间。

在容器使用 add()方法添加元素时，从第一行第一个位置开始添加，到第一行最后一个位置，再到第二行第一个位置……下面的例子就把窗体的面板分割成 2×3 的网格。

【程序 7-4】 TestGridLayout.java

```
import java.awt.*;
import javax.swing.*;
public class TestGridLayout extends JFrame{
    TestGridLayout(){
        Container con=this.getContentPane();
        GridLayout grid=new GridLayout(3,2,5,15);
        con.setLayout(grid);
        for(int i=0;i<5;i++){
            con.add(new JButton("按钮"+(i+1)));
        }
```

```
11:         setTitle("GridLayout 布局");
12:         setLocation(200,200);
13:         setSize(250,250);
14:         setVisible(true);
15:         setDefaultCloseOperation(JFrame.EXIT_ON_CLOSE);
16:     }
17:     public static void main(String[] args){
18:         new TestGridLayout();
19:     }
20: }
```

上面程序的运行效果如图 7-7 所示。

可以使用下面两种构造方法为 GridLayout 类创建一个对象：

（1）public GridLayout(int rows, int cols)：创建 rows 行 cols 列的 GridLayout 对象，行列之间的默认宽度为 5 个像素。

（2）public GridLayout(int rows,int cols,int hgap,int vgap)：创建 rows 行 cols 列的 GridLayout 对象，行列之间的宽度分别为 hgap 个像素和 vgap 个像素。

“程序 7-4”中的第 6 行采用了第 2 种构造方法，元素间的行间距为 5 个像素，列间距为 15 个像素。“程序 7-4”中的 5 个按钮并没有填满面板的所有网格块，没有填满的位置空闲不用，其他组件不能侵占。

如果把“程序 7-4”的第 8 行中的数字 5 更改为 7，则面板中要添加 7 个按钮，超过了规划的网格块数目。但这时程序仍能正常运行，运行效果如图 7-8 所示。

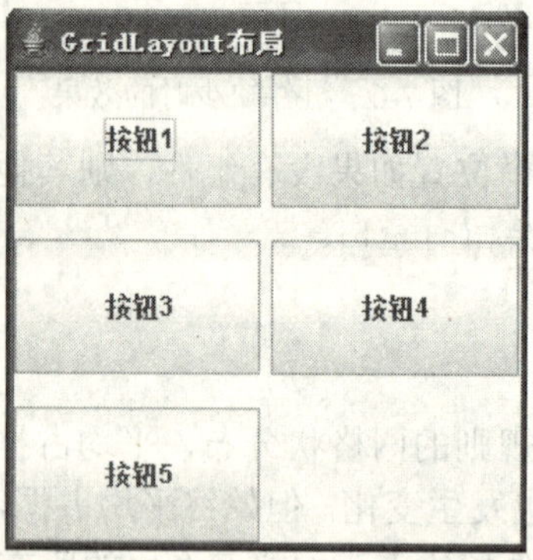

图 7-7 “程序 7-4”的运行效果

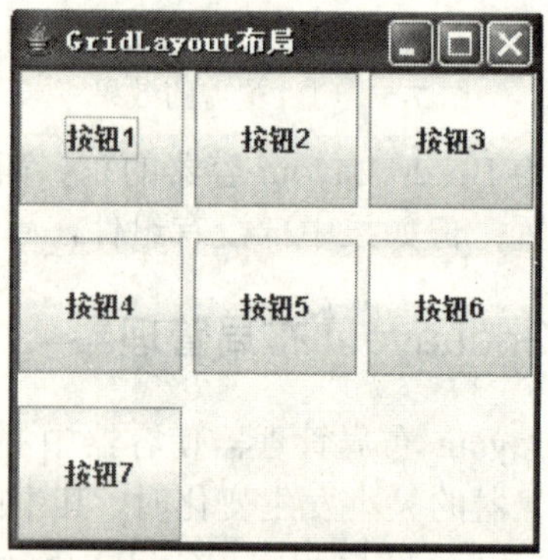

图 7-8 有多余组件时的运行效果

从上面的运行效果可以看出，当 GridLayout 容器中包含了超过预计的组件数量时，它会自动扩展每行中能容纳元素的数目。

7-3-4 CardLayout 布局管理器

如果用户需要界面有若干组内容，每组内容在需要时被显示，且占有整个的空间，可以采用 CardLayout 布局管理器。CardLayout 布局管理器使一个窗体不必借助其他窗体，就能够使完成与用户的交互内容大大增加。

CardLayout 布局管理器就像用户俯视一幅叠放非常整齐的扑克牌，每一次只能看见 54 张牌中的一张。如果要看其他的牌，把需要的牌调到最上层即可。

一个普通的容器可以设置为 CardLayout 布局，但在卡片变换显示时需要有相应的方法辅助。包 javax.swing 中提供了一种 JTabbedPane 容器，这个容器本身就默认为是 CardLayout 布局，并且还自己带有选项卡来方便地实现选择卡片的功能。JTabbedPane 的常用构造方法是：

```
public JTabbedPane(int tabPlacement)
```

这个构造方法可以创建一个 JTabbedPane 容器，容器中选项卡的位置由参数 tabPlacement 决定。这个参数有 4 种取值：JTabbedPane.TOP、JTabbedPane.BOTTOM、JTabbedPane.LEFT、JTabbedPane.RIGHT，分别表示选项卡在容器的顶部、底部、左边、右边。

JTabbedPane 有一个方便地添加卡片的方法：

```
public Component add(String title,Component component)
```

这个方法生成最后一张卡片，并把组件 component 添加到这张卡片，并且选项卡的提示内容为 title。如果不想把组件 component 置于最后一张卡片，可以使用如下方法：

```
public Component add(Component component,int index)
```

该方法把组件 component 添加至第 index 张卡片。

下面的程序使用了 CardLayout 布局管理器，每张卡片上有 2 个按钮。

【程序 7-5】 TestCardLayout.java

```
import java.awt.*;
import javax.swing.*;
public class TestCardLayout extends JFrame{
    TestCardLayout(){
        Container con=this.getContentPane();
        JTabbedPane tab=new JTabbedPane(JTabbedPane.LEFT);
        JPanel[] p=new JPanel[5];
        for(int i=0;i<5;i++){
            p[i]=new JPanel();
            if(i%2==0)                //奇偶数卡片的按钮布局不一样
                p[i].setLayout(new GridLayout(1,2));
            else
                p[i].setLayout(new GridLayout(2,1));
            p[i].add(new JButton("卡片"+(i+1)+"第一个按钮"));
            p[i].add(new JButton("卡片"+(i+1)+"第二个按钮"));
            tab.add("观看第"+(i+1)+"张卡片",p[i]);
        }
        con.add(tab,BorderLayout.CENTER);
        setTitle("CardLayout 布局");
        setLocation(200,200);
        setSize(400,150);
        setVisible(true);
        setDefaultCloseOperation(JFrame.EXIT_ON_CLOSE);
    }
    public static void main(String[] args){
        new TestCardLayout();
    }
}
```

当单击奇数选项卡（譬如说 3）时，出现的界面如图 7-9 所示。

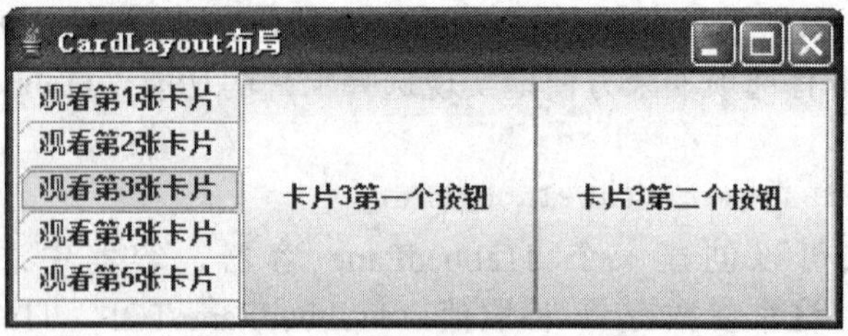

图 7-9 “程序 7-5”的奇数项界面

图 7-9 中右边卡片中的布局为 1×2 的网格布局。如果单击了偶数选项卡（譬如说 4），右边的卡片是 2×1 的网格，出现的界面如图 7-10 所示。

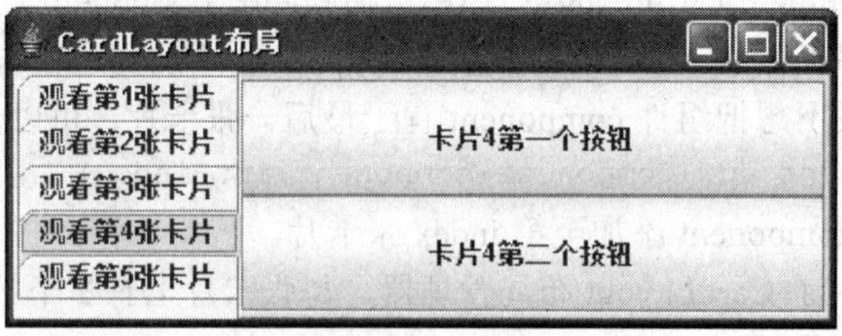

图 7-10 “程序 7-5”的偶数项界面

7-3-5 中间容器和多种布局的混合使用

“程序 7-5”中使用了 3 种布局：面板上的 BorderLayout 布局、JTabbedPane 容器上的 CardLayout 布局和每张卡片上的 GridLayout 布局。

同时使用多种布局是常见的现象，也是设计复杂图形界面的需求。最外层窗体中放置中间容器或组件，中间容器中又可以放置中间容器或组件，依此类推。只有充分利用中间容器作为组件，才能设计出符合要求的、美观的界面。中间容器有很多种，最常用的是 JPanel 面板和 JScrollPane 窗格。

1. JPanel

程序设计时经常需要利用 JPanel 类构建一个面板，并为这个面板设置布局，然后把组件添加到这个面板中，最后把这个面板及其组件构成的整体统一添加到窗体或其他中间容器上。JPanel 有 4 个构造方法，其中最常用的是不带参数的一个：

```
public JPanel()
```

JPanel 的默认布局是 FlowLayout 布局。在“程序 7-5”中，共创建了 5 个 JPanel 面板（程序第 9 行），又分别为这 5 个面板设置了 GridLayout 布局，并且奇数卡和偶数卡上的 GridLayout 布局网格也不同。

2. JScrollPane

有时组件很大，不能在有限的屏幕范围内观察这个组件的全貌。对这种情况，可以采用中间容器 JScrollPane，通过滚动条来观察整个组件。JScrollPane 的最常用的一个构造方法是：

```
public JScrollPane(Component view)
```

上面构造方法的 view 就是要置于 JScrollPane 对象中被观察的对象。

下面的例子中 JScrollPane 对象里面添加了一个面板，这个面板就变得可以任意大。对于 FlowLayout 面板，无论第一行中放置了多少组件都不需要换行。

【程序 7-6】TestJScrollPane.java

```
import java.awt.*;
import javax.swing.*;
public class TestJScrollPane extends JFrame{
    TestJScrollPane(){
        Container con=this.getContentPane();
        JPanel p=new JPanel();
        for(int i=0;i<30;i++){
            p.add(new JButton("按钮"+(i+1)));
        }
        JScrollPane scrollPane=new JScrollPane(p);
        con.add(scrollPane,BorderLayout.CENTER);
        setTitle("JScrollPane中间容器");
        setLocation(200,200);
        setSize(250,100);
        setVisible(true);
        setDefaultCloseOperation(JFrame.EXIT_ON_CLOSE);
    }
    public static void main(String[] args){
        new TestJScrollPane();
    }
}
```

上面程序运行时的界面如图 7-11 所示。

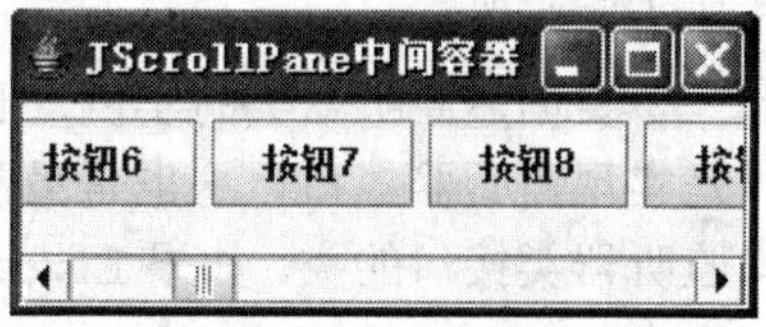

图 7-11　“程序 7-6”的界面

在上面的程序运行界面中，移动滚动条可以查看面板 p 中的所有 30 个按钮。这 30 个按钮都在一行上，没有换行。

上面只是为了举例，其实 JScrollPane 中间容器用到最多的场合还是存放本身不带滚动条的 JTextArea 文本区。

7-4　事件处理模型

本章前几节介绍的例子大多界面是静态的，但 GUI 程序最重要的一点是程序和用户的互动，也就是用户的操作（比如点击鼠标和敲击键盘等）能被程序接收到，并且做出相应的反应。本节将介绍如何编写带 GUI 事件处理的程序，由于事件处理的相关类主要集中在 java.awt 包中，因此，我们也称对 GUI 事件的处理为 AWT 事件处理。

7-4-1　事件处理过程中涉及的 3 类对象

事件处理过程中，主要涉及 Java 中的 3 类对象：

（1）事件（Event）：用户在程序界面上的操作都将产生一个事件。例如，敲击键盘或点击鼠标。

（2）事件源（Event source）：即产生事件的场所，一般指组件。

（3）事件处理器（Event handler）：事件处理器是一个对象，或者更具体地说是对象的一个方法。这个方法接收到一个事件后，就要按照自己预先定义的机制对事件进行处理。

7-4-2 事件处理机制

1. 事件处理委托机制

组件把发生在自己身上的事件委托给另外一个监听对象处理（这个监听对象也叫监听器，有可能就是组件本身）。监听器时刻监听事件源上所发生的事件类型，一旦发现发生的事件类型和自己要负责处理的监听类型一致，就马上处理。

这种委托处理机制是 Java 1.0 之后主要的事件处理方式。委托模型把事件的处理委托给事件源外部的实体进行处理，实现了将事件源和监听器分开的管理目的。

由于一个事件源上可能发生多种事件，而一个监听器可以监听多个事件源上发生的事件，因此，事件源和监听器有时会形成图 7-12 所示的多对多的情形。

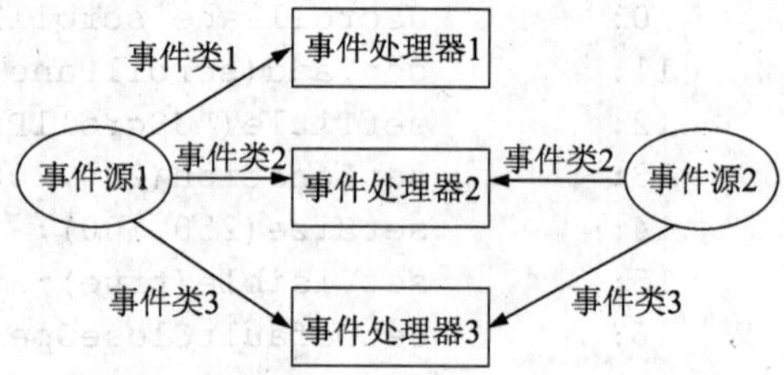

图 7-12 事件委托处理机制

2. 监听器的定义和注册

要实现监听器监听并处理事件，必须声明监听器类，并在组件上把监听器类的实例注册为监听器。

要创建监听器类的实例，必须先定义监听器类。监听器类的定义方式有两种，第一种是实现监听器接口，这也是最常用的一种方法。第二种是让监听器类继承一个已经实现了监听器类接口的类。如果 ListenerInterface 是一个监听器接口，则可以用下面的方式定义一个类：

```
public class ListenerClass implements ListenerInterface{
    …
}
```

对第二种方式，如果 ListenerAdapter 是实现了相应监听器接口的类，则可以用如下方式定义一个监听器类：

```
public class ListenerClass extends ListenerAdapter{
    …
}
```

要在组件 c 上将监听器的实例注册为自己的监听器，需要用如下格式：

```
c.addActionListener(new ListenerClass());
```

上面语句中的 Action 可以根据实际事件的不同更换为“Action”、“Focus”等。

下面的例子为一类事件定义了一个监听器类，并把这个监听器类的实例在按钮上进行了注册。

【程序 7-7】TestListener.java

```
import java.awt.*;
import java.awt.event.*;
```

```
3:  import javax.swing.*;
4:  class ButtonListener implements ActionListener{
5:     private boolean change=false;
6:     public void actionPerformed(ActionEvent ae){
7:        JButton button=(JButton)ae.getSource();
8:        if(change){
9:           button.setBackground(Color.GRAY);
10:          change=!change;
11:       }
12:       else{
13:          button.setBackground(Color.LIGHT_GRAY);
14:          change=!change;
15:       }
16:    }
17: }
18: public class TestListener extends JFrame{
19:    JButton btn=new JButton("改变颜色");
20:    TestListener(){
21:       Container con=this.getContentPane();
22:       con.setLayout(new FlowLayout());
23:       btn.addActionListener(new ButtonListener());
24:       btn.setBackground(Color.GRAY);
25:       con.add(btn);
26:       setTitle("变色按钮");
27:       setLocation(200,200);
28:       setSize(250,100);
29:       setVisible(true);
30:       setDefaultCloseOperation(JFrame.EXIT_ON_CLOSE);
31:    }
32:    public static void main(String[] args){
33:       new TestListener();
34:    }
35: }
```

上面的程序运行过程中，用鼠标在按钮上每单击一次，按钮就会改变颜色。起初的颜色如图 7-13 的上半部分所示，鼠标单击之后，变为如下半部分所示的按钮颜色。当再单击一次，按钮的颜色就会变回原来的颜色。两种颜色灰色和浅灰色交替出现。“程序 7-7”的主类作为监听器实现了 ActionListener 接口，因此它必须实现该接口的方法 actionPerformed()，该方法的实现在程序的第 6～17 行。按钮 btn 把这个监听器注册为自己的监听器，对自己的 ActionEvent 事件进行监听。

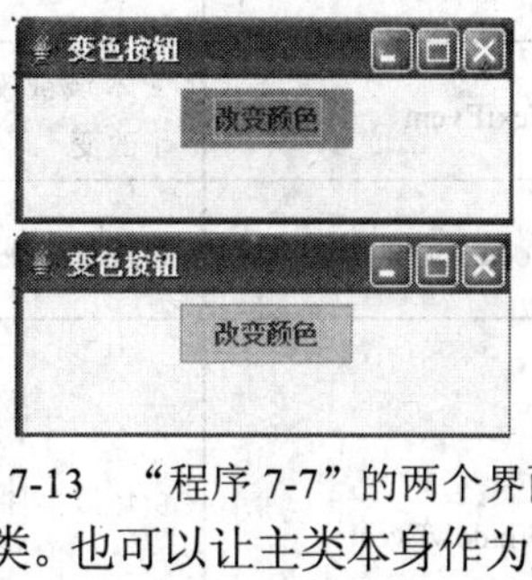

图 7-13　“程序 7-7”的两个界面

“程序 7-7”中的监听器类 ButtonListener 是独立于主类的一个类。也可以让主类本身作为监听器，这种做法已经在“程序 7-1”中用过，只是需要把主类声明为实现 ActionListener 接口。

7-4-3　事件类和监听器接口

Java 中有很多种事件类，与 AWT 有关的事件类都是由 java.awt 包下的 AWTEvent 类派生的。这些类的层次关系如图 7-14 所示。

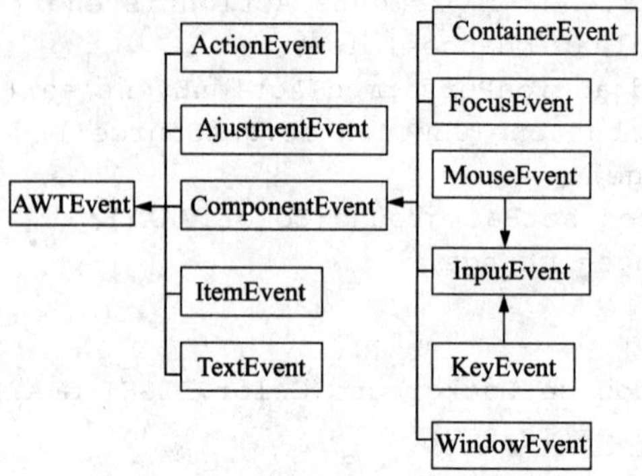

图 7-14　AWT 事件层次关系

对每种 AWT 事件，Java 都定义了相应的接口。如果某个类的对象负责监听某类事件，那么它必须实现特定的事件处理接口。

表 7-1　AWT 事件及其监听接口*

事　件	操　作	接 口 名	适 配 器	接 口 方 法
ActionEvent	激活组件	ActionListener	无	ActionPerformed
ItemEvent	条目选择状态发生了改变	ItemListener	无	itemStateChanged
MouseEvent	点击鼠标	MouseListener	MouseAdapter	mouseClicked mouseEntered mouseExited mousePressed mouseReleased
MouseEvent	移动鼠标	MouseMotion -Listener	Mouse -Motion -Adapter	mouseDragged mouseMoved
KeyEvent	键盘输入	KeyListener	KeyAdapter	keyPressed keyReleased keyTyped
TextEvent	文本域或文本区的值发生了改变	TextListener	无	textValueChanged
FocusEvent	组件得到或失去焦点	FocusListener	FocusAdapter	focusGained focusLost
WindowEvent	窗体级事件	Window -Listener	WindowAdapter	windowOpened windowClosed windowClosing windowActivated windowDeactivated windowIconified windowDeiconified
AdjustmentEvent	移动滚动条	Adjustment -Listener	无	adjustmentValue -Changed

续上表

事　件	操　作	接 口 名	适 配 器	接 口 方 法
ComponentEvent	组件显示、隐藏、缩放、移动等	Component-Listener	ComponentAdatper	componentShown componentHidden componentResized componentMoved
ContainerEvent	容器中增加或删除了组件	Container-Listener	ContainerAdapter	ComponentAdded componentRemoved

注：表中所有接口方法的参数都是同一行上的事件对象。

下面的程序实现了在窗体的任意位置拖动窗体的功能。平常经常使用鼠标拖动窗体，但必须把鼠标在窗体的标题栏按下左键，然后才能拖动整个窗体。这种拖动功能是窗体自带的功能。但现在要求在窗体的任意位置按下鼠标左键，可以拖动整个窗体。

【程序 7-8】TestMouseMotionListener.java

```
import javax.swing.*;
import java.awt.*;
import java.awt.event.*;

public class TestMouseMotionListener extends JFrame implements
MouseMotionListener{
    int relativeX;
    int relativeY;
    TestMouseMotionListener(){
        addMouseListener(new MouseAdapter(){
            public void mousePressed(MouseEvent e){
                PointerInfo pi=MouseInfo.getPointerInfo();
                Point pointCurr=pi.getLocation();
                Point pointUpLeft=getLocation();
                relativeX=pointCurr.x-pointUpLeft.x;
                relativeY=pointCurr.y-pointUpLeft.y;
            }
        });
        addMouseMotionListener(this);
        setBounds(50,50,350,100);
        setTitle("在窗体任意位置按下鼠标可拖动窗体");
        setDefaultCloseOperation(JFrame.EXIT_ON_CLOSE);
        setVisible(true);
    }
    public void mouseMoved(MouseEvent e){}
    public void mouseDragged(MouseEvent e){
        PointerInfo pi=MouseInfo.getPointerInfo();
        Point pointNow=pi.getLocation();
        this.setLocation(pointNow.x-relativeX,pointNow.y-relativeY);
    }

    public static void main(String[] args){
        new TestMouseMotionListener();
```

```
33:     }
34: }
```

上面的程序运行后是一个没有组件的窗体。鼠标在窗体的任何位置（包括标题栏部分和面板部分）按下后拖动，就可以拖动整个的窗体。

“程序 7-8”虽然功能简单，但实现它却比较复杂。这个程序中的面板注册了两个监听器。第一个监听器监听鼠标在面板上按下时的相对位置（第 11～15 行）。这个相对位置是通过计算两个点的绝对坐标的差得出的：第一个坐标是当前窗体最左上角的点的绝对坐标（第 13 行）；第二个坐标是鼠标当前所处点的绝对坐标（第 12 行）。两个绝对坐标的差就是鼠标按下的点与窗体最左上角的相对位置。

然后，在拖动鼠标的过程中，不断重新计算窗体左上角的位置，并对窗体重新绘制，这是第二个监听器的责任（第 26～28 行）。对鼠标每一点移动，都要计算鼠标所处的绝对坐标（第 27 行），然后由鼠标现在的绝对坐标和鼠标对窗体左上角的相对位置计算窗体左上角的绝对坐标并重新绘制窗体（第 28 行）。

由于整个窗体被声明为实现了 MouseMotionListener 接口（第 5 行），因此，它必须实现 MouseMotionListener 中声明的两个方法：

```
public void mouseMoved(MouseEvent e)
public void mouseDragged(MouseEvent e)
```

我们并不需要第一个方法做任何处理，因此它的方法体为空，但这也是实现了该方法。我们把想要实现的功能放在第二个方法中。其实，也可以不用显式地写出第一个方法，但必须像第一个监听器那样，用到事件适配器。适配器是下一部分要介绍的内容。

7-4-4 事件适配器

上一部分“程序 7-8”中涉及了适配器的内容。适配器是一个类，它的主要目的是为了给程序设计者带来方便。

由于 AWT 事件监听接口中几个接口拥有两个或两个以上的方法，而设计程序时可能只需要用到其中的一个，并且这种情况经常发生。因此，事件监听器必须实现相应的事件监听接口的所有方法，这对于程序开发者是很不方便的。为了说明这个问题，我们先给出一个不用适配器的有关事件监听器的例子。

【程序 7-9】 TestAdapter.java

```
import java.awt.*;
import java.awt.event.*;
import javax.swing.*;
public class TestAdapter extends JFrame{
    TestAdapter(){
        Container con=this.getContentPane();
        con.addMouseListener(new WithoutAdapter());
        setTitle("0");
        setLocation(200,200);
        setSize(350,100);
        setVisible(true);
        setDefaultCloseOperation(JFrame.EXIT_ON_CLOSE);
    }
    public static void main(String[] args){
```

```
15:         new TestAdapter();
16:     }
17: }
18: class WithoutAdapter implements MouseListener{
19:     public void mouseEntered(MouseEvent e){
20:         Container panel=(Container)e.getSource();
21:         JLayeredPane layer=(JLayeredPane)panel.getParent();
22:         JRootPane root=(JRootPane)layer.getParent();
23:         JFrame frame=(JFrame)root.getParent();
24:         String title=frame.getTitle();
25:         int count=Integer.parseInt(title);
26:         count++;
27:         frame.setTitle(""+count);
28:     }
29:     public void mouseExited(MouseEvent e){}
30:     public void mouseClicked(MouseEvent e){}
31:     public void mousePressed(MouseEvent e){}
32:     public void mouseReleased(MouseEvent e){}
33: }
```

上面程序的运行界面如图 7-15 所示。

图 7-15　“程序 7-9”的运行界面

“程序 7-9”的功能是单一的：当鼠标进入窗体的面板时，计数器加 1，并把总的进入次数在标题上显示出来。因为是鼠标进入事件，必须实现相关的接口 MouseListener。但接口 MouseListener 有 5 个方法（见表 7-1）。这 5 个方法中，只有 mouseEntered()方法是对我们有用的，但根据 Java 的语法，监听器必须实现这 5 个接口才合法，否则，编译器会报错。

第 19～28 行是对鼠标进入事件的处理方法。方法中有多条 getParent()语句，原因是：JFrame 对象是一个容器，它下面是 JRootPane 容器，JRootPane 容器下面是 JLayeredPane 容器，JRootPane 容器下面才是窗口的面板。得到面板所在的窗体后，第 24 行取得了窗体的标题，第 25 行把标题转换成数字，第 26 行把数字加 1，第 27 行把新的数字以字符串的形式设置为窗体的标题。

“程序 7-9”中，事件监听器 WithoutAdapter 实现了接口 MouseListener，在这个类中，第 29～32 行是 4 个对我们没有作用的方法，但它们必须被列出来，并进行了最简单的实现：只有一对大括号，方法体中没有内容。每次编写这样的程序都要重复做这些工作很麻烦，因此 JDK 中给出了相应的适配器。

接口 MouseListener 对应的适配器是 MouseAdapter，下面是“程序 7-9”改用 MouseAdapter 适配器之后的程序。

【程序 7-10】TestAdapter2.java

```
import java.awt.*;
import java.awt.event.*;
import javax.swing.*;
```

```
4:  public class TestAdapter2 extends JFrame{
5:     TestAdapter2(){
6:        Container con=this.getContentPane();
7:        con.addMouseListener(new WithAdapter());
8:        setTitle("0");
9:        setLocation(200,200);
10:       setSize(350,100);
11:       setVisible(true);
12:       setDefaultCloseOperation(JFrame.EXIT_ON_CLOSE);
13:    }
14:    public static void main(String[] args){
15:       new TestAdapter2();
16:    }
17: }
18: class WithAdapter extends MouseAdapter{
19:    public void mouseEntered(MouseEvent e){
20:       Container panel=(Container)e.getSource();
21:       JLayeredPane layer=(JLayeredPane)panel.getParent();
22:       JRootPane root=(JRootPane)layer.getParent();
23:       JFrame frame=(JFrame)root.getParent();
24:       String title=frame.getTitle();
25:       int count=Integer.parseInt(title);
26:       count++;
27:       frame.setTitle(""+count);
28:    }
29: }
```

“程序 7-10”与“程序 7-9”的差别有 3 处：

（1）监听器类由“程序 7-9”的 WithoutAdpater 改变为 WithAdapter，同时由实现接口 MouseListener 更改为实现类 MouseAdapter。

（2）WithAdapter 类的定义中删掉了 WithoutAdapter 类中第 29～32 行的 4 个没有作用的方法。

（3）两个主类（都是第 7 行）中的参数由 WithoutAdapter 的对象更改为 WithAdapter 的对象。

“程序 7-9”到“程序 7-10”最主要的变化还是第（2）条：程序中删除了没有作用的方法，这将为编程带来方便。

当然，使用适配器也会给程序带来另外的麻烦。例如，如果“程序 7-10”中的类 WithAdapter 需要继承另外的类，那么它就不能继承类 MouseAdapter，只能采用实现 MouseListener 接口的方式了。

为了让读者更好地理解适配器为什么能给编程带来方便，下面给出 MouseAdapter 类的定义：包括声明和实现。

【程序 7-11】MouseAdapter.java

```
public abstract class MouseAdapter{ //来自 JDK 文档
    public void mouseClicked(MouseEvent e) {};
    public void mousePressed(MouseEvent e) {};
    public void mouseReleased(MouseEvent e) {};
    public void mouseEntered(MouseEvent e) {};
```

```
    public void mouseExited(MouseEvent e) {};
}
```

适配器类都是抽象类。从“程序 7-11”可以看出，适配器类的定义非常简单：只有相应的方法的名称和最简单的实现。适配器起到了承上启下的作用：实现了监听接口，为监听器类提供不需要的方法的简单实现。

7-4-5 事件处理中的内部类和匿名类

“程序 7-10”的第 21~23 行，经过了几次求组件容器的操作才求得最外层的窗口类。但如果把外部类 WithAdapter 改为内部类，则可以省去这种转换的麻烦。况且，“程序 7-10”的 WithAdapter 类是 TestAdapter 类所专用的，因此也没有必要把前者置于后者之外，而应该把它变成内部类可以使类管理更加方便，程序更加清楚。

通过把“程序 7-10”的 WithAdapter 类转换成主类的内部类，可以得到下面的“程序 7-12”。

【程序 7-12】TestInnerClass.java

```
1: import java.awt.*;
2: import java.awt.event.*;
3: import javax.swing.*;
4: public class TestInnerClass extends JFrame{
5:     TestInnerClass(){
6:         Container con=getContentPane();
7:         con.addMouseListener(new WithAdapter());
8:         setTitle("0");
9:         setLocation(200,200);
10:        setSize(350,100);
11:        setVisible(true);
12:        setDefaultCloseOperation(JFrame.EXIT_ON_CLOSE);
13:    }
14:    public static void main(String[] args){
15:        new TestInnerClass();
16:    }
17:    class WithAdapter extends MouseAdapter{
18:        public void mouseEntered(MouseEvent e){
19:            if(e.getSource()!=getContentPane())
20:                return;
21:            String title=getTitle();
22:            int count=Integer.parseInt(title);
23:            count++;
24:            setTitle(""+count);
25:        }
26:    }
27: }
```

上面的“程序 7-12”比“程序 7-10”减少了第 21~23 行复杂的求取最外层容器——窗口的引用操作。这是因为，内部类 WithAdapter 可以直接操控其外部类的成员变量和成员方法。“程序 7-12”在第 19 行调用外部类的 getContentPane()方法得到当前窗体的面板引用；第 21 行调用了外部类的成员方法 getTitile()得到窗体的标题；第 24 行调用外部类的方法

setTitle 为窗体设置标题。

虽然“程序 7-12”中使用了内部类，但仍然可以使程序变得更简洁，也就是把内部类变为匿名类。把“程序 7-12”的第 17～26 行定义内部类的代码和第 7 行创建内部类对象的代码可以合在一起，形成匿名类的方式，请参见下面的程序。

【程序 7-13】 TestAnonymous.java

```
1:  import java.awt.*;
2:  import java.awt.event.*;
3:  import javax.swing.*;
4:  public class TestAnonymous extends JFrame{
5:     TestAnonymous(){
6:         Container con=getContentPane();
7:         con.addMouseListener(new MouseAdapter(){
8:             public void mouseEntered(MouseEvent e){
9:                 if(e.getSource()!=getContentPane())
10:                    return;
11:                String title=getTitle();
12:                int count=Integer.parseInt(title);
13:                count++;
14:                setTitle(""+count);
15:            }
16:        });
17:        setTitle("0");
18:        setLocation(200,200);
19:        setSize(350,100);
20:        setVisible(true);
21:        setDefaultCloseOperation(JFrame.EXIT_ON_CLOSE);
22:    }
23:    public static void main(String[] args){
24:        new TestAnonymous();
25:    }
26: }
```

上面程序的匿名类的定义和匿名类对象的实现在第 7~16 行。

程序 7-9、7-10、7-12、7-13 所实现的功能完全一样。

7-5 基 本 组 件

容器、组件和事件监听机制都是构成图形界面的要素。没有组件的容器只能做极其简单的工作。基本组件大多在 javax.swing 包中，包括按钮、文本域和文本区、复选框和单选按钮、列表和组合选择框，以及菜单等。这些内容都将在这一节中介绍。

7-5-1 按钮

JButton 类是专门用来创建按钮的。JButton 类创建的一个对象就是一个按钮。下面是 JButton 类常用的方法。

（1）public JButton()：创建一个没有图标和文字的按钮。

（2）public JButton(String text)：创建名称是 text 的按钮。

（3）public JButton(String text, Icon icon)：创建名称是 text 且带有图标 icon 的按钮。

（4）public void setText(String text)：重新设置当前按钮的名称为字符串 text。

（5）public String getText()：获取当前按钮上的名称。

（6）public void addActionListener(ActionListener listener)：向按钮注册监听器 listener。

按钮的主要用途是接受点击产生 ActionEvent 类型事件，让用户给 Java 程序发送固定的命令。下面的例子中，只用按钮组件创建一个正整数加法器。

【程序 7-14】TestJButton.java

```
import java.awt.*;
import java.awt.event.*;
import javax.swing.*;
public class TestJButton extends JFrame implements ActionListener{
   JButton[] numButton=new JButton[10];
   JButton add=new JButton("加");
   JButton equal=new JButton("等于");
   JButton clear_show=new JButton("清空");
   TestJButton(){
      Container con=getContentPane();
      JPanel center=new JPanel();
      center.setLayout(new GridLayout(4,3));
      for(int i=0;i<10;i++){
         numButton[i]=new JButton(""+i);
         numButton[i].addActionListener(this);
         center.add(numButton[i]);
      }
      add.addActionListener(this);
      center.add(add);
      equal.addActionListener(this);
      center.add(equal);
      clear_show.addActionListener(this);
      con.add(clear_show,BorderLayout.NORTH);
      con.add(center, BorderLayout.CENTER);
      setTitle("整数加法器");
      setLocation(100,100);
      setSize(350,200);
      setVisible(true);
      setDefaultCloseOperation(JFrame.EXIT_ON_CLOSE);
   }
   public void actionPerformed(ActionEvent e){
      JButton curr=(JButton)e.getSource();
      if(curr==clear_show){
         setTitle("整数加法器");
         clear_show.setText("清空");
         return;
      }
      for(int i=0;i<10;i++){
         if(curr==numButton[i]){
            String content=clear_show.getText();
            if(content.equals("清空"))
               content=""+i;
```

```
                else
                    content+=i;
                clear_show.setText(content);
            }
        }
        if(curr==add){
            String content=clear_show.getText();
            content+="+";
            clear_show.setText(content);
            return;
        }
        if(curr==equal){
            try{
                String formula=clear_show.getText();
                String copy=formula.replace("+","加");
                String[] nums=copy.split("加");
                int result=0;
                for(int i=0;i<nums.length;i++){
                    nums[i]=nums[i].trim();
                    if(nums[i].length()==0)
                        continue;
                    result+=Integer.parseInt(nums[i]);
                }
                formula+="="+result;
                clear_show.setText(formula);
            }catch(Exception ex){
                setTitle("输入错误，请按长按钮清空");
            }
        }
    }
    public static void main(String[] args){
        new TestJButton();
    }
}
```

上面程序的运行效果如图 7-16 所示。

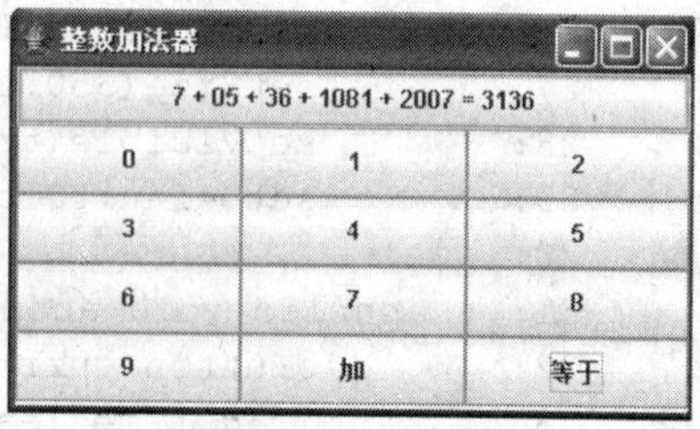

图 7-16 “程序 7-14”的运行效果

上面的程序中除了容器类外，用到的组件全部是按钮。每当按一个按钮时，最上方的按钮会将这个按钮的信息记录下来，加入到自己的文本中。当按下“等于”按钮时，会计算连加的结果。

当然，这个程序能实现的功能相对简单，只能实现正整数的连加。随着我们学习组件的深入，可以实现一个功能齐全而健壮的计算器程序。这个问题留给读者作为练习。

7-5-2 标签组件

JLabel 类负责创建标签对象，标签用来显示信息，程序运行过程中可以对标签按钮显示的信息进行更改，但用户不能对标签按钮进行编辑。标签按钮的常用方法如下：

（1）public JLabel()：创建没有信息显示的标签。

（2）public JLabel(String text)：创建显示信息是 text 的标签， text 在标签中靠左对齐（默认对齐方式）。

（3）public JLabel(Icon image)：创建显示信息是图标 image 的标签， image 在标签中靠左对齐。

（4）public String getText()：获取标签的显示文本。

（5）public void setText(String text)：重新设置标签的显示文本为 text。

（6）public void setHorizontalAlignment(int alignment)：设置标签信息的水平对齐方式。参数 alignment 的取值是 JLabel.LEFT、JLabel.CENTER 或 JLabel.RIGHT。

对于 JLabel 类，我们不进行举例，因为标签在后面的程序中会经常用到。

7-5-3　文本域和密码域

JTextField 文本域和 JPasswordField 密码域都是 javax.swing 包中的类，都提供一行的文本输入和编辑。这两个类的共同父类是 javax.swing.text 包下的类 JTextComponent。

1. JTextField 文本域

JTextField 类的主要方法包括：

（1）public JTextField()：创建没有显示信息的文本域对象。

（2）public JTextField(String text)：创建初始信息为 text 的文本域对象。

（3）public JTextField(int columns)：创建能在界面容纳 columns 个字符的文本域对象。

（4）public JTextField(String text, int columns)：创建初始信息为 text 的、能在界面容纳 columns 个字符的文本域对象。

（5）public void setColumns(int columns)：把当前文本域对象能接收输入的字符数设置为 columns。

（6）public void setText(String s)：更改当前文本域信息为字符串 s。

（7）public String getText()：获取当前文本域信息。

（8）public void setEditable(boolean b)：设置当前文本域对象是否可以编辑。

（9）public void setEnabled(boolean b)：设置当前文本域状态是否为可输入状态。

（10）public void setHorizontalAlignment(int alignment)：设置文本在当前文本域中的对齐方式，alignment 的有效值为 JTextField.LEFT、JTextField.CENTER 和 JTextField.RIGHT。

（11）public void addActionListener(ActionListener listener)：注册监听器 listener 监听和处理 ActionEvent 事件。

上面的方法中要注意第（9）个是 JTextField 类继承自它父类的父类 javax.swing 包中的 JComponent 的方法。这个方法设置为 false 时，显示在屏幕上的组件颜色变得灰暗，用户不能对它再继续操作。这样可以保护一些重要的内容不被用户修改。

2. JPasswordField 密码域

使用类 JPasswordField 可以建立一个密码域对象。密码域在输入字符时，并不是显示字符本身，而是显示统一的、事先规定好的字符。

密码域可以使用 setEchoChar(char c)设置回显字符（默认的回显字符是“*”），char[ ] getPassword()方法返回密码框中的密码。

JPasswordField 的常用方法有：

（1）public JPasswordField()：创建一个无初始内容的密码域对象。

（2）public JPasswordField(String text)：创建一个内容为 text 的密码域对象。但显示的内容并不是 text 本身，而是统一的响应字符（默认为星号“*”）。

（3）public JPasswordField(int columns)：创建一个无初始内容的、最多能接收 columns 个字符的密码域对象。

（4）public JPasswordField(String text, int columns)：创建一个初始内容为 text 的、最多能接收 columns 个字符的密码域对象。

（5）public char getEchoChar()：获取密码域的响应字符，也就是输入任何字符后都统一显示的一个字符。

（6）public void setEchoChar(char c)：设置密码域的响应字符。

（7）public void addActionListener(ActionListener listener)：注册监听器 listener 监听和处理 ActionEvent 事件。

3. 文本域和密码域应用举例

下面的例子是利用 JTextField 文本域和 JPasswordField 密码域设计的一个程序，当用户在密码域输入密码结束并按下回车键时，密码会显示在另外的一个文本域中，并且在文本的字符与字符之间添加了两个空格进行分割。

【程序 7-15】TestField.java

```
import javax.swing.*;
import java.awt.*;
import java.awt.event.*;
public class TestField extends JFrame{
    Container con;
    JPasswordField password=new JPasswordField(10);
    JTextField compact=new JTextField(10);
    JTextField loose=new JTextField(20);
    TestField(){
        con=this.getContentPane();
        con.setLayout(new GridLayout(6,1,0,10));
        con.add(new JLabel("请输入密码，按回车键确认："));
        con.add(password);
        password.setEchoChar('+');
        password.addActionListener(new ActionListener(){
            public void actionPerformed(ActionEvent e){
                char[] contentArray=password.getPassword();
                StringBuffer content=new StringBuffer("");
                for(int i=0;i<contentArray.length;i++){
                    content.append(contentArray[i]);
                    content.append(' ');
                    content.append(' ');
                }
                content.deleteCharAt(content.length()-1);
                loose.setText(new String(content));
                String compactString=new String(contentArray);
                compact.setText(compactString);
            }
```

```
29:         });
30:         con.add(new JLabel("您输入的密码一定是: "));
31:         con.add(compact);
32:         con.add(new JLabel("下面您可以更清楚地看清自己输入的密码了: "));
33:         con.add(loose);
34:         setLocation(100,100);
35:         setSize(300,200);
36:         setDefaultCloseOperation(JFrame.EXIT_ON_CLOSE);
37:         setVisible(true);
38:     }
39:     public static void main(String[] args){
40:         new TestField();
41:     }
42: }
```

上面程序的运行效果如图 7-17 所示。

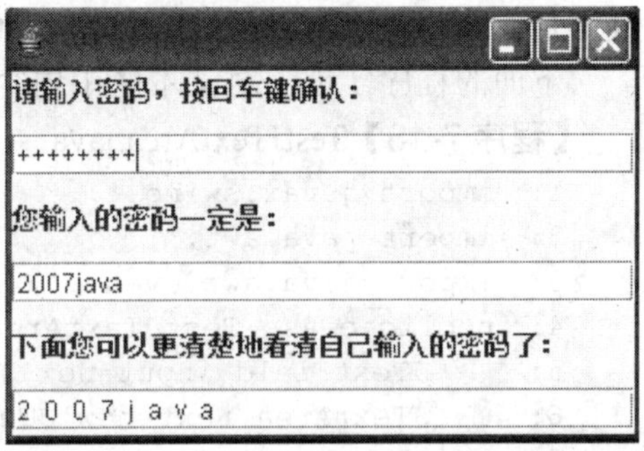

图 7-17　“程序 7-15”的运行效果

如果光标在文本域或密码域中，则按回车键可以产生一个 ActionEvent 类型的事件。这个事件可以被相关的事件监听器所监听和处理。在“程序 7-15”的第 15～29 行，密码域 password 把按下回车键的 ActionEvent 事件委托给一个匿名监听器对象进行监听和处理。这个匿名监听器对象在监听到这类事件后，首先得到密码域的信息——一个字符串。然后，匿名监听器把这个字符串显示在中间位置的文本域中。最后，匿名监听器把字符串的各个字符之间增加了两个空格，并把添加空格后的内容显示在最下面的文本域中。

为了提高文本的编辑效率，匿名监听器的 actionPerformed()方法中使用了 StringBuffer 类，而不是直接使用 String 类。

“程序 7-15”使用了前面学过的 3 个基本组件：标签、文本域和密码域。

7-5-4　文本区 JTextArea 类

与提供单行文本输入的 JTextField 类和 JPasswordField 类相对应，文本区类 JTextArea 创建的文本区对象可以在文本区输入和显示多行文本。下列方法是 JTextArea 类的常用方法：

（1）public JTextArea()：创建一个无初始内容的文本区对象。

（2）public JTextArea(String text)：创建一个初始内容为 text 的文本区对象。

（3）public JTextArea(int rows, int columns)：创建一个能在界面容纳 rows 行、columns 列的文本区对象。

（4）public void setText(String t)：设置文本区对象的内容为字符串 t。

（5）public String getText()：获取文本区对象的内容。

（6）public void insert(String str, int pos)：在文本区对象内容的 pos 位置插入字符串 str。

（7）public void append(String str)：在文本区对象内容的最后追加字符串 str。

（8）public int getCaretPosition()：获取文本区对象中光标所在的位置。

（9）public void setCaretPosition(int position)：设置文本区对象中光标所在的位置。这个位置不能超过对象内容中字符的总个数。

（10）public int getSelectionStart()：获取所选文本的起始位置。

（11）public int getSelectionEnd()：获取所选文本的末尾位置。

（12）public void select(int selectionStart, int selectionEnd)：把位置 selectionStart 到位置 selectionEnd 的内容设置为选取内容，这些内容会在文本区对象中用不同的背景颜色标识出来，并且光标不再闪动。

（13）public void selectAll()：选取文本区所有的内容。

（14）public void replaceRange(String str, int start, int end)：把位置 start 至位置 end 的内容替换为新内容 str。

可以看出，上面几个方法和 JTextField 类中的方法是完全一样的，这是因为，它们二者都是 javax.swing.text.JTextComponent 类的子类。

下面的程序实现了对文本区中内容的清空、插入、删除和追加的功能。

【程序 7-16】TestJTextArea.java

```
import javax.swing.*;
import java.awt.*;
import java.awt.event.*;
public class TestJTextArea extends JFrame implements ActionListener{
    JTextField input=new JTextField(25);
    JTextArea text=new JTextArea();
    JButton clear=new JButton("清空");
    JButton insert=new JButton("插入");
    JButton delete=new JButton("删除");
    JButton append=new JButton("追加");
    TestJTextArea(){
        Container con=this.getContentPane();
        Panel north=new Panel();
        north.setLayout(new GridLayout(2,1));
        north.add(input);
        Panel buttonPanel=new Panel();
        buttonPanel.setLayout(new GridLayout(1,4));
        buttonPanel.add(clear);
        buttonPanel.add(insert);
        buttonPanel.add(delete);
        buttonPanel.add(append);
        north.add(buttonPanel);
        con.add(north,BorderLayout.NORTH);
        con.add(new JScrollPane(text));
        clear.addActionListener(this);
        insert.addActionListener(this);
        delete.addActionListener(this);
        append.addActionListener(this);
        setLocation(100,100);
        setSize(300,200);
        setDefaultCloseOperation(JFrame.EXIT_ON_CLOSE);
        setVisible(true);
```

```
    }
    public void actionPerformed(ActionEvent e){
        Object source=e.getSource();
        if(source==clear)
            text.setText("");
        if(source==append)
            text.append(input.getText());
        if(source==insert){
            int selectionStart=text.getSelectionStart();
            int selectionEnd=text.getSelectionEnd();
            String newString=input.getText();
            text.replaceRange(newString, selectionStart, selectionEnd);
        }
        if(source==delete){
            int selectionStart=text.getSelectionStart();
            int selectionEnd=text.getSelectionEnd();
            text.replaceRange("",selectionStart,selectionEnd);
        }
    }
    public static void main(String[] args){
        new TestJTextArea();
    }
}
```

上面程序的运行效果如图 7-18 所示。

“程序 7-16”利用一个 JTextField 文本域对一个 JTextArea 文本区的内容进行插入和追加。其中用到了关键的方法 getSelectionStart()和 getSelectionEnd()获取了当前所选内容的起始和末尾位置。如果文本区没有选取内容，则这两个方法返回的值相同，都是光标所在的位置。

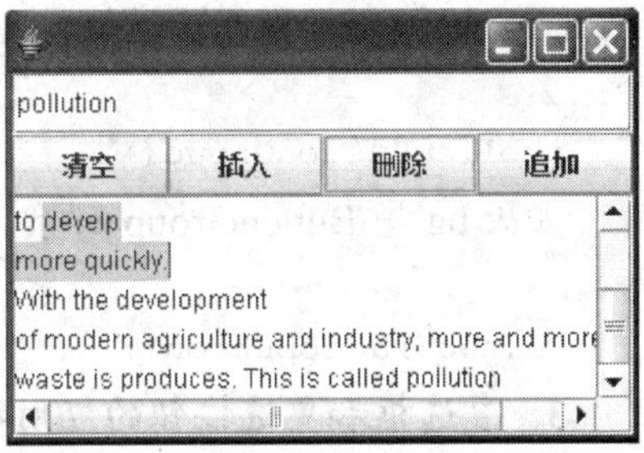

图 7-18 “程序 7-16”的运行效果

7-5-5 复选框和单选按钮

复选框 JCheckbox 类用来进行是/非选择操作，而单选按钮 JRadioButton 类用来进行多选一操作。这两个类都在同一个包 javax.swing 中，并且有共同的父类。

1. JCheckbox 复选框

复选框提供是/非两种状态：一种是选中（是），另一种是未选中（非），用户通过单击该组件进行状态切换。JCheckBox 类常用的方法如下：

（1）public JCheckBox()：创建一个无提示文本、无提示图标的复选框对象。复选框的初始状态是未选中。

（2）public JCheckBox(String text)：创建一个提示文本为 text 的复选框对象。复选框的初始状态是未选中。

（3）public JCheckBox(Icon icon)：创建一个提示图标为 icon 的复选框对象。复选框的初始状态是未选中。

（4）public JCheckBox(String text, Icon icon)：创建一个提示文本为 text、提示图标为 icon

的复选框对象。复选框的初始状态是未选中。

（5）public boolean isSelected()：返回复选框是否选中的状态。

（6）public void addItemListener(ItemListener listener)：注册能够监听 ItemEvent 类事件的监听器。

ItemEvent 类监听器的监听接口 ItemListener 只有一个方法：

```
public void itemStateChanged(ItemEvent ie)
```

当复选框的选择状态发生改变（从选中到未选中或者从未选中到选中）时，会产生 ItemEvent 事件，这个事件传给监听器，监听器则调用 itemStateChanged()方法进行事件处理。

2. JRadioButton 单选按钮

单选按钮 JRadioButton 和复选框 JCheckBox 的不同之处在于：被划归为一组的单选按钮在同一时刻最多只能有一个按钮处于被选中状态（当然，在初始情况下，可以没有任何单选按钮被选中）。

类 JRadioButton 和类 JCheckBox 的成员方法基本相同。单选按钮选中状态的变化也产生 ItemEvent 事件，这样的事件同样由实现 ItemListener 接口的监听器监听和处理。

为了把几个单选按钮归为一组，需要用到管理单选按钮的类 ButtonGroup，这个类在 javax.swing 包中，但其父类属于 Object。我们可以发现，很多用于管理的类，如 FlowLayout、GridLayout 等布局管理器类都是 Object 类的直接子类。ButtonGroup 类的构造方法只有一个：

```
public ButtonGroup()
```

如果 bg 是 ButtonGroup 对象，那么添加一个单选按钮 radioButton 进入到 bg 组的语法是：

```
bg.add(radioButton);
```

3. 复选框和单选按钮的应用举例

下面的程序中用单选按钮选择显示字号：大、中、小；用复选按钮选择字体：粗体和斜体。

【程序 7-17】TestCheckRadio.java

```
import javax.swing.*;
import java.awt.*;
import java.awt.event.*;
public class TestCheckRadio extends JFrame implements ItemListener{
    Container con;
    JCheckBox italic=new JCheckBox("斜体");
    JCheckBox bold=new JCheckBox("粗体");
    JRadioButton large=new JRadioButton("大字号");
    JRadioButton middle=new JRadioButton("中字号");
    JRadioButton small=new JRadioButton("小字号");
    JTextArea area=new JTextArea();
    TestCheckRadio(){
        ButtonGroup group=new ButtonGroup();
        group.add(large);
        group.add(middle);
        group.add(small);
```

```
        con=this.getContentPane();
        con.setLayout(new GridLayout(1,2,10,0));
        JPanel left=new JPanel();
        left.setLayout(new GridLayout(5,1,0,10));
        left.add(italic);
        left.add(bold);
        left.add(large);
        left.add(middle);
        left.add(small);
        con.add(left);
        con.add(area);
        Font font=new Font("",0,25);
        area.setFont(font);
        area.setText("我喜欢 C++,\n 但更喜欢 Java");
        italic.addItemListener(this);
        bold.addItemListener(this);
        large.addItemListener(this);
        middle.addItemListener(this);
        small.addItemListener(this);
        setSize(500,200);
        setDefaultCloseOperation(JFrame.EXIT_ON_CLOSE);
        setVisible(true);
    }
    public void itemStateChanged(ItemEvent e){
        int size=25;
        if(small.isSelected())
           size=15;
        if(large.isSelected())
           size=35;
        int type=0;
        if(italic.isSelected())
           type=type|Font.ITALIC;
        if(bold.isSelected())
           type=type|Font.BOLD;
        Font font=new Font("",type,size);
        area.setFont(font);
    }
    public static void main(String[] args){
        new TestCheckRadio();
    }
}
```

上面程序的运行效果如图 7-19 所示。

图 7-19　“程序 7-17”的运行效果

上面程序中，每一次选择的变化都会产生 ItemEvent 类型事件，事件处理器（主类对象本身）每接到一个 ItemEvent 类型事件，都要重新输出界面右边的两行信息。这样，使得鼠标点击任何一个复选框或单选按钮，右边的显示会马上跟着变化。由于有 ItemEvent 类型的事件监听器，“程序 7-17”不需要按钮 JButton 就可以完成需要的操作。

4. 字体

由于“程序 7-17”中用到了 Java 中的字体，我们就把对字体的简单介绍放在这一部分。Java 图形界面中的大部分组件都用到了字体。例如，标签和按钮的显示文本，复选框和单选按钮的提示文本，以及文本域和文本区中的文本。

有关字体的 Font 类在 java.awt 包中，是 Object 的子类。字体中用到的 3 个概念是字体名称、字体风格和字号。字体名称是一个字符串，可以是如下几个名称：Dialog、DialogInput、Monospaced、Serif、SansSerif，或者字体名称可以是空（null）。

字体风格由两个要素构成：①是否为粗体 Font.BOLD，②是否为斜体 Font.ITALIC。每一个要素对应二进制的一位，粗体对应第 0 位，斜体对应第 1 位。例如，“10”对应斜体 Font.ITALIC，整数值为 2，“11”对应斜体+粗体，即 Font.BOLD|Font.ITALIC，整数值为 3。“00”对应平常字体，整数值为 0。

字号 Font.SIZE 是一个整数。

Font 类有如下几种常用方法：

（1）Font(String name, int style, int size)：用字体名称、字体风格代码和字号构造一个字体对象。

（2）public String getFontName()：返回字体名称和字体风格合成的字符串。例如，返回“Dialog.bolditalic”表示字体名称是 Dialog，字体风格是粗体+斜体。

（3）public int getSize()：返回字号。

（4）public int getStyle()：返回字体风格对应的整数值。

（5）public boolean isBold()：判断是否为粗体。

（6）public boolean isItalic()：判断是否为斜体。

（7）public boolean isPlain()：判断是否既不是粗体又不是斜体。

“程序 7-17”的事件监听器的 itemStateChanged()方法（第 40～53 行）根据用户选择的项目，创造了一个字体对象，然后把这个字体对象设置为 JTextArea 文本区对象 area 的字体，文本区中的内容在改变字体后会自己改变显示形式。

由于字体风格各自占有二进制的一个独立的位，因此，可以用整数的或操作（|）进行合并运算。第 46 行把字体风格设置为 0（即 Font.PLAIN），然后根据用户选择设置字体是否为斜体（48 行）和粗体（50 行）。

7-5-6 列表和组合选择框

复选框和单选按钮为用户提供选项，让用户在几个选项（复选框 2 个选项，单选按钮通常 2~7 个选项）中选取自己所需要的选项，选项数量非常有限。列表类 JList 和组合选择框类 JComboBox 所创建的对象能够给用户提供大量的选项，选项的数量可以是几十个甚至成百上千个。列表类 JList 的对象还可以一次从所有选项中选取任意数量的选项。

这两个类选项的变化都会触发 ItemEvent 事件，因此可以注册 ItemListener 监听器，监听和处理发生的此类事件：

```
obj.addItemListener(ItemListener listener);
```

1. JList 类

JList 类组件在界面上占有多行，用户可以在提供的选项中选择一项或者多项。JList 类组件的常用方法包括：

（1）public JList()：创建一个无初始内容的 JList()对象。

（2）public JList(Object[] listData)：创建一个初始内容为对象数组 listData 的 JList()对象。该列表对象在图形界面显示出来的内容是每一个元素 listData[i]转换成字符串后的值，也就是 listData[i].toString()。

（3）public void setListData(Object[] listData)：把列表对象的内容设置为对象数组 listData 的内容。显示信息同构造方法（2）。

（4）public int getSelectedIndex()：返回用户选取的其中一项的索引号，第一项的索引号是 0。

（5）public int[] getSelectedIndices()：返回用户选取的所有选项的索引号构成的数组。

（6）public Object getSelectedValue()：返回用户选取的一个选项，其引用为 Object 引用。

（7）public Object[] getSelectedValues()：返回用户选取的全部选项对象构成的数组。

2. JComboBox 类

组合选择框 JComboBox 类对象是一个列表和一条类似 JTextField 对象的选择框组合而成，因此叫做组合选择框。列表在界面中一般只出现最上面占一行的选择框部分，而在用户需要选择时点击按钮就会把列表下拉出来。因此，组合选择框也叫下拉列表框。

JComboBox 类的对象不能提供给用户一次多选的功能。该类的主要方法包括：

（1）public JComboBox()：创建一个没有初始选项的组合选择框。

（2）public JComboBox(Object[] items)：创建一个初始选项为 Object 数组 items 提供的对象集合的组合选择框。

（3）public void addItem(Object anObject)：为组合选择框对象增加一个对象 anObject 选项。

（4）public void insertItemAt(Object anObject, int index)：在位置 index 处插入一个新的选项对象 anObject。位置从 0 开始计数。

（5）public void removeItemAt(int anIndex)：删除第 anIndex 个对象选项。

（6）public void removeAllItems()：清空组合选择框。

（7）public int getItemCount()：返回组合选择框中选项的总数。

（8）public Object getItemAt(int index)：返回第 index 个选项中的对象。

（9）public Object getSelectedItem()：返回用户选择的选项中的对象。

JList 类和 JComboBox 类的对象中元素都是以 Object 引用指向的，在使用时需要按照实际情况对对象进行强制的类型转换。

3. JList 类和 JComboBox 类应用举例

下面的例子利用列表和下拉列表计算两个数的最大公约数或最小公倍数。第一个数在[1,20]的范围中，第二个数在[1,1000]的范围中。第一个数可以多选。

【程序 7-18】TestListCombo.java

```
import javax.swing.*;
import java.awt.*;
import java.awt.event.*;
public class TestListCombo extends JFrame implements ActionListener{
    Container con;
    JList list=new JList();
    JComboBox box=new JComboBox();
    JRadioButton mcd=new JRadioButton("最大公约数");//max common divisor
    JRadioButton mcm=new JRadioButton("最小公倍数");//min common multiple
    JButton compute=new JButton("计算");
    JTextArea showArea=new JTextArea();
    TestListCombo(){
        con=getContentPane();
        JPanel west=new JPanel();
        west.setLayout(new BorderLayout());
        west.add(new JLabel(" 第一个数: "),BorderLayout.NORTH);
        west.add(list,BorderLayout.CENTER);
        JPanel center=new JPanel();
        center.setLayout(new BorderLayout());
        JPanel north=new JPanel();
        north.setLayout(new GridLayout(1,4,5,0));
        JPanel second=new JPanel();
        FlowLayout fLayout=new FlowLayout();
        fLayout.setAlignment(FlowLayout.CENTER);
        second.setLayout(fLayout);
        second.add(new JLabel("第二个数"));
        second.add(box);
        north.add(second);
        north.add(mcd);
        north.add(mcm);
        north.add(compute);
        center.add(north,BorderLayout.NORTH);
        center.add(new JScrollPane(showArea),BorderLayout.CENTER);
        con.add(west,BorderLayout.WEST);
        con.add(center,BorderLayout.CENTER);
        //添加列表数据
        int listSize=20;
        Integer[] listData=new Integer[listSize];
        for(int i=0;i<listSize;i++)
            listData[i]=new Integer(i+1);
        list.setListData(listData);
        //添加组合列表框数据
        int boxSize=1000;
        for(int i=0;i<boxSize;i++)
            box.addItem(new Integer(i+1));
        ButtonGroup group=new ButtonGroup();
        group.add(mcd);
        group.add(mcm);
        compute.addActionListener(this);
```

```
        setLocation(100,100);
        setSize(600,460);
        setDefaultCloseOperation(JFrame.EXIT_ON_CLOSE);
        setVisible(true);
    }
    public void actionPerformed(ActionEvent e){
        if(e.getSource()!=compute)
            return;
        Object[] firstObjects=list.getSelectedValues();
        int len=firstObjects.length;
        int[] vs1=new int[len];
        for(int i=0;i<len;i++)
            vs1[i]=((Integer)firstObjects[i]).intValue();
        int v2=((Integer)box.getSelectedItem()).intValue();
        if(mcd.isSelected()){
            for(int i=0;i<len;i++){
                String line=""+vs1[i]+"和"+v2+"的最大公约数是: "
                    +Computing.maxCommonDivisor(vs1[i],v2);
                showArea.append(line+"\n");
            }
        }
        else{
            for(int i=0;i<len;i++){
                String line=""+vs1[i]+"和"+v2+"的最小公倍数是: "
                    +Computing.minCommonMultiple(vs1[i],v2);
                showArea.append(line+"\n");
            }
        }
    }
    public static void main(String[] args){
        new TestListCombo();
    }
}
class Computing{
    public static int maxCommonDivisor(int first,int second){
        int min=first<second?first:second;
        for(int i=min;i>=1;i--){
            if(first%i==0&&second%i==0)
                return i;
        }
        return 1;
    }
    public static int minCommonMultiple(int first,int second){
        int max=first>second?first:second;
        for(int i=max;i<=first*second;i++){
            if(i%first==0&&i%second==0)
                return i;
        }
        return first*second;
    }
}
```

上面的程序运行效果如图 7-20 所示。

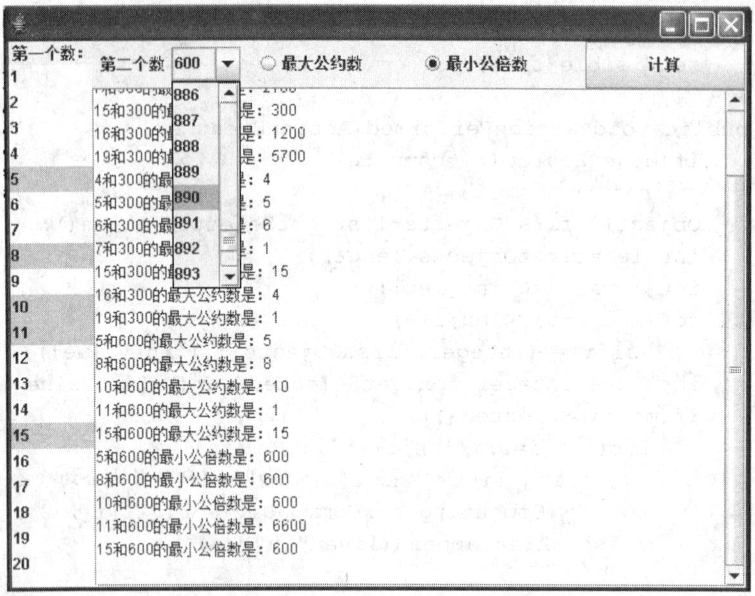

图 7-20 “程序 7-18”的运行效果

图 7-20 所示的程序运行界面中，用户可以使用【Ctrl】键和【Shift】键以及鼠标选择第一个数的多个选项。用鼠标选择某个选项，然后按下【Shift】键，就可以选择两个选项之间的所有选项。按下【Ctrl】键，然后用鼠标点击任何选项，则可以改变该项的选择状态：如果事先已经选择，则取消选择；如果事先没有选择，则改为选择。这个做法和 Windows 资源管理器中对子目录或文件的选择方式是一样的。

在“程序 7-18”中，由于第一个数的范围不是特别大，因此可以使用列表为用户列出 20 个选项；而第二个数的范围很大，在 1～1 000 中，因此需要使用下拉列表。

添加列表项的工作在第 37～41 行完成，注意，每一个选项必须是对象，因此，第 39、40 行使用了 int 型数据的封装类型 Integer。在添加下拉列表的内容时也是采用了这样的方式（第 43～45 行）。读者可以不使用 Integer 对象，而是采用字符串 String 类型的对象，仍然可以完成相同的工作。

第 83～100 行是一个用于求两个数的最大公约数和最小公倍数的类 Computing。这个类只有两个静态的类方法。求最大公约数的思路是：先利用 3 值表达式求出两个数之间较小的一个（第 85 行），最大公约数一定在 1 和这个较小的数之间。然后利用遍历的方法可以求出二者的最大公约数。求最小公倍数的思路类似。当然，程序中的算法并不是效率很高的算法，读者可以参考有关“辗转相除法”的文献，自己设计出高效的求解最大公约数和最小公倍数的算法。这个问题也留给读者思考练习。

7-5-7 微旋按钮和进度条

微旋按钮类是 JSpinner，这个类提供给用户的功能是：当用户按下微旋按钮时，微旋按钮的值会做微小地增加或微小地减少（一般设置变动为 1）。进度条类 JProgressBar 可以创建进度条组件。该组件能用一种颜色动态地填充自己，以显示某任务已经完成的百分比。

1. JSpinner 类

JSpinner 类的常用构造方法是：

```
public JSpinner(SpinnerModel model)
```

JSpinner 类本身只负责界面上的显示，数据的交换是通过 SpinnerModel 类对象 model 进行的。通常使用 SpinnerModel 类的子类 SpinnerNumberModel，用法如下：

```
Integer value=new Integer(50);                //设置初始值
Integer min=new Integer(0);                   //设置最小值
Integer max=new Integer(100);                 //设置最大值
Integer step=new Integer(1);                  //设置微旋钮变化速度
//创建 SpinnerNumberModel 对象:
SpinnerNumberModel model=new SpinnerNumberModel(value,min,max,step);
//……用户使用一段时间
int fifty=model.getNumber().intValue();       //获取当前值
```

2. JProgressBar 类

JProgressBar 类对象能直观地显示任务的进度，通常情况下把已完成任务的比例部分填充不同的颜色表示。这个类的主要方法包括：

（1）JProgressBar(int min, int max)：创建一个水平方向的进度条，最大值和最小值分别为 min 和 max。

（2）JProgressBar(int orient, int min, int max)：创建一个进度条，最大值和最小值分别为 min 和 max，进度条水平或垂直方向由参数 orient 决定。

（3）public int getValue()：获取进度条的当前值（在 min 和 max 之间）。

（4）public void setValue(int n)：设置进度条当前值（在 min 和 max 之间）。设置后，进度条界面会发生变化。

3. 微旋按钮和进度条应用举例

下面的例子用微旋按钮和进度条设计了一个闹钟。闹钟的时间长短可以用微旋按钮设置，设置后可以启动，进度条显示已经过去的时间与总时间的比例。当时间达到设置的时间时，进度条显示百分百而停止工作，等待用户下一次设置和开启。

这个例子用到了线程的 Java 编程技术。关于线程，将在后面的章节中介绍。

【程序 7-19】 TestSpinnerProgress.java

```
import javax.swing.*;
import java.awt.*;
import java.awt.event.*;
public class TestSpinnerProgress extends JFrame
        implements ActionListener,Runnable{
    JSpinner spinner;
    JButton buttonStart=new JButton("开始计时");
    SpinnerNumberModel model;
    JProgressBar pBar;
    long timeSpan;
    long beginTime;
    long currTime;
    long endTime;
    Thread timer;
    JLabel showLabel=new JLabel();
```

```
    TestSpinnerProgress(){
        Container con=getContentPane();
        Integer value=new Integer(10);
        Integer min=new Integer(0);
        Integer max=new Integer(100);
        Integer step=new Integer(1);
        model=new SpinnerNumberModel(value,min,max,step);
        spinner=new JSpinner(model);
        JPanel control=new JPanel();
        control.setLayout(new FlowLayout());
        control.add(new JLabel("请选择时间长度(1~60 秒): "));
        control.add(spinner);
        control.add(buttonStart);
        buttonStart.addActionListener(this);
        con.add(control,BorderLayout.NORTH);
        JPanel center=new JPanel();
        center.setLayout(new GridLayout(2,1,0,15));
        pBar=new JProgressBar(0,100);
        pBar.setStringPainted(true);
        pBar.setValue(0);
        center.add(pBar);
        center.add(showLabel);
        showLabel.setHorizontalAlignment(JLabel.CENTER);
        con.add(center,BorderLayout.CENTER);
        setSize(500,150);
        setDefaultCloseOperation(JFrame.EXIT_ON_CLOSE);
        setVisible(true);
    }
    public void actionPerformed(ActionEvent e){

        timeSpan=1000 * model.getNumber().intValue();
        beginTime=System.currentTimeMillis();
        currTime=beginTime;
        endTime=beginTime+timeSpan;
        timer=new Thread(this);
        timer.start();
    }
    public void run(){
        if(Thread.currentThread()==timer){
            while(currTime<endTime){
                currTime=System.currentTimeMillis();
                double currSpan=currTime-beginTime;
                int percent=(int)((double)currSpan/(double)timeSpan*100.0);
                pBar.setValue(percent);
                String info="";
                int past=(int)((double)currSpan/1000);
                int total=(int)((double)timeSpan/1000);
                info+=past+"秒/"+total+"秒";
                this.showLabel.setText(info);
                try{
```

```
                        Thread.sleep(100);
                    }catch(InterruptedException ie){}
                }
            }
        }
        public static void main(String[] args){
            new TestSpinnerProgress();
        }
    }
```

上面程序的运行效果如图 7-21 所示。这次运行设置的闹钟时间是 31s，也就是在开始计时的 31s 后进度条灰色部分到 100%而停止增长。图 7-21 中的界面时间已经过了 22s（最下面一行显示），进度条上的百分比显示占总时长的 73%。

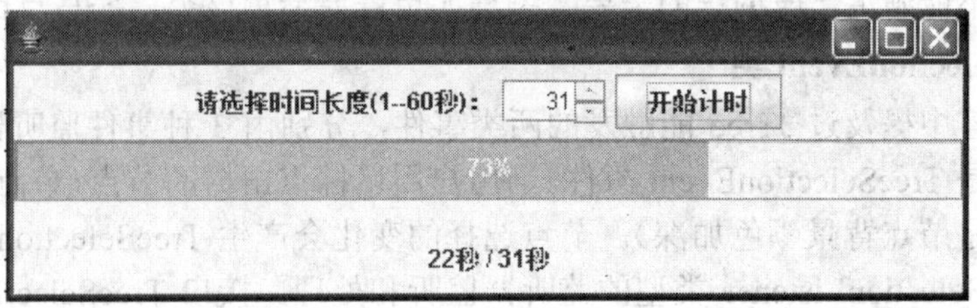

图 7-21　“程序 7-19”的运行效果

7-5-8　树组件

Java 中的树组件是 JTree 类的对象。一个 JTree 类对象中最重要的组成部分是树的节点。树节点的方法抽象出来，形成 TreeNode 接口。接口中的方法是树节点的一般方法，如设置节点的父节点等。Java 提供了一个已经实现了 TreeNode 的子接口 MutableTreeNode 接口的类 DefaultMutableTreeNode，这个类提供了丰富的方法。

1. JTree 类

对树组件的操作方式如同 Windows 操作系统中对资源管理器的操作方式。Windows 资源管理器是典型的树结构，只不过资源管理器中的树结构可以有几个根，而 JTree 的对象只能有一个树根。树的最重要的元素是节点，节点之间建立关系形成树。节点之间的关系包括父节点与子节点的关系、兄弟节点关系、祖先与子孙节点的关系等。节点及其之间的关系构成了树结构。

构造一个树对象可以使用下面的构造方法：

```
JTree(TreeNode root)
```

上面的构造方法中 TreeNode 是一个接口，它规定了树的节点操作的一般方法。

JTree 类的对象可以产生两类事件 TreeSelectionEvent 和 TreeExpansionEvent。其中，TreeSelectionEvent 对应着监听器接口 TreeSelectionListener；而 TreeExpansionEvent 对应着监听器接口 TreeExpansionListener 和 TreeWillExpandListener。

2. 树节点

树节点具有的方法抽象出来，形成了一个接口 TreeNode，其中的常用方法包括：

（1）public int getChildCount()：返回该节点的子节点总数。

（2）public TreeNode getParent()：返回父节点。

（3）public int getIndex(TreeNode node)：返回节点号。

（4）public boolean isLeaf()：判断该节点是否为叶子。

（5）public Enumeration children()：返回所有子节点。

MutableTreeNode 是 TreeNode 的子接口，它增加了以下几个方法：

（1）public void insert(MutableTreeNode child, int index)：在第 index 位置插入节点 child 作为自己的子节点。

（2）public void remove(int index)：删除节点号为 index 的节点。

（3）public void setParent(MutableTreeNode newParent)：把节点 newParent 作为自己的父节点。

类 DefaultMutableTreeNode 实现了 MutableTreeNode 接口，并定义了丰富而有用的方法。但这些并不能满足一般编程的需要。编程人员需要继承该类，编写自己的节点类。

3. TreeSelectionEvent 类

前面的内容中提及过 JTree 能触发的两类事件，分别由 3 种事件监听器监听和处理。其中一种事件是 TreeSelectionEvent 事件。当用户用鼠标点击树的节点，节点就会被选择（通常的显示方式是节点背景颜色加深）。节点选择的变化会产生 TreeSelectionEvent 事件，这种事件由 TreeSelectionListener 类型的监听器监听和处理。接口 TreeSelectionListener 中声明要实现的方法是：

```
public void valueChanged(TreeSelectionEvent e);
```

4. 树组件应用举例

下面的程序首先创建了一个树组件，树结构中有不同层次的节点，当用户点击任意一个节点时，从根节点到本节点的路径上的全部节点的名称序列就会显示在窗口的标题栏。

【程序 7-20】 TestJTree.java

```
import javax.swing.*;
import java.awt.*;
import javax.swing.event.*;
import javax.swing.tree.*;

public class TestJTree extends JFrame implements TreeSelectionListener{
  JTree tree;
  TestJTree(){
     Container con=this.getContentPane();
     DefaultMutableTreeNode language=new DefaultMutableTreeNode("编程语言");
     DefaultMutableTreeNode machine=new DefaultMutableTreeNode("机器语言");
     DefaultMutableTreeNode assemble=new DefaultMutableTreeNode("汇编语言");
     DefaultMutableTreeNode advanced=new DefaultMutableTreeNode("高级语言");
     DefaultMutableTreeNode fortran=new DefaultMutableTreeNode("Fortran");
     DefaultMutableTreeNode java=new DefaultMutableTreeNode("Java");
     language.add(machine);
     language.add(assemble);
     language.add(advanced);
     advanced.add(fortran);
     advanced.add(java);
     tree=new JTree(language);
     tree.addTreeSelectionListener(this);
```

```
23:         JScrollPane scrollPane=new JScrollPane(tree);
24:         con.add(scrollPane);
25:         setLocation(100,100);
26:         setSize(330,180);
27:         setDefaultCloseOperation(JFrame.EXIT_ON_CLOSE);
28:         setVisible(true);
29:     }
30:     public void valueChanged(TreeSelectionEvent e){
31:         DefaultMutableTreeNode chosen
32:         =(DefaultMutableTreeNode)tree.getLastSelectedPathComponent();
33:         DefaultMutableTreeNode curr=chosen;
34:         String content="";
35:         while (curr!=null){
36:             content+=curr.getUserObject().toString()+"分隔符";
37:             curr=(DefaultMutableTreeNode)curr.getParent();
38:         }
39:         String[] names=content.split("分隔符");
40:         content="";
41:         for(int i=names.length-1;i>0;i--){
42:             content+=names[i]+"->";
43:         }
44:         content+=names[0];
45:         setTitle(content);
46:     }
47:     public static void main(String[] args){
48:         new TestJTree();
49:     }
50: }
```

上面程序的运行结果如图 7-22 所示。

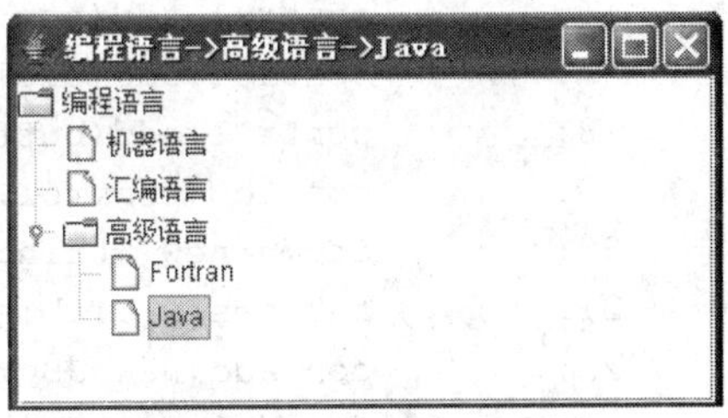

图 7-22　“程序 7-20”的运行效果

“程序 7-20”中的第 30～46 行是事件监听接口的 valueChanged()方法。这个方法中首先在第 32 行定位到选中的节点，并把节点的名称记录下来；然后逐渐寻找父节点，直至找到根节点为止。在这个过程中，把路径上的节点的名称全部记录下来。由于记录的顺序是从低到高，因此，在记录完成之后，还要把信息顺序倒置，以便从根节点开始显示。

7-5-9　表格组件

表格也是很有用的组件，尤其在格式统一且信息量较大的数据集合与用户交互时，需要用表格组件。例如，当数据库中的信息要呈现在界面上时，使用表格组件是通常的选择。Java 中使用 JTable 类创建表格组件。创建表格组件最常用的构造方法是：

（1）public JTable (int numRow, int numColumn)：创建一个行数为 numRows、列数为 numColumns 的表格。这个表格没有列名称。

（2）public JTable (Object [][]rowData, Object[]columnNames)：创建一个列名称为 columnNames 数组元素、表格内容为 rowData 数组元素的表格。

JTable 类的常用方法是：

（1）public Object getValueAt(int row, int column)：取第 row 行、第 column 列的表格元素对象。参数 row 和 column 都从 0 开始计数。

（2）public void setValueAt(Object aValue, int row, int column)：把第 row 行第 column 列的表格元素设置为对象 aValue。

如果要在表格中输入数据，可以双击表格的单元格进行编辑。确认编辑结果的方法有两种：一是编辑结束时按回车键，二是用鼠标点击其他的单元格。

下面的例子是计算学生 Java 平均成绩的程序。用户可以根据班级的大小决定表格的规模，然后输入每个学生的姓名和成绩，程序会计算班级所有学生的平均分。

【程序 7-21】 TestJTable.java

```
import javax.swing.*;
import java.awt.*;
import java.awt.event.*;

public class TestJTable extends JFrame implements ActionListener{
    Container con;
    JTable table;
    String[] names={"姓名","Java 成绩"};
    Object[][] items;
    JTextField fieldRows=new JTextField(3);
    JButton buttonAverage=new JButton("计算平均成绩");
    JPanel control;
    TestJTable(){
        con=this.getContentPane();
        control=new JPanel();
        control.add(new JLabel("请输入班级人数，回车确认"));
        control.add(fieldRows);
        control.add(buttonAverage);
        con.add(control,BorderLayout.NORTH);
        items=new String[][]{{"","","0"}};
        table=new JTable(items,names);
        con.add(new JScrollPane(table),BorderLayout.CENTER);
        fieldRows.addActionListener(this);
        buttonAverage.addActionListener(this);
        fieldRows.setText("1");
        setTitle("计算班级平均成绩");
        setLocation(100,100);
        setSize(350,200);
        setDefaultCloseOperation(JFrame.EXIT_ON_CLOSE);
        setVisible(true);
    }
    public void actionPerformed(ActionEvent e){
        if(e.getSource()==fieldRows){
            int rows=Integer.parseInt(fieldRows.getText());
            items=new String[rows][];
```

```
36:          for(int i=0;i<rows;i++){
37:             items[i]=new String[2];
38:             for(int j=0;j<2;j++)
39:                items[i][j]="";
40:          }
41:          table=new JTable(items,names);
42:          con=getContentPane();
43:          con.removeAll();
44:          con.add(control,BorderLayout.NORTH);
45:          con.add(new JScrollPane(table),BorderLayout.CENTER);
46:          con.validate();
47:       }
48:       if(e.getSource()==buttonAverage){
49:          int rows=table.getRowCount();
50:          String[][]data=new String[rows+1][2];
51:          for(int i=0;i<rows;i++)
52:             for(int j=0;j<2;j++)
53:                data[i][j]=(String)table.getValueAt(i,j);
54:          data[rows][0]="平均成绩";
55:          double result=0.0;
56:          for(int i=0;i<rows;i++)
57:             result+=Double.parseDouble(data[i][1]);
58:          result/=rows;
59:          data[rows][1]=String.valueOf(result);
60:          table=new JTable(data,names);
61:          con=getContentPane();
62:          con.removeAll();
63:          con.add(control,BorderLayout.NORTH);
64:          con.add(new JScrollPane(table),BorderLayout.CENTER);
65:          con.validate();
66:       }
67:    }
68:    public static void main(String[] args){
69:       new TestJTable();
70:    }
71: }
```

上面程序的运行效果如图 7-23 所示。

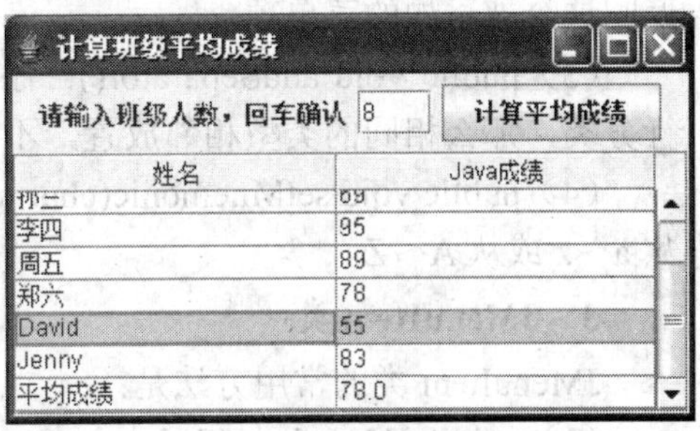

图 7-23　“程序 7-21”的运行效果

“程序 7-21”中出现了几个以前我们没有用过的关于容器的方法。第 43 行和第 62 行有相同的语句：

```
con.removeAll();
```

这条语句是把窗体的面板 con 中所加载的所有元素清空，以便重新加载其他组件。加载新组件后，并不能保证组件能立刻正确地显示，因此，需要程序第 46 行和 65 行的语句：

```
con.validate();
```

上面这条语句执行后就可以保证旧的组件被清除，新组件能够被正确地显示。

因此，“程序 7-21”的实质并不是在原有列表组件上添加行或列，而是重新绘制了新表。在用户输入学生数目并按回车键确认后，原来的表格被清除，按要求大小新创建的表格被重新加到面板中，并在界面上显示出来。当用户单击“计算平均成绩”按钮时，过程也类似。

7-6 菜单和对话框

对话框是一种特殊的窗体，菜单栏常常和窗体绑定在一起，因此把这两者放在一节中介绍。除此之外，这一节还要介绍弹出式菜单。

7-6-1 菜单系统

菜单系统是非常常用的界面元素，一个菜单系统由三部分构成：一是菜单栏，起引导整个菜单的作用；二是菜单，包括若干菜单项；三是菜单项。菜单栏，或称为菜单条，由 JMenuBar 类创建；菜单由 JMenu 类创建；菜单项由 JMenuItem 类创建。这 3 个类都是 javax.swing 包中的类。其中，JMenuBar 和 JMenuItem 都是 JComponent 类的子类；而 JMenu 类是 JMenuItem 类的子类。

创建一个菜单的基本过程是：①创建菜单栏，把菜单栏加入到窗体中；②创建菜单，把菜单加入到菜单栏中；③创建菜单项，把菜单项加入到菜单中。

1. JMenuBar 类

JMenuBar 类的构造方法是：

```
public JMenuBar()
```

如果 bar 是 JMenuBar 类对象的一个引用，则向 JFrame 类对象 f 中添加菜单条 bar 的方法是：

```
f.SetJMenuBar(bar);
```

2. JMenu 类

JMenu 类是 JMenuItem 类的子类，它的常用方法包括：

（1）public JMenu(String s)：创建一个提示信息为字符串 s 的菜单。

（2）public JMenuItem add(JMenuItem menuItem)：向菜单中添加菜单项 menuItem，并返回这个被添加的菜单项。

（3）public void addSeparator()：添加菜单项分隔符。如果一个菜单中的菜单项可以进行分类，那么相同的类型相邻放置，不同类型之间可以用菜单分隔符分割显示。

（4）public void setMnemonic(char mnemonic)：设置快捷键，大小写效果一样。快捷键从 a～z 或从 A～Z。

3. JMenuItem 类

JMenuItem 类的常用方法是：

（1）public JMenuItem(String text)：生成一个提示文本为字符串 text 的菜单项。

（2）public void setEnalbled(boolean b)：设置菜单项是否可用。这个方法可以使用户对

操作更明确，也可以有效地维护系统的健壮性。

4. 菜单系统应用举例

下面的例子在图形界面中创建了菜单系统，菜单条下有两个菜单：“颜色”掌管设置窗体面板的颜色，“大小”掌管缩放窗体的大小。

【程序7-22】TestMenu.java

```
import javax.swing.*;
import java.awt.*;
import java.awt.event.*;
public class TestMenu extends JFrame implements ActionListener{
    JMenuItem light=new JMenuItem("浅灰T");
    JMenuItem grey=new JMenuItem("灰色G");
    JMenuItem white=new JMenuItem("白色W");
    JMenuItem large=new JMenuItem("增大L");
    JMenuItem small=new JMenuItem("缩小S");
    Container con;
    TestMenu(){
        con=this.getContentPane();
        JMenu menuColor=new JMenu("颜色");
        menuColor.add(light);
        light.addActionListener(this);
        light.setMnemonic('T');
        menuColor.add(grey);
        grey.addActionListener(this);
        grey.setMnemonic('G');
        menuColor.addSeparator();
        menuColor.add(white);
        white.addActionListener(this);
        white.setMnemonic('W');
        JMenu menuSize=new JMenu("大小");
        menuSize.add(large);
        large.addActionListener(this);
        large.setMnemonic('L');
        menuSize.add(small);
        small.addActionListener(this);
        menuSize.setMnemonic('S');
        JMenuBar menuBar=new JMenuBar();
        menuBar.add(menuColor);
        menuBar.add(menuSize);
        this.setJMenuBar(menuBar);
        setTitle("菜单设计");
        setLocation(50,50);
        setSize(300,250);
        setDefaultCloseOperation(JFrame.EXIT_ON_CLOSE);
        setVisible(true);
    }
    public void actionPerformed(ActionEvent e){
        Object obj=e.getSource();
        if(obj==light)
            con.setBackground(Color.LIGHT_GRAY);
```

```
45:         if(obj==grey)
46:             con.setBackground(Color.GRAY);
47:         if(obj==white)
48:             con.setBackground(Color.WHITE);
49:         if(obj==large){
50:             Dimension d=this.getSize();
51:             if(d.width+50<800&&d.height+50<600)
52:                 setSize(d.width+50,d.height+50);
53:         }
54:         if(obj==small){
55:             Dimension d=this.getSize();
56:             if(d.width-50>150&&d.height-50>100)
57:                 setSize(d.width-50,d.height-50);
58:         }
59:         validate();
60:     }
61:     public static void main(String[] args){
62:         new TestMenu();
63:     }
64: }
```

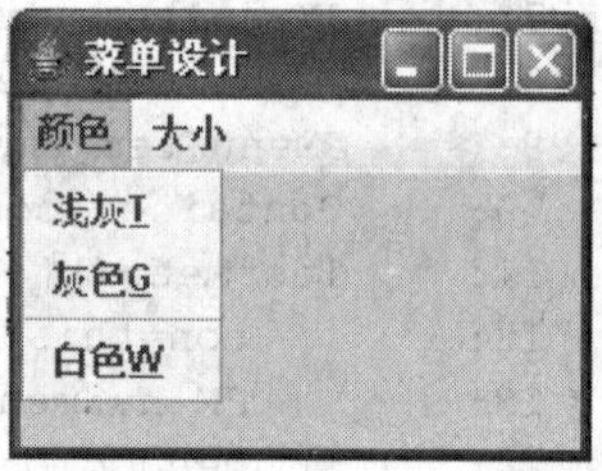

图 7-24 “程序 7-22”的运行效果

上面程序的运行结果如图 7-24 所示。

图 7-24 中，“颜色”菜单下有 3 个菜单项，但两个“灰色”菜单项被分成一组，它们和“白色”菜单项之间用分隔线隔开。实现这个功能的语句在“程序 7-22”的第 20 行。“大小”菜单项有放大和缩小窗体两项功能，当放大和缩小窗体到一定程度之后，程序限制继续缩放。

7-6-2 弹出式菜单

弹出式菜单可以在右击时弹出一个随着鼠标位置而变化的菜单。弹出式菜单是常用的也是很方便用户的组件。弹出式菜单由 JPopupMenu 类负责创建，可以用如下两种方式创建弹出式菜单：

（1）public JPopupMenu()：创建一个没有标题的弹出式菜单。

（2）public JPopupMenu(String label)：创建一个标题为字符串 label 的弹出式菜单。

弹出式菜单弹出的位置是相对于某个组件的位置。如果 invoker 是一个组件，则在组件 invoker 的相对位置(x, y)弹出菜单 popupMenu 的语句是：

```
popupMenu.show(invoker,x,y);
```

这条语句使用 JPopupMenu 类的成员方法：

```
public void show(Component invoker,int x,int y)
```

下面的例子是一个绘制图形的程序。当右击窗口的面板时，会弹出一个菜单，菜单上有 4 个选项，分别是绘制水平直线、绘制垂直直线、绘制正方形和绘制圆形。并且要求绘制图形的中心在鼠标点击的位置。

【程序 7-23】TestPopupMenu.java

```
import javax.swing.*;
import java.awt.*;
import java.awt.event.*;
```

```java

public class TestPopupMenu extends JFrame implements ActionListener{
   Container con=getContentPane();
   JMenuItem hLine=new JMenuItem("水平直线");
   JMenuItem vLine=new JMenuItem("垂直直线");
   JMenuItem square=new JMenuItem("正方形");
   JMenuItem circle=new JMenuItem("圆形");
   JPopupMenu drawMenu=new JPopupMenu("绘制图形");
   public static final int HLINE=1;
   public static final int VLINE=2;
   public static final int SQUARE=3;
   public static final int CIRCLE=4;
   public static int radius=100;
   private int x=0;
   private int y=0;
   private int type=0;
   TestPopupMenu(){
      drawMenu.add(hLine);
      drawMenu.add(vLine);
      drawMenu.add(square);
      drawMenu.add(circle);
      hLine.addActionListener(this);
      vLine.addActionListener(this);
      square.addActionListener(this);
      circle.addActionListener(this);
      setLocation(70,70);
      setSize(400,300);
      setTitle("弹出式菜单");
      con.addMouseListener(new MouseAdapter(){
         public void mousePressed(MouseEvent e){
            x=e.getX();
            y=e.getY();
            if(e.getModifiers()==InputEvent.BUTTON3_MASK)
               drawMenu.show(con,x,y);
         }
      });
      setDefaultCloseOperation(JFrame.EXIT_ON_CLOSE);
      setVisible(true);
   }
   public void actionPerformed(ActionEvent e){
      Object obj=e.getSource();
      if(obj==hLine)
         type=HLINE;
      if(obj==vLine)
         type=VLINE;
      if(obj==square)
         type=SQUARE;
      if(obj==circle)
         type=CIRCLE;
      repaint();
```

```
        validate();
    }
    public void paint(Graphics g){
        int gY=30;   //面板相对窗口最上方的默认相对距离
        int gX=5;    //面板相对窗口最左边的默认相对距离
        if(type==HLINE)
            g.drawLine(x-radius+gX,y+gY,x+radius+gX,y+gY);
        if(type==VLINE)
            g.drawLine(x+gX,y-radius+gY,x+gX,y+radius+gY);
        if(type==SQUARE)
            g.drawRect(x-radius+gX,y-radius+gY,2*radius,2*radius);
        if(type==CIRCLE)
            g.drawOval(x-radius+gX,y-radius+gY,2*radius,2*radius);
    }
    public static void main(String[] args){
        new TestPopupMenu();
    }
}
```

上面程序的运行结果如图 7-25 所示。

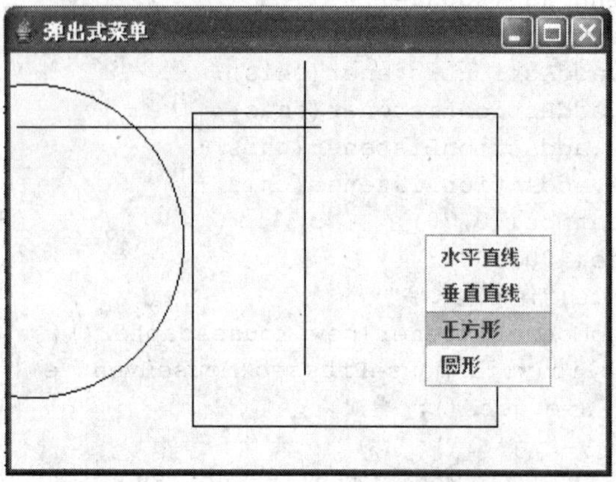

图 7-25 “程序 7-23”的运行效果

在“程序 7-23”中使用了 JFrame 类的 paint(Graphics g)方法。这个方法利用对象 Graphics 抽象类的子类对象 g 在面板上画出相应的图形。如果添加了新的图形，一般要调用 repaint()方法重新绘制。Graphics 抽象类中的常用方法是：

（1）public abstract void drawString(String str, int x, int y)：在位置(x, y)绘制字符串。

（2）public abstract void drawLine(int x1, int y1, int x2, int y2)：以(x1, y1)和(x2, y2)为端点绘制直线。

（3）public abstract void drawOval(int x, int y, int width, int height)：以(x, y)为椭圆所在外接矩形的左上角元素坐标绘制水平轴长为 width、竖直轴长为 height 的椭圆。

（4）public abstract void fillRect(int x, int y, int width, int height)：以(x, y)为左上角元素绘制水平长为 width、竖直长为 height 的矩形。

（5）public abstract void fillOval(int x, int y, int width, int height)：填充以(x, y)为椭圆所在外接矩形的左上角元素坐标、水平轴长为 width、竖直轴长为 height 的椭圆区域。

7-6-3 对话框

对话框是图形界面程序运行过程中和用户交互的重要手段，起到输入信息、提示用户和帮助用户选择等功能。

和 C++语言中的对话框分类相似，对话框分为无模式对话框和有模式对话框（有模式对话框也称为模式对话框）两种。如果一个对话框是模式对话框，那么当这个对话框处于激活状态时，程序只响应对话框内部的事件，不能再激活对话框所依赖的窗口或组件。直到该对话框消失不可见，它将一直堵塞当前线程的执行。

模式对话框的这个性质使得它一般应用在一些需要用户确认的场合，例如，在进行一个重要的、操作后果严重的操作动作之前，需要弹出一个模式对话框让用户确认。

无模式对话框处于激活状态时，程序仍能激活它所依赖的窗口或组件，它也不堵塞线程的执行。

1. JDialog 类

Java 中用来创建对话框对象的类是 java.swing.JDialog 类，它的父类的父类是 java.awt 包中的 Window 类。JFrame 类的父类的父类也是 Window 类，因此 JDialog 和 JFrame 有很多相同的方法。JDialog 和 JFrame 不同但又常用的方法有：

（1）public JDialog(Dialog owner) throws HeadlessException：以 Dialog 对象 owner 为依赖窗口创建一个初始不可见的对话框。

（2）public JDialog(Dialog owner, boolean modal) throws HeadlessException：以 Dialog 对象 owner 为依赖窗口创建一个初始不可见的对话框。对话框是否为有模式由参数 modal 决定。

（3）public void setModal(boolean b)：设置对话框模式。

下面的例子是在没有键盘协助的情况下在文本区中输入文本。每输入一个字符都需要弹出一个模式对话框：模式对话框中有下拉菜单供用户选择相应的字符。

【程序 7-24】TestJDialog.java

```
import javax.swing.*;
import java.awt.*;
import java.awt.event.*;

public class TestJDialog extends JFrame implements ActionListener{
    Container con=getContentPane();
    JButton append=new JButton("添加字符");
    JTextArea area=new JTextArea();
    DialogEdit dialog;
    TestJDialog(){
        JPanel north=new JPanel();
        north.setLayout(new FlowLayout(FlowLayout.LEFT));
        north.add(append);
        con.add(north,BorderLayout.NORTH);
        con.add(new JScrollPane(area),BorderLayout.CENTER);
        append.addActionListener(this);
        setLocation(100,100);
        setSize(380,200);
```

```
        setDefaultCloseOperation(JFrame.EXIT_ON_CLOSE);
        setVisible(true);
    }
    public void actionPerformed(ActionEvent e){
        if(e.getSource()==append){
            DialogEdit add=new DialogEdit(this,"添加字符",true);
            if(add.flag){
                int pos=area.getCaretPosition();
                StringBuffer buffer=new StringBuffer(area.getText());
                buffer.insert(pos,add.getChar());
                String result=new String(buffer);
                area.setText(result);
            }
        }
    }
    public static void main(String[] args){
        new TestJDialog();
    }
}

class DialogEdit extends JDialog implements ActionListener{
    char theChar;
    boolean flag;
    JButton ok=new JButton("添加字符");
    JButton cancel=new JButton("不添加");
    JComboBox character=new JComboBox();
    DialogEdit(JFrame frame,String title,boolean modal){
        super(frame,title, modal);
        Container con=getContentPane();
        con.setLayout(new FlowLayout());
        con.add(ok);
        con.add(cancel);
        con.add(character);
        for(int i=0;i<26;i++){
            char c=(char)('a'+i);
            String item=String.valueOf(c);
            character.addItem(item);
        }
        ok.addActionListener(this);
        cancel.addActionListener(this);
        setBounds(200,100,250,100);
        setVisible(true);
    }
    char getChar(){
        return theChar;
    }
    public void actionPerformed(ActionEvent e){
        if(e.getSource()==ok){
            flag=true;
            theChar=((String)character.getSelectedItem()).charAt(0);
```

```
69:             setVisible(false);
70:         }
71:         if(e.getSource()==cancel)
72:             setVisible(false);
73:     }
74: }
```

上面程序的运行效果如图 7-26 所示。

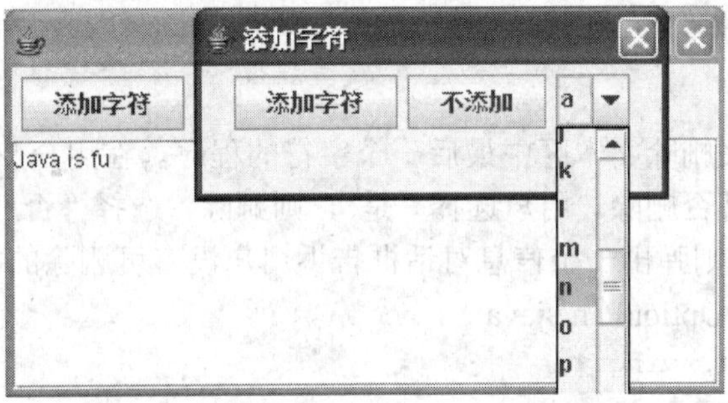

图 7-26　“程序 7-24”的运行效果

在使用对话框的过程中需要注意，虽然对话框退出后已经不可见，但对话框对象在它的生命周期中仍然存在，可以继续引用它的变量，例如，第 25 行和第 28 行两次引用了对话框对象 add 的成员变量。

2. JOptionPane 类

为了方便编程，JDK 提供了一个 JOptionPane 类，这个类在 javax.swing 包中。使用 JOptionPane 类的静态方法可以产生一些常用而简单的对话框，例如警告信息对话框、是-否对话框、确认-取消对话框等。下面列举几个常用的类方法：

（1）public static int showConfirmDialog(Component parentComponent, Object message, String title, int optionType) throws HeadlessException：产生一个确认对话框等待用户确认，parentComponent 是对话框依赖存在的容器；message 是提示信息，一般是 String 类型的，title 是对话框标题，optionType 是对话框类型，它与返回类型一起，将在后面详细介绍。

（2）public static String showInputDialog(Component parentComponent, Object message, String title, int messageType) throws HeadlessException：产生一个输入对话框。

（3）public static void showMessageDialog(Component parentComponent, Object message, String title, int messageType) throws HeadlessException：产生一个信息对话框。

参数 messageType 决定对话框的风格类型，它可以取如下几个值（JOptionPane 类的静态常量）：

```
ERROR_MESSAGE
INFORMATION_MESSAGE
WARNING_MESSAGE
QUESTION_MESSAGE
PLAIN_MESSAGE
```

参数 optionType 决定确认对话框的风格类型，它可以取以下几个值（也是 JOptionPane 类的静态常量）：

```
DEFAULT_OPTION
```

```
YES_NO_OPTION
YES_NO_CANCEL_OPTION
OK_CANCEL_OPTION
```

JOptionPane 的静态方法大多返回整数类型，它们返回的值有如下几个 JOptionPane 的静态常量值：

```
YES_OPTION
NO_OPTION
CANCEL_OPTION
OK_OPTION
CLOSED_OPTION
```

下面的例子是用来删除文本区中最后一个字符的程序。在用户删除之前，要弹出一个确认对话框询问用户是否删除。用户选择“是”，则删除，选择“否”则不删除。如果文本区中字符串长度为 0，则弹出一个信息对话框告诉用户没有可删除的字符了。

【程序 7-25】TestJOptionPane.java

```
import javax.swing.*;
import java.awt.*;
import java.awt.event.*;
class TestJOptionPane extends JFrame implements ActionListener{
   JButton delete=new JButton("删除");
   JTextArea content=new JTextArea();
   TestJOptionPane(){
      Container con=getContentPane();
      con.add(delete,BorderLayout.NORTH);
      delete.addActionListener(this);
      con.add(new JScrollPane(content),BorderLayout.CENTER);
      setBounds(100,100,300,200);
      setTitle("JOptionPane 的例子");
      setVisible(true);
      setDefaultCloseOperation(JFrame.EXIT_ON_CLOSE);
   }
   public void actionPerformed(ActionEvent e){
      if(e.getSource()!=delete)
         return;
      String text=content.getText();
      int len=text.length();
      if(len==0){
         JOptionPane.showMessageDialog(this,"文本区中已经没有内容了",
            "信息提示",JOptionPane.PLAIN_MESSAGE);
      }
      else{
         int result=JOptionPane.showConfirmDialog(this,"确认删除吗? ",
               "需要确认",JOptionPane.YES_NO_OPTION);
         if (result==JOptionPane.YES_OPTION){
            text=text.substring(0,len-1);
            content.setText(text);
         }
      }
   }
```

```
    public static void main(String[] args){
        new TestJOptionPane();
    }
}
```

上面程序的运行结果如图 7-27 所示

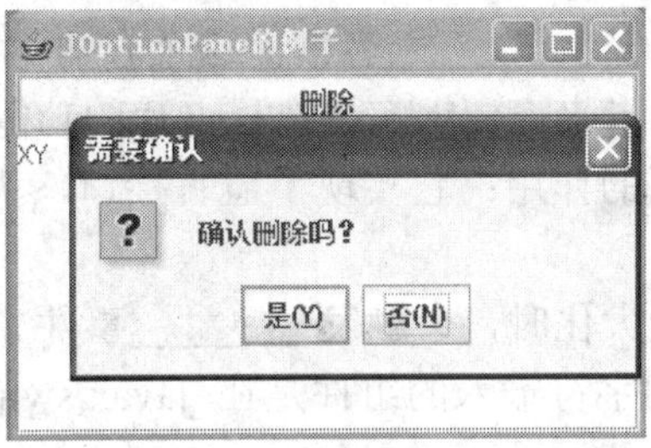

图 7-27 “程序 7-25”的运行效果

7-7 小 结

本章介绍了 Java 图形编程的一些基本知识。Java 图形编程已经是提高 Java 软件质量和软件用户友好性的重要部分。本章重点介绍了 java.awt 包中的布局和事件处理机制，因为这两者都是图形界面编程的重要基础。而对于 java.awt 包中的一些组件，只是介绍了几个容器类组件，对于大多数组件没有介绍，而只介绍了它们在 javax.swing 包中对应的轻组件。这些变化都是 Sun 公司提倡的，也是程序设计和开发的趋势。

思考与练习题

一、思考题

1. 请叙述 AWT 中支持哪几种布局管理器，它们各自的风格是什么？
2. Java 图形界面的要素有哪些？
3. 适配器有什么作用？Java 中给出适配器的事件监听器接口是不是一定具备两个或两个以上的方法？
4. 复选框和单选按钮在选项发生变化时会触发哪种类型的事件？
5. JFrame 窗体的模板容器的默认布局是哪种？

二、选择题

1. 以下哪个是 JPanel 容器的默认布局管理器？（　　）

   A．FlowLayout　　B．BorderLayout　　C．CardLayout　　D．GridLayout

2. 以下哪些方法用于获取一个组件所在的直接容器？（　　）

   A．setVisible()　　B．getImmediate()
   C．getParent()　　D．getContainer()

3. 以下哪个方法用于设置组件的大小和位置？（　　）

   A．setBounds()　　B．setLocation()
   C．setSize()　　D．setComponent()

4. 以下哪个类用于创建菜单？ ( )
   A．MenuBar　　B．Menu　　C．MenuItem　　D．MenuComponent
5. 以下哪个方法没有在 java.awt.Graphics 类中定义？ ( )
   A．drawRect()　　B．drawPoint()　　C．drawImage()　　D．drawString()

三、填空题

1. 包 javax.swing 中提供了一种________容器，这个容器本身就默认为是 CardLayout 布局，并且还自己带有选项卡来方便地实现选择卡片的功能。
2. ________起到了承上启下的作用：它实现了监听接口，为监听器类提供了不需要的方法的简单实现。
3. 当窗体从最小化转变为最大化时，会触发________事件。
4. 能够为用户提供多行多列字符输入的组件是在 javax.swing 包中的________类创建的对象。
5. 改变密码输入框中响应字符的方法是________。

第 8 章　Java 高级特性介绍

前面的章节中介绍了 Java 程序设计的基础内容，掌握好这些内容，就具备了编写基本的 Java 程序的条件。这一章作为本书的最后内容，将介绍 Java 的几个常用的高级特性，借助这些高级特性，可以编写出适应面更广、质量更高的程序。

本章主要内容：

- 线程的概念和线程的创建方式
- 线程的优先级和生命周期
- Thread 类
- Java Applet 的运行原理
- 在 Applet 中绘制图形、播放声音和显示图像
- Java 的网络通信机制
- Java 的 URL 通信机制和 Socket 通信机制
- JDBC
- Java 的数据库编程

8-1　线　　程

Java 语言的一个重要特性就是支持语言级的多线程程序设计。任何单 CPU 的计算机在任何一个时刻只能执行一条命令，只有一个执行点。但有些计算机程序给用户的感觉是它能够在一个时刻同时做几件事情。解释这种现象，需要用到进程和线程的概念。

8-1-1　线程的概念

程序是一段代码，它是软件执行的依据和蓝本。进程是程序的一次动态执行过程，它是从代码加载、代码执行到执行完毕的一个完整的过程。同一段程序，可以作为执行蓝本被多次加载到系统的不同内存区域中执行，从而形成不同的进程。线程是比进程更小的单位，可以是进程的一部分。一个进程在其执行过程中，可以产生多个线程，形成多个执行流。每个线程也有它自身产生、存在和消亡的过程。

为了更好地理解线程的概念，我们先看一个例子。

【程序 8-1】 TestNoneThread.java

```
class Living{ //Living 是别人提供的类
    public static void work(){
        for(int i=0;i<100;i++){
            System.out.print("工作，");
        }
        System.out.println();
    }
    public static void rest(){
        for(int i=0;i<100;i++){
```

```
10:             System.out.print("休息，");
11:         }
12:         System.out.println();
13:     }
14: }
15: public class TestNoneThread{
16:     public static void main(String[] args){
17:         //既要工作，又要休息:
18:         Living.work();
19:         Living.rest();
20:         //但最后的结果肯定是工作 100 次之后再休息 100 次
21:     }
22: }
```

上面程序的执行结果如图 8-1 所示：

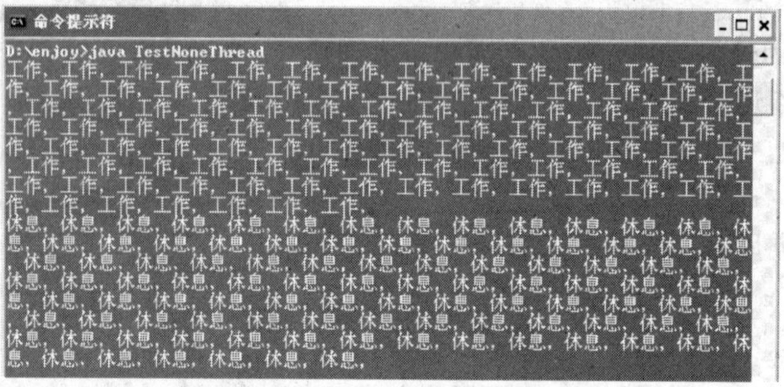

图 8-1 “程序 8-1”的运行结果

“程序 8-1”的本来目的是进行“正常的生活”：工作一段时间，再休息一段时间，然后再工作、再休息……但是，事与愿违，我们无论怎样排列第 18 行和第 19 行语句，都无法改变工作和休息不能交替进行的状况。有的读者可能想到改变类 Living 本身，但这是不允许的，因为 Living 类是他人提供的。虽然 Living 类中的方法定义在这里可以修改，但实际中有些应用是不能修改的。所以，只能从如何调用 Living 类方法的操作方面着手。

下面的程序是“程序 8-1”的改写，用到了线程类 Thread，读者可以不细究其语法，而把注意力放在程序运行的效果上。

【程序 8-2】TestWithThread.java

```
class Living{
    public static void work(){
        for(int i=0;i<100;i++){
            System.out.print("工作，");
        }
        System.out.println();
    }
    public static void rest(){
        for(int i=0;i<100;i++){
            System.out.print("休息，");
        }
        System.out.println();
    }
}
```

```
15: class WorkThread extends Thread{
16:     public void run(){
17:         Living.work();
18:     }
19: }
20: class RestThread extends Thread{
21:     public void run(){
22:         Living.rest();
23:     }
24: }
25: public class TestWithThread{
26:     public static void main(String[] args){
27:         //既要工作，又要休息:
28:         WorkThread workThread=new WorkThread();
29:         RestThread restThread=new RestThread();
30:         workThread.start();
31:         restThread.start();
32:     }
33: }
```

上面程序的执行结果如图 8-2 所示。

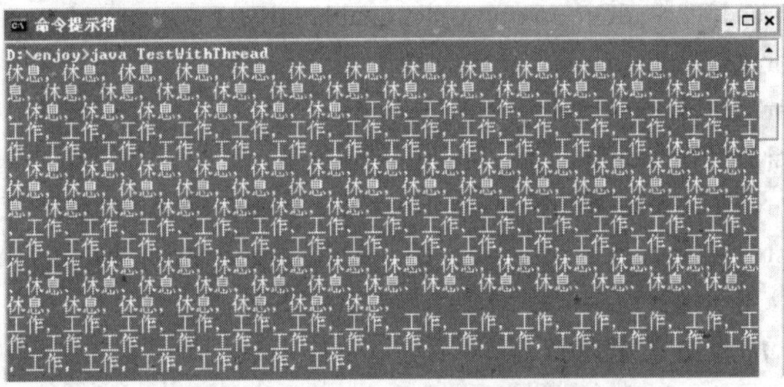

图 8-2 “程序 8-2”的一次运行结果

在“程序 8-2”中，对 Living 中方法的调用并没有在一个执行完之后再执行另一个，而是两个方法“工作”和“休息”交替执行，这是我们想要的运行结果。

“程序 8-2”中有 3 个线程：主线程、workThread 线程和 restThread 线程。在第 30 行和 31 行，后两个线程启动，Java 虚拟机便在这 3 个线程之间快速切换，直至所有的线程结束后，才结束该 Java 程序的执行。

8-1-2 线程的创建

线程类 Thread 是 Java 虚拟机中虚拟 CPU 的抽象，创建一个线程意味着创建了一个虚拟 CPU。创建线程的方法有两种，一种是创建 Thread 类的实例（由于 Thread 本身一般并不能提供所需要的功能，所以通常要先继承 Thread 类，然后再创建子类的实例）。创建线程的另一个方法就是实现 Runnable 接口。

1. Thread 类的构造方法

一个具体的线程由虚拟的 CPU、代码和数据组成。代码和数据构成了线程体，线程体决定了线程的行为。如果要使得线程能够运行，必须配备给线程一个虚拟的 CPU。这类似于一个普通的 Java 应用程序，程序由代码和数据构成，如果要让这个程序运行，必须有计算机的计算部件 CPU，实际也就是 Java 虚拟机中的 CPU。线程在创建时就由系统自动封装给了要创建的这个实例。

而线程体需要在线程创建时由一个对象传递给构造方法，这个对象一定是一个实现了 Runnable 接口的类的实例，可以是要创建的线程本身。

由于 Thread 类在 java.lang 包中，所以使用这个类不需要使用 import 引入类或包。Thread 类对象有多个构造方法，其通用形式是：

```
public Thread(ThreadGroup group,Runnable target,String name)
```

上面的构造方法中，group 是要创建的线程所属的线程组（读者可以参考单选按钮 JRadioButton 的按钮组 ButtonGroup 类理解参数 group）。第二个参数 target 是实现 Runnable 接口的实例，该对象把线程体提供给线程，线程启动时该对象中的 run()方法将被调用。第 3 个参数 name 是线程的名称。每个线程都有名称，如果创建线程时没有指定名称，那么系统会给创建的线程取一个唯一的名称。

3 个参数均可以是 null，因此 Thread 类的构造方法有许多过载版本：

（1）public Thread()

（2）public Thread(Runnable target)

（3）public Thread(ThreadGroup group, Runnable target)

（4）public Thread(String name)

（5）public Thread(ThreadGroup group, String name)

（6）public Thread(Runnable target, String name)

（7）public Thread(ThreadGroup group, Runnable target, String name)

（8）public Thread(ThreadGroup group, Runnable target, String name, long stackSize)

上面的第（8）个构造方法规定了栈的大小 stackSize。

2. 通过继承 Thread 类创建线程

Thread 类本身实现了 Runnable 接口，在 Thread 类中有 run()方法的定义。

```
public class Thread extends Ojbect implements Runnable
```

因此，可以通过继承 Thread 类、重写 run()方法而创建线程。

“程序 8-2”就是一个通过继承 Thread 类和重写 run()方法的方式创建线程的。在第 28 行和第 29 行分别创建了 WorkThread 类和 RestThread 类的线程。下面的例子只创建了一个线程，并且和主线程交替执行。

【程序 8-3】 TestExtendsThread.java

```
class SubThread extends Thread{
    public void run(){
        for(int i=1;i<=20;i++)
            System.out.print("次"+i+",");
    }
}
public class TestExtendsThread{
    public static void main(String[] args){
        SubThread sub=new SubThread();
        sub.start();
        for(int i=1;i<=20;i++)
```

```
12:             System.out.print("主"+i+",");
13:     }
14: }
```

上面程序的运行结果如图 8-3 所示。

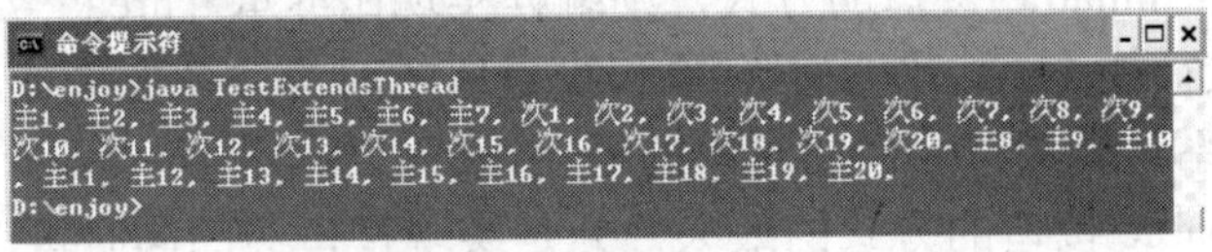

图 8-3 “程序 8-3”的一次运行结果

在“程序 8-3”中，第 10 行启动了线程 sub，然后 sub 就和主线程共享 CPU，所以呈现出的打印效果是线程 sub 和主线程交替在屏幕上打印自己的计算结果。线程 sub 的方法体就是第 2~5 行的 run()方法。当线程 sub 启动后，它如果获得了 CPU，就会去调用第 2~5 行的 run()方法。

3. 通过实现 Runnable 接口创建线程

Runnable 是 java.lang 包中的接口，这个接口的定义是：

```
public interface Runnable{
   public void run();
}
```

如果要利用 Runnable 接口创建线程，首先要定义一个实现 Runnable 接口的类，这个类要具体实现 run()方法。然后，要把新定义的、实现 Runnable 接口的类的对象（是 Runnable 接口的实例）作为参数传递给 Thread 类的其中一个构造方法，这个实例就提供了新创建线程的线程体。

下面的程序改写了“程序 8-3”，把继承 Thread 类改为实现 Runnable 接口。

【程序 8-4】TestImplementsRunnable.java

```
1:  class RunClass implements Runnable{
2:     public void run(){
3:         for(int i=1;i<=20;i++)
4:             System.out.print("次"+i+",");
5:     }
6:  }
7:  public class TestImplementsRunnable{
8:      public static void main(String[] args){
9:          Thread sub=new Thread(new RunClass());
10:         sub.start();
11:         for(int i=1;i<=20;i++)
12:             System.out.print("主"+i+",");
13:     }
14: }
```

上面程序的一次运行结果与“程序 8-3”的一次运行结果类似，请参见图 8-3。“程序 8-4”的第 9 行产生了一个匿名的 RunClass 类的对象，把这个对象作为参数构造了一个线程 sub，这个线程在第 10 行开始启动，它执行的代码和数据来源于作为参数的匿名对象，这个对象是 Runnable 接口的实例。

4. 两种创建线程的方式比较

前面介绍的两种创建线程的方法各有自己的优缺点。

如果采用继承 Thread 类的方式，则代码简单，并且在 run()方法中可以直接调用线程的其他方法。但不利之处在于，如果继承 Thread 类的子类还要继承其他的类，由于 Java 的单继承性，这种继承无法实现，而只能采用实现 Runnable 接口的方式。

如果采用实现 Runnable 接口的方式，则编程实现比继承 Thread 类要复杂一些，但采用实现 Runnable 接口的方式，使线程对象和线程体之间的关系更清楚，并不影响 Java 的 Thread 类的继承体系，更加符合面向对象的程序设计思想。

采用实现 Runnable 接口的方式的最大好处是实现接口类的同时可以继承其他的类，而被继承的类和子类的关系可能在归类上要比子类和 Runnable 接口的关系更近。

8-1-3 线程的优先级

Java 程序中的线程在运行过程中并不是均等机会地运行，而是有优先级的。Java 虚拟机中的线程调度器负责管理线程，调度器把线程的优先级分为 10 个级别，分别用 1～10 这 10 个整数表示，数值越大，优先级越高（需要注意的是：有些系统不能完全识别这 10 个级别，而只能识别其中的一部分）。Thread 类中有 3 个和优先级相关的静态常量：

```
Thread.MIN_PRIORITY                    //最低优先级，通常为 1
Thread.NORM_PRIORITY                   //普通优先级，默认值是 5
Thread.MAX_PRIORITY                    //最高优先级，通常是 10
```

如果没有明确地设置线程的优先级，每个线程的优先级都为常数 5（包括主线程）。新建线程将继承创建它的父线程的优先级。父线程是指执行创建新线程的语句所在的线程，它可能是程序的主线程，也可能是另一个新线程。

要获得某个线程 t 的优先级，可以通过 t.getPriority()方法获得线程 t 的优先级，也可以通过 t.setPriority()方法来设定线程的优先级。这两个方法在 Thread 类中的定义为：

```
public final int getPriority()
public final void setPriority(int newPriority)
```

多个线程采取何种顺序运行，称为线程的调度。线程的调度策略是一种基于优先级的抢先式调度：高优先级的线程优先运行；如果几个线程的优先级相同，并且是当前所有线程优先级中最高的，则这几个线程交替运行，高优先级的线程结束后，低优先级的线程才有机会运行。具有同等优先级的低优先级的线程获得执行权后，以轮流的方式顺序使用 CPU 的时间片。

除了使用优先级控制线程的执行顺序外，还有其他负责线程调度的方法。

8-1-4 线程的生命周期

线程通过上面介绍的两种方法创建后，就进入了它的生命周期。线程从创建到消亡要经历 4 种状态，分别是新建、运行、中断和死亡。

1. 新建

Thread 类及其子类创建的对象称为线程。和其他普通的类一样，线程创建后，就被分配了内存空间，拥有了线程体。新创建的线程处于新建状态，它具备了运行的自身条件。只要主线程或其他线程通知它运行，并且它拥有 CPU 的使用权后，它就可以运行了。

2. 运行

线程创建后还没有运行的资格，必须调用 start()方法通知 Java 虚拟机，让 Java 虚拟机知道有这么一个新线程加入到线程队列中，它才有机会获得 CPU 的使用权，从而运行。

当轮到某个线程运行时，Java 虚拟机就把 CPU 的使用权交给这个线程，并调用这个线程的 run()方法。但不是每次都要从 run()方法的开头执行，而是从 run()方法上次执行的最后位置开始执行。其中的 run()方法有两个来源：当线程通过继承 Thread 类方法创建时，run()方法是重写了 Thread 类中相应的 run()方法的方法（其实 Thread 类中的 run()方法是一个空的方法，必须重写才能实现所需的功能）；当线程是通过实现 Runnable 接口创建时，run()方法就是实现 Runnable 中 run()方法的方法。

3. 中断

线程在执行过程中，并不是一直独占 CPU 的使用权直至线程体中的 run()方法执行结束。如果这样，线程就失去了它存在的意义。大多数情况下，线程会在执行过程中把占用的 CPU 使用权让出，切换给其他线程，使得本线程处于中断状态。线程出现中断的原因有：

（1）Java 虚拟机把 CPU 的运行时间分片，例行地把时间片分配给有资格获得 CPU 使用权的线程。在切换时，原先占有 CPU 的线程就会处在中断状态。

（2）线程在执行期间，如果执行了休眠方法 sleep(long millsecond)，则这个线程就会中断，停止执行，进入休眠状态，而把 CPU 的使用权交还给 Java 虚拟机，而 Java 虚拟机再将 CPU 使用权分配给其他线程。休眠状态的线程直到休眠时间结束或者休眠被吵醒（interrupt），才能退出休眠状态。

（3）线程在执行期间执行了 wait()方法，则这个线程的执行中断，进入等待状态，而把 CPU 的使用权交还给 Java 虚拟机，而 Java 虚拟机再将 CPU 使用权分配给其他线程。等待状态的线程只有等别的线程通知自己才能终止等待状态。通知的方法有两个：notify()和 notifyAll()。

（4）若线程在执行期间执行了阻塞线程的某个操作，例如读取键盘输入的字符等，则这个线程中断，让出 CPU 的使用权，直到引起阻塞的原因消除时，才能有资格在线程队列中排队，等待 Java 虚拟机为自己分配 CPU。

总结上面的中断情况，任何线程中断结束后都不能直接进入执行状态，而是要到线程队列中排队，等待 Java 虚拟机为自己分配 CPU 使用权。

4. 死亡

有两种原因会导致线程进入死亡状态。一种最常见的原因是线程完成了它的所有任务，也就是执行完其 run()方法中的所有语句，结束 run()方法，线程便会自然地进入死亡状态。另一种原因是线程被提前强制性终止。例如，有些后台线程是为前台线程做辅助工作，当相应的前台程序结束，后台线程就没有存在的必要，因此被强制进入死亡状态。

处于死亡状态的线程不具备继续运行的能力，因为系统已经释放了分配给该线程的内存资源。

8-1-5 Thread 类的常用方法

除了使用线程优先级控制线程执行的顺序外，还可以使用 Thread 类中的成员方法或类方法对线程的执行和调度进行控制。Thread 类的常用方法包括：

（1）public static void sleep(long millis) throws InterruptedException：线程休眠 millis 毫秒。执行这条语句后，线程处于中断状态。sleep()方法结束后，线程进入排队状态。

（2）public static void sleep(long millis, int nanos) throws InterruptedException：线程休眠 millis 毫秒加 nanos 纳秒。执行这条语句后，线程处于中断状态。sleep()方法结束后，线程进入排队状态。

（3）public static void yield()：让当前线程暂停运行，把运行机会出让给其他线程。

（4）public final boolean isAlive()：有时线程的状态可能未知，使用 isAlive()方法判断线程是否还存活，是否还没有进入死亡状态。该方法返回 true 意味着线程已启动但还没有运行结束。

（5）public static Thread currentThread()：Thread 类的类方法，返回当前运行的线程的引用。

（6）public void interrupt()：如果线程 t 调用了 sleep()、join()、wait()等方法后处于阻塞状态时，t.interrupt()方法将中断 t 的阻塞状态，并产生 InterruptException 异常。

（7）public static boolean interrupted()：判断线程是否处于中断状态。

（8）public final void join() throws InterruptedException：如果 t 是某个线程，t.join()使当前的线程等待直到线程 t 结束为止，当前调用语句 t.join()的线程才恢复到可执行状态。

（9）public final void wait(long timeout) throws InterruptedException：这个方法导致当前线程停止运行，处于等待状态，直到下列两个情况出现时才重新恢复到可以运行的状态。一是其他线程调用了 notify()方法或 notifyAll()方法唤醒该线程；二是该线程等待的时间超过了参数 timeout 给定的毫秒数。

（10）public final void notify()：唤醒等待该线程的一个线程，让其处于可以运行的状态。如果有多个线程等待该线程，则虚拟机会任意选择一个，让其处于可以运行的状态。

（11）public final void notifyAll()：唤醒等待该线程的所有线程，让它们全部处于可以运行的状态。

下面的例子用来验证 sleep()方法、isAlive()方法和 join()方法。程序中假设有一项任务，要 4 个步骤完成，最后一个步骤要占用 1s。主方法是一个休息线程，共有 5 次休息，当休息完成 2 次后，如果发现工作没有完成，那么要停止一切的休息，直至工作全部完成再休息。

【程序 8-5】 TestJoinSleep.java

```
class WorkThread extends Thread{
    public void run(){
        for(int i=0;i<4;i++){
            if(i==3){           //最后一项工作难度大，要延迟 1s 完成
                try{
                    Thread.sleep(1000);
                }catch(InterruptedException e){}
            }
            System.out.println("工作"+i);
        }
    }
}
public class TestJoinSleep{
    public static void main(String[] args){
        WorkThread workThread=new WorkThread();
        workThread.start();
        for(int j=0;j<5;j++){
            if(j==2 && workThread.isAlive()){ //等待工作完成
                System.out.println("工作完成后再休息：");
                try{
                    workThread.join();
                }catch(InterruptedException e){}
```

```
23:             }
24:             System.out.println("休息"+j);
25:         }
26:     }
27: }
```

上面程序的一次运行结果如图 8-4 所示。

“程序 8-5”的第 21 行的意义是让工作线程优先完成，不管工作线程要占用多少时间，主线程都会等待。如果没有第 18～23 行，主线程不会等待工作线程，而是按照 Java 虚拟机分配的 CPU 时间片完成自己的休息任务。“程序 8-5”去掉第 18～23 行后编译运行的结果如图 8-5 所示。

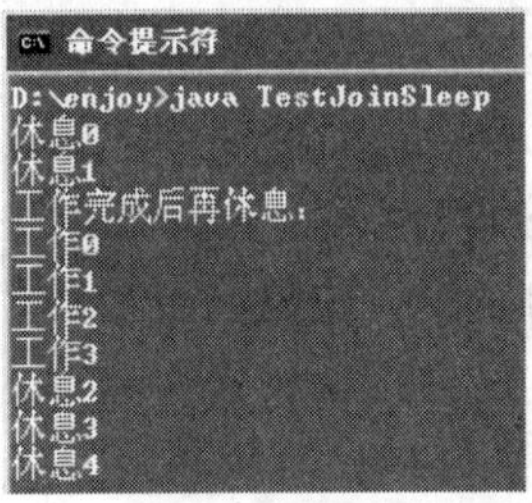

图 8-4　“程序 8-5”的一次运行结果

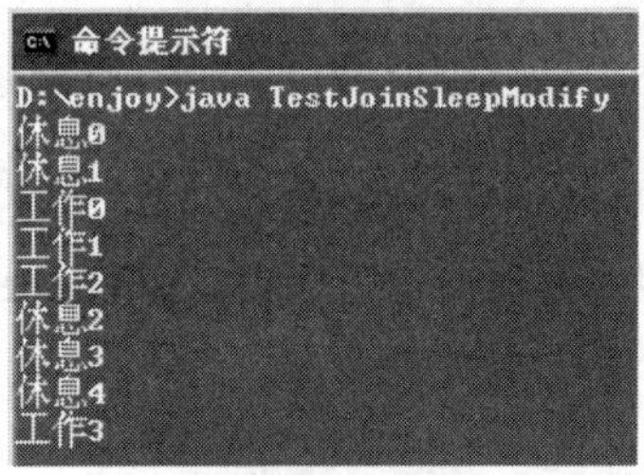

图 8-5　“程序 8-5”修改后的一次运行结果

从图 8-4 和图 8-5 可以看出，程序修改前后的两次运行结果是不一样的，修改后两个线程所占 CPU 具有随机性，但修改前，由于主类中调用了 workThread.join()方法（第 21 行），从而等待 workThread 完成后再进行主线程的运行。

下面的例子是采用实现 Runnable 接口的方法创建线程，各个线程共用一个 Runnable 的实例。

【程序 8-6】TestCurrentThread.java

```
class PersonThread implements Runnable{
    int count=0;
    Thread Z3,L4,W5;
    PersonThread(){
        Z3=new Thread(this);
        Z3.setName("张三");
        L4=new Thread(this);
        L4.setName("李四");
        W5=new Thread(this);
        W5.setName("王五");
    }
    public void run(){
        for(int i=0;i<3;i++){
            System.out.print("("+count+"):");
            System.out.println(Thread.currentThread().getName()+i+",");
            count++;
        }
    }

}
public class TestCurrentThread{
    public static void main(String[] args){
```

```
23:         PersonThread pt=new PersonThread();
24:         pt.Z3.start();
25:         pt.L4.start();
26:         pt.W5.start();
27:     }
28: }
```

上面程序的一次运行结果如图 8-6 所示。

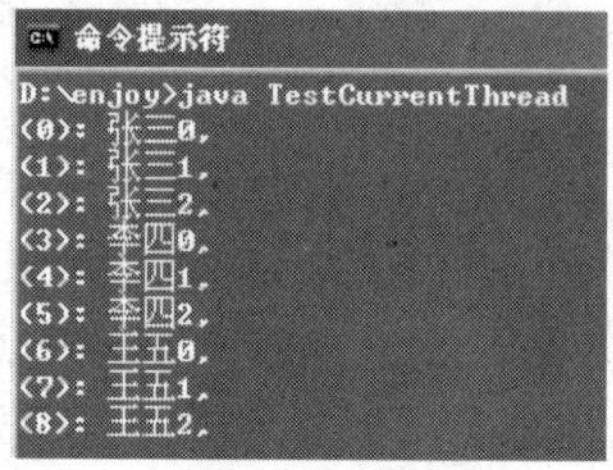

图 8-6 “程序 8-6”的一次运行结果

在“程序 8-6”中，3 个线程 Z3、L4、W5 共用一个 Runnable 目标实例，也就是 PersonThread 类的一个对象 pt（第 23 行），因此，它们共用目标实例的成员变量 count。不过，3 个线程各有自己的局部变量，它们的局部变量 i 各自从 0 变化到 2，但目标实例的成员变量 count 从 0 变化到 8。

“程序 8-6”的第 15 行使用了 currenetThread()方法，这个方法用于获取当前执行的线程的引用，获取线程引用后，getName()方法得到当前线程的名称，并把这个名称打印出来。

8-2 Java 小应用程序

Java 小应用程序（Java Applet）是 Java 与 Web 相结合的一种重要的 Java 应用形式。它丰富了 Web 页面，使 Web 页面具有计算和处理的能力，能够根据用户的不同输入而做出不同的反应，还使得 Web 页面具有图像、声音、动画等特殊效果。

8-2-1 Java 小应用程序概述

我们知道，Web 页面为 Web 客户端与 Web 服务器的交互提供了重要的手段。典型的 Web 应用方式是：Web 客户端（如 Web 浏览器）发出一个请求，Web 页面通过网络把请求发送给 Web 服务器，服务器把客户端的请求进行计算和处理，然后把结果反馈给客户端。Web 客户端再发送请求，Web 服务器再计算处理并把计算结果反馈给客户端……

上面的模式已经被广泛地应用。在这种模式中，Web 客户端的主要工作只是发送请求和显示反馈信息，而很少进行数据的计算处理。因此，这种方式存在着几点不足：

（1）处理不能本地化。即使是最小的计算处理（如输入的合法性检查），也必须频繁和远程 Web 服务器交互。如果网络拥堵或者传输缓慢，将影响客户端的使用效果。

（2）显示效果差。客户端只能对服务器端反馈的处理结果做非常简单的显示，而很难做到图像、声音和动画等高级的展示功能。

Java 小应用程序能解决上述两个问题。Java 小应用程序把许多计算处理和复杂展示的工作放在 Web 客户端，利用本地的计算资源（CPU 和内存等）对客户端输入做部分的本地处理。

Java Applet 能够嵌入到 HTML 页面中，随着 HTML 文件从 Web 服务器发送到客户端，并能够在浏览器中运行。小应用程序本身并不能直接运行，必须嵌入到其他应用程序中运行，例如 Web 浏览器或 Java appletviewer。后者的主要作用是为了在没有浏览器时对小应用程序进行调试。由于 Java 小应用程序不能单独运行，它没有主方法 main()，因此要从应用环境中获得入口。

有关 Java 小应用程序的主类有两个：java.applet.Applet 和 javax.swing.JApplet，后者是前者的子类。Applet 类是 Container 类的间接子类，因此 Applet 或 JApplelt 的实例就是一个容器。事实上，Java 中共有 3 种顶层类型的容器：JFrame、JDialog 和 Applet（包括 JApplet）。

Applet 类（或者 JApplet 类）有 5 个常用的方法，分别是 init()、start()、stop()、destroy()和 paint()。用户编写 Java 小应用程序经常需要重写其中的某些方法。

微软早期版本的浏览器 IE 内嵌了 Java 虚拟机，可以直接解释执行 applet 字节码，只要这些字节码中使用的组件全部在包 java.awt 和 java.awt.event 中即可。但 Java1.2 及更高版本的小应用程序在客户端运行时，必须安装 Java 虚拟机。

8-2-2 Java 小应用程序的运行原理

下面，从一个例子入手学习 Java 小应用程序的原理和生命周期。

1. Java 小应用程序举例

Java 小应用程序从下载到浏览器开始，要经过加载、创建、运行和消亡几个状态，用户退出浏览器时就自动终止 Java 小应用程序。

下面的程序是一个 Java 小应用程序，后面将给出它所嵌入的 HTML 页面的文件。

【程序 8-7】TestApplet.java

```
import javax.swing.*;
import java.awt.*;
import java.awt.event.*;
public class TestApplet extends JApplet implements ActionListener{
   JButton increase=new JButton(" ");
   public TestApplet(){
      Container con=getContentPane();
      con.setLayout(new FlowLayout());
      con.add(increase);
      increase.addActionListener(this);
   }
   public void init(){
      setBackground(Color.LIGHT_GRAY);
   }
   public void start(){
      increase.setText("0");
      validate();
   }
   public void stop(){}
   public void destroy(){}
   public void paint(Graphics g){
      g.drawString("欢迎来到 Java 小应用程序世界", 100, 80);
   }
   public void actionPerformed(ActionEvent e){
      if(e.getSource()==increase){
         String numString=increase.getText();
         int value=Integer.parseInt(numString);
         value++;
         increase.setText(""+value);
```

```
30:         }
31:     }
32: }
```

上面的程序是一个简单的 Java 小应用程序，但其中却包含了小应用程序的几个重要的方法。由于 Java 小应用程序不能独立运行，所以给出一个 HTML 文件 TestApplet.html，这个文件和小应用程序编译后的字节码要放在同一个文件夹下，文件的内容比较简单：

```
<applet code=TestApplet.class height=150 width=260>
</applet>
```

上面的 HTML 文件内容中有几个对 Java 小应用程序必不可少的标签：

（1）<applet> </applet> 说明在页面中要嵌入 Java 小应用程序。

（2）code 说明字节码文件是哪一个。

（3）height 说明页面中嵌入的 Java 小应用程序容器的高度。

（4）width 说明页面中嵌入的 Java 小应用程序容器的宽度。

编译“程序 8-7”与编译普通的 Java 应用程序没有区别，如图 8-7 的第一行所示。但运行 Java 小应用程序有两种方式，第一种是在命令行中使用如下命令

```
appletviewer HTML 文件名.html
```

这种方式运行“程序 8-7”的结果如图 8-7 所示。

运行 Java 小应用程序的另一种方式是用浏览器打开小应用程序所嵌入的 HTML 页面文件。用这种方式运行“程序 8-7”的结果如图 8-8 所示。

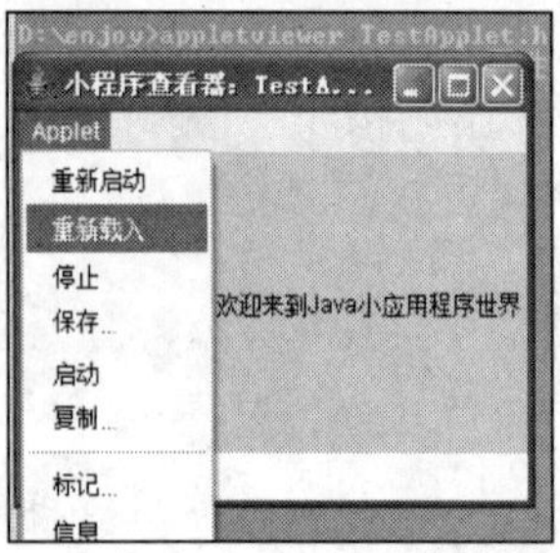

图 8-7　“程序 8-7”的编译和命令行方式运行

图 8-8　“程序 8-7”的浏览器运行方式

以上两种运行方式的前提是：源程序必须编译成字节码；必须有相应的 HTML 文件。

2. Java 小应用程序的生命周期

Java 小应用程序的生命周期要经过加载和初始化、启动、重新加载、退出等步骤。

（1）加载小应用程序

当客户端用 Web 浏览器打开 Web 页面时，根据 HTML 文件中的标签提示，将产生一个 JApplet 类的实例（调用“程序 8-7”第 6～11 行的构造方法）；JApplet 实例调用 init() 方法对自身进行初始化（程序第 12～14 行）；在浏览器中把小应用程序显示出来。

（2）启动和重新启动小应用程序

小应用程序调用 start()方法进行启动（程序第 15～18 行）。当用户离开小应用程序所在的 Web 页面（例如跳转到另一个页面），小应用程序将停止自身运行。当用户返回小应用程序所在的页面时，小应用程序会再次启动运行。

每次小应用程序重新启动时，按钮上显示的数字都会重新设置为“0”。当按下按钮时，上面的数字会增加 1（见图 8-8）。这说明了 Java 小应用程序具有利用本地资源进行数据处

理的功能。

（3）重新加载小应用程序

当用户执行浏览器的刷新功能时，浏览器会卸载小应用程序，然后重新加载。卸载的过程是先停止运行，然后释放小应用程序所占用的全部资源。

设想这样一个场景：当用户用浏览器打开服务器端的一个 Web 页面时，将看到一个 Java 小应用程序的运行。如果这时服务器端更新了这个小应用程序，则用户不会看到其中的变化。但如果在服务器端更新小应用程序之后，客户端刷新了页面，则用户看到的将是更新后的小应用程序。

由于刷新 Web 页面需要重新加载和启动小应用程序，因此每次刷新 Web 页面，小应用程序的按钮上的数字都会重新置 0。

（4）退出浏览器

当用户退出浏览器时，小应用程序将停止执行，释放所占用的所有资源，退出 Web 浏览器。

8-2-3 在 Java 小应用程序中使用 Swing 组件

在 Java 小应用程序中可以使用 Swing 组件，使用的方式和效果与在 JFrame 中使用 Swing 组件非常类似。在 JApplet 的对象中添加 Swing 组件时要注意：不能向对象本身添加 Swing 组件，而应该向对象的面板添加组件；不能为 JApplet 对象设置布局，而应该为 JApplet 对象的面板设置布局。

对“程序 7-17”做很小的改动就可以把它转换成为一个能够嵌入到 Web 页面的小应用程序。首先，要把构造方法从默认权限改为公共权限。这是因为对小应用程序的使用一般在异地，几乎不可能在同一个包中。然后要去掉主方法 main()。这是因为小应用程序的入口不再是主方法。改动后的小应用程序如下：

【程序 8-8】 TestAppletSwing.java

```
import javax.swing.*;
import java.awt.*;
import java.awt.event.*;
public class TestAppletSwing extends JApplet implements ItemListener{
   Container con;
   JCheckBox italic=new JCheckBox("斜体");
   JCheckBox bold=new JCheckBox("粗体");
   JRadioButton large=new JRadioButton("大字号");
   JRadioButton middle=new JRadioButton("中字号");
   JRadioButton small=new JRadioButton("小字号");
   JTextArea area=new JTextArea();
   public TestAppletSwing(){
      ButtonGroup group=new ButtonGroup();
      group.add(large);
      group.add(middle);
      group.add(small);
      con=this.getContentPane();
      con.setLayout(new GridLayout(1,2,10,0));
      JPanel left=new JPanel();
      left.setLayout(new GridLayout(5,1,0,10));
```

```
        left.add(italic);
        left.add(bold);
        left.add(large);
        left.add(middle);
        left.add(small);
        con.add(left);
        con.add(area);
        Font font=new Font("",0,25);
        area.setFont(font);
        area.setText("我喜欢 C++,\n 但更喜欢 Java");
        italic.addItemListener(this);
        bold.addItemListener(this);
        large.addItemListener(this);
        middle.addItemListener(this);
        small.addItemListener(this);
    }
    public void itemStateChanged(ItemEvent e){
        int size=25;
        if(small.isSelected())
            size=15;
        if(large.isSelected())
            size=35;
        int type=0;
        if(italic.isSelected())
            type=type|Font.ITALIC;
        if(bold.isSelected())
            type=type|Font.BOLD;
        Font font=new Font("",type,size);
        area.setFont(font);
    }
}
```

我们为上面的小应用程序编写一个 HTML 文件 TestAppletSwing.html，内容如下：

```
<applet code=TestAppletSwing.class height=250 width=460>
</applet>
```

在浏览器中打开文件 TestAppletSwing.html 后的效果如图 8-9 所示。

从“程序 8-8”可以看出，完全可以像普通 Java 程序那样使用 Swing 组件，只不过要注意方法的权限和入口。

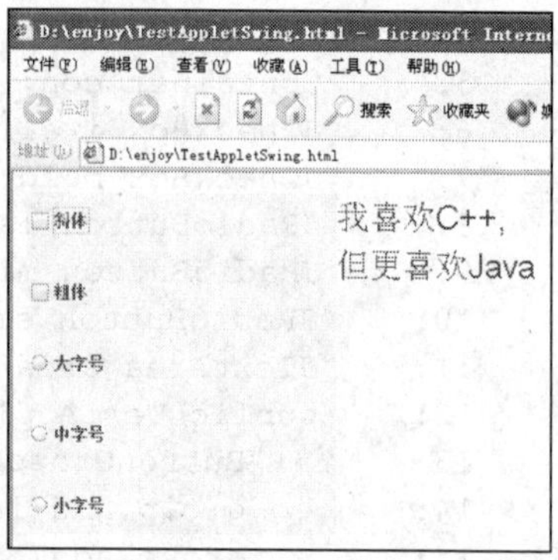

图 8-9 “程序 8-8”的运行效果

8-2-4 从网页向 Java 小应用程序传值

Java 小应用程序一旦编译，就会具有相对固定的功能，根据 Java 的“一次编写，到处运行”的原则，不需要再次编写源代码和对源代码进行编译以便形成字节码。但 Java 小应用程序的运行环境会发生改变，Java Applet 必须从环境中获得数据，从而适应环境，获得理想的运行结果。

下面例子中的小应用程序是嵌入新闻网页的，它编译成字节码后固定不变，但新闻网页由于新闻的性质而经常发生变化。不同记者会从不同的国家发回新闻，小应用程序要从新闻网页中获得国别信息，并且要把国别信息在运行过程中显示出来。

【程序 8-9】TestAppletParam.java

```
import javax.swing.*;
import java.awt.*;
public class TestAppletParam extends JApplet{
    String 国别="";
    public void init(){
        setBackground(Color.LIGHT_GRAY);
        国别=getParameter("nation");
    }
    public void start(){
        国别=getParameter("nation");
        repaint();
    }
    public void paint(Graphics g){
        g.drawString("本新闻来自"+国别,50,50);
    }
}
```

为上面的小应用程序编写一个关于新闻网页的 HTML 文件 TestAppletParam.html，内容如下：

```
<applet code=TestAppletParam.class height=80 width=200>
<Param name="nation" value="英国">
</applet>
```

在浏览器中打开文件 TestAppletParam.html，运行效果如图 8-10 所示。

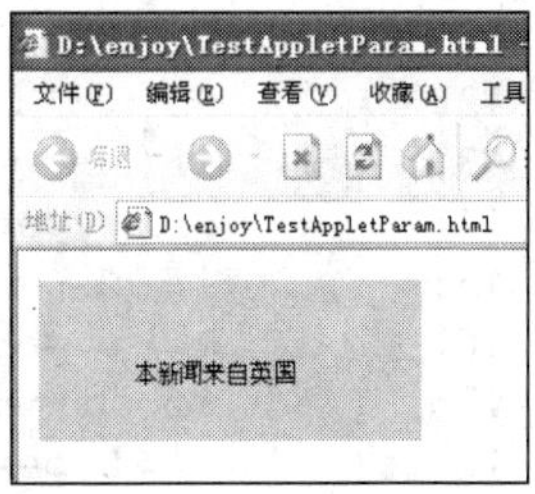

图 8-10 “程序 8-9”的运行效果

8-2-5 在 Java 小应用程序中绘制图形

如同在 JFrame 的画布上绘制图形一样，用户也可以在 Java 小应用程序的画布上绘制图形。为了演示效果，把“程序 7-23”的 Java 应用程序略微改动，就可以得到类似功能的 Java 小应用程序。

【程序 8-10】TestAppletGraphics.java

```
import javax.swing.*;
import java.awt.*;
import java.awt.event.*;

public class TestAppletGraphics extends JApplet implements ActionListener{
    Container con=getContentPane();
    JMenuItem hLine=new JMenuItem("水平直线");
    JMenuItem vLine=new JMenuItem("垂直直线");
    JMenuItem square=new JMenuItem("正方形");
    JMenuItem circle=new JMenuItem("圆形");
    JPopupMenu drawMenu=new JPopupMenu("绘制图形");
    public static final int HLINE=1;
    public static final int VLINE=2;
    public static final int SQUARE=3;
```

```
    public static final int CIRCLE=4;
    public static int radius=100;
    private int x=0;
    private int y=0;
    private int type=0;
    public void init(){
        setBackground(Color.LIGHT_GRAY);
    }
    public TestAppletGraphics(){
        drawMenu.add(hLine);
        drawMenu.add(vLine);
        drawMenu.add(square);
        drawMenu.add(circle);
        hLine.addActionListener(this);
        vLine.addActionListener(this);
        square.addActionListener(this);
        circle.addActionListener(this);
        con.addMouseListener(new MouseAdapter(){
            public void mousePressed(MouseEvent e){
                x=e.getX();
                y=e.getY();
                if(e.getModifiers()==InputEvent.BUTTON3_MASK)
                    drawMenu.show(con,x,y);
            }
        });
    }
    public void actionPerformed(ActionEvent e){
        Object obj=e.getSource();
        if(obj==hLine)
            type=HLINE;
        if(obj==vLine)
            type=VLINE;
        if(obj==square)
            type=SQUARE;
        if(obj==circle)
            type=CIRCLE;
        repaint();
        validate();
    }
    public void paint(Graphics g){
        int gY=0; //面板相对窗口最上方的默认相对距离
        int gX=0; //面板相对窗口最左边的默认相对距离
        if(type==HLINE)
            g.drawLine(x-radius+gX,y+gY,x+radius+gX,y+gY);
        if(type==VLINE)
            g.drawLine(x+gX,y-radius+gY,x+gX,y+radius+gY);
        if(type==SQUARE)
            g.drawRect(x-radius+gX,y-radius+gY,2*radius,2*radius);
        if(type==CIRCLE)
            g.drawOval(x-radius+gX,y-radius+gY,2*radius,2*radius);
    }

}
```

上面程序的演示效果如图 8-11 所示。

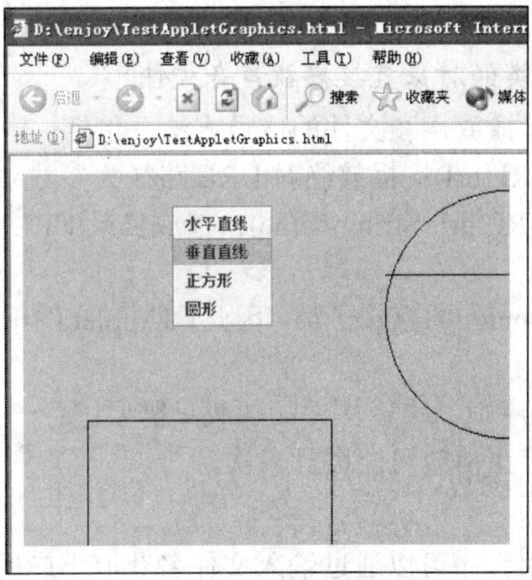

图 8-11　“程序 8-10”的运行效果

与“程序 7-23”的功能类似，“程序 8-10”的功能是：用户在 Applet 的区域内点击右键，则会在鼠标的点击位置弹出一个菜单，菜单上有 4 个菜单项：绘制水平直线、绘制垂直直线、绘制正方形和绘制圆形。所画图形的中心位置就在鼠标点击的位置。

在 JFrame 和 JApplet 的面板中绘制图形所使用的工具都是 Graphics 类及其方法。相关方法介绍请参见第 7 章第 6 节。

8-2-6　在 Java 小应用程序中播放声音

Java 最初支持播放的声音格式是.au 文件，其他格式的声音文件要转换成.au 文件才能播放。但 Java 1.2 增加了所支持的声音格式类型，现在支持.au、.wav、.aiff、.midi、.rm 等声音文件类型。可以在 Applet 对象或 JApplet 对象中直接播放指定位置的声音文件，但常用的方式是利用接口 AudioClip 的实例播放声音文件。

1. AudioClip 接口

AudioClip 是播放声音的接口，该接口的定义如下：

```
public interface AudioClip{
   public void play();          //从开始处播放
   public void loop();          //循环播放
   public void stop();          //停止播放
}
```

Applet 或 JApplet 中可以通过下列成员方法或类方法加载声音文件：

（1）public AudioClip getAudioClip(URL url)：返回一个实现了 AudioClip 接口的类的对象。参数 url 是包含声音文件名的绝对 URL 路径。URL 类是对统一资源定位符（Uniform Resource Locator，URL）的抽象。

（2）public AudioClip getAudioClip(URL url, String name)：参数 url 是声音文件所在的目录 URL，参数 name 是声音文件名。这个方法也返回一个实现了 AudioClip 接口的类的对象。

（3）public static final AudioClip newAudioClip(URL url)：类 Applet 或 JApplet 的静态类

方法，返回一个实现了 AudioClip 接口的类的对象。参数 url 是包含声音文件名的绝对 URL 路径。

2. Applet 或 JApplet 类的对象直接播放声音文件

Applet 类中定义了直接播放声音文件的成员方法，包括：

（1）public void play(URL url)：播放绝对 URL 路径为参数 url 的声音文件。

（2）public void play(URL url, String name)：播放目录 URL 为参数 url、文件名为参数 name 的声音文件。

由于类 JApplet 是类 Applet 的直接子类，因此，JApplet 继承了 Applet 的上述两个成员方法。

一般在 Java 小应用程序中，声音文件的加载只需要进行一次，一般在 init()方法中完成。而声音文件的播放和停止播放可能进行多次。

3. 声音播放举例

下面的例子中，小应用程序可以通过输入文件名获取小应用程序所在目录上的声音文件，并可以通过按钮选择播放声音文件、循环播放和停止播放。

【程序 8-11】TestAudioClip.java

```
import javax.swing.*;
import java.awt.*;
import java.awt.event.*;
import java.applet.AudioClip;
public class TestAudioClip extends JApplet implements ActionListener{
    AudioClip clip;
    JButton buttonPlay=new JButton("播放");
    JButton buttonLoop=new JButton("循环播放");
    JButton buttonStop=new JButton("停止");
    JTextField name=new JTextField(10);
    JButton buttonFile=new JButton("获取声音文件");
    public TestAudioClip(){
        JPanel control=new JPanel();
        control.setLayout(new FlowLayout());
        control.add(buttonPlay);
        control.add(buttonLoop);
        control.add(buttonStop);
        control.add(name);
        control.add(buttonFile);
        Container con=getContentPane();
        con.setLayout(new BorderLayout());
        con.add(control,BorderLayout.NORTH);
        buttonPlay.addActionListener(this);
        buttonLoop.addActionListener(this);
        buttonStop.addActionListener(this);
        buttonFile.addActionListener(this);
    }
    public void init(){
        setBackground(Color.LIGHT_GRAY);
        clip=getAudioClip(getCodeBase(),"audio1.wav");
    }
```

```
32:     public void stop(){
33:         clip.stop();
34:     }
35:     public void actionPerformed(ActionEvent e){
36:         if(e.getSource()==buttonFile)
37:             clip=getAudioClip(getCodeBase(),name.getText());
38:         if(e.getSource()==buttonPlay)
39:             clip.play();
40:         if(e.getSource()==buttonLoop)
41:             clip.loop();
42:         if(e.getSource()==buttonStop)
43:             clip.stop();
44:     }
45: }
```

上面的程序嵌入到如下所示的 HTML 网页文件 TestAudioClip.html：

```
<applet code=TestAudioClip.class height=100 width=550>
</applet>
```

在目录 D:\enjoy 下（也就是字节码和 HTML 文件所在的目录下）存入两个声音文件“audio1.wav”和“audio2.wav”，在浏览器中打开 TestAudioClip.html 后，运行效果如图 8-12 所示。

图 8-12 “程序 8-11”的运行效果

“程序 8-11”的第 30 行有一条重要的语句：

```
getCodeBase()
```

Applet 类或 JApplet 类的对象调用这个方法后就可以获得小应用程序字节码所在的目录的 URL，它和声音文件名共同构成声音文件的 URL。

8-2-7 在 Java 小应用程序中显示图像

在 Java 小应用程序中也可以加载和显示图像。图像就是指矩形框内的一组图像，Java 支持的图像格式包括 GIF、JPEG 和 PNG。要在 Java 应用程序或小应用程序中加载图像需要使用 Applet 或 JApplet 提供的 getImage()方法，获得图像的一个 Image 类的对象引用。Image 对象可以在屏幕上显示，是图像在 Java 图形界面程序中的抽象。getImage()方法有两种过载版本：

（1）public Image getImage(URL url)：参数 url 是包含图像文件名的 URL，返回由图像文件产生的 Image 对象的引用。

（2）public Image getImage(URL url, String name)：参数 url 是包含图像文件的目录的 URL，返回图像文件产生的 Image 对象的引用。

把图像转换成 Image 对象后，要在小应用程序中显示图像，需要调用 Applet 或 JApplet

提供的 paint(Graphics g)方法。Graphics 类提供了用于绘制图像的 drawImage()方法，这个方法有几个过载版本：

（1）public abstract boolean drawImage(Image img, int x, int y, ImageObserver observer)

（2）public abstract boolean drawImage(Image img, int x, int width, int height, ImageObserver observer)

（3）public abstract boolean drawImage(Image img, int x, int y, Color bgcolor, ImageObserver observer)

（4）public abstract boolean drawImage(Image img, int x, int y, int width, int height, Color bgcolor, ImageObserver observer)

上面的几个方法中，参数 img 表示需要绘制的图像的 Image 对象，width 和 height 表示图像显示时的宽度和高度，x 和 y 表示图像左上角在图像观察器 observer 中所处的位置。

图像要在屏幕上显示，必须显示在屏幕上的某个组件中。能显示 Image 图像的组件需要实现 ImageObserver 接口。Applet 类和 JApplet 类都实现了 ImageObserver 接口，因此，可以让小应用程序对象本身作为图像观察器，即用 this 作为参数传递到上述的 4 个方法中最后一个位置。

下面的例子是一个显示图像的 Java 小应用程序，它的主类继承了 JApplet 类，并把图片加载、显示到主类对象中，而且在图片下面增添了一行文字对图像进行说明。

【程序 8-12】 TestAppletImage.java

```
1:  import javax.swing.JApplet;
2:  import java.awt.*;
3:  public class TestAppletImage extends JApplet{
4:     Image theImage;
5:     public void init(){
6:        setBackground(Color.LIGHT_GRAY);
7:        String fileName=getParameter("图片文件名");
8:        theImage=getImage(getCodeBase(), fileName);
9:     }
10:    public void paint(Graphics g){
11:       g.drawImage(theImage,5,5,200,200,this);
12:       g.drawString("天下第一景，黄山迎客松",30,225);
13:    }
14: }
```

上面的程序嵌入到如下所示的 HTML 网页文件 TestAppletImage.html 中：

```
<applet code=TestAppletImage.class width=230 height=230>
<Param name="图片文件名" value="黄山迎客松.gif">
</applet>
```

图 8-13 “程序 8-12”的运行效果

在目录 D:\enjoy 下（也就是字节码和 HTML 文件所在的目录下）存入一个图像文件“黄山迎客松.gif”，在浏览器中打开 TestAppletImage.html 文件后，运行效果如图 8-13 所示。

上面的“程序 8-12”中并没有指明图像文件的文件名，而只是指明了图像文件所在的位置（第 8 行的 getCodeBase() 语句返回小应用程序所在的目录）。图像文件名是通过参数由 HTML 文件传递给小应用程序的。

8-3 Java 网络程序设计

互联网是信息技术中最重要的领域之一，而 Java 是网络编程能力很强的语言，它能像访问本地资源一样方便地访问网络上的资源，这也是 Java 语言越来越受重视的原因之一。本章将介绍网络通信的一些基础知识和 Java 对网络通信的两个支持机制。

8-3-1 网络通信基础

在学习 Java 的网络程序设计之前，首先掌握一些网络通信的基础知识是必要的。如果读者熟悉网络通信，可以跳过这部分内容。

1. IP 和端口

IP（Internet Protocol）用来标识互联网上的计算机。我们日常生活中的通信地址可以定位到世界任何一个地方的任何一个通信单位。IP 地址如同我们平常所用的通信地址，互联网上的任何一台计算机都由一个唯一的 IP 地址标识。IP 地址由 32 位的二进制数字构成，分为 4 组，每组 8 位，每组二进制数字唯一确定一个 0~255 的整数。例如，202.108.22.43。由于用数字表示地址不便于记忆，因此，互联网上的计算机还有另外一种表示地址的方式：域名。例如“www.baidu.com”。在网络连接时，可以输入域名，网络上的域名服务器就会把域名转换成 IP 地址。例如，当用户在 IE 浏览器的地址栏中输入“www.baidu.com”后，域名服务器就会把它映射成“202.108.22.43”，然后用户的主机会和 Internet 上 IP 地址为“202.108.22.43”的主机进行连接。

大多数情况下，Internet 上的一台主机不仅仅只有一项应用，端口就是为了区分不同的应用而设置的。如果把主机比作一个银行网点，那么端口就是银行网点中的窗口，不同的窗口可以同时对外营业，而且窗口之间的服务会有区别：有现金区和非现金区，有人民币也有外币，还有理财业务窗口。端口的作用和窗口类似。端口的取值范围是 0~65535。其中，0~1023 之间的端口号是为了一些众所周知的服务保留的，例如 HTTP、FTP、Telnet 等。假设某银行网点的 1、2 号窗口为人民币存取款保留，3、4 号窗口为外币存取款保留，那么交电话费等新业务可能排在 10 号窗口以后。

2. 网络传输层次模型

网络传输是一项复杂的任务，涉及了许多环节，为了减少网络传输模型的复杂性，国际标准化组织推荐了一个网络系统结构的七层参考模型：开放系统互连模型（Open System Interconnection，OSI）。OSI 采用分层方法，每一层负责完成不同系统之间发送数据的不同功能。由于这个标准模型的建立，使得各种计算机网络向它靠拢，大大推动了网络通信的发展。

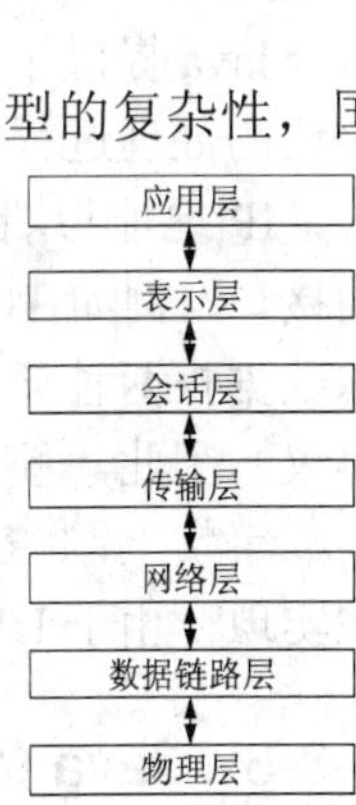

图 8-14 OSI 模型

OSI 七层模型如图 8-14 所示。

（1）应用层：计算机通信的一个应用，对应应用程序的通信服务。例如，Telnet、HTTP、FTP、WWW、NFS、SMTP 等。

（2）表示层：这一层的主要功能是定义数据格式及加密。

（3）会话层：定义了如何开始、控制和结束一个会话。

（4）传输层：这层的功能包括是否选择差错恢复协议还是无差错恢复协议，及在同一主机上对不同应用的数据流的输入进行复用，还包括对收到的顺序不对的数据包的重新排序功能。例如，TCP 和 UDP。这是两个网络传输协议，后面将详细讲解这两个协议。

（5）网络层：这层对端到端的包传输进行定义，它定义了能够标识所有结点的逻辑地址，还定义了路由实现的方式和学习的方式。

（6）数据链路层：定义了在单个链路上如何传输数据。这些协议与被讨论的各种介质有关。

（7）物理层：OSI 的物理层规范是有关传输介质的特性标准，这些规范通常也参考了其他组织制定的标准。

Java 网络编程主要针对应用层和传输层。

3. TCP 和 UDP

TCP 和 UDP 都是处于 OSI 模型第 4 层，即传输层的协议。传输控制协议（Transmission Control Protocol，TCP）是一种基于连接的协议，它为两台计算机之间提供了点到点的可靠数据流，保证从一个端点发送的数据能够以正确的方式达到另一个端点。这种传输协议要进行传输数据的差错恢复。传输七层模型的最高层——应用层的一些常用协议都采用 TCP 作为传输协议，如 HTTP、FTP、Telnet 等。

由于基于 TCP 的通信要建立端点到端点的可靠连接，因此需要在通信中传输许多辅助的或冗余的信息，例如反馈信息等。因此，TCP 的传输效率较低。用户数据报协议（User Datagram Protocol，UDP）可以减少 TCP 数据传输中的额外开销，提高数据传输速度。但 UDP 不是基于连接的，它从一台计算机向另一台计算机发送独立的数据包，称为数据报。各数据报之间是相互独立的，不能保证数据报以正确的顺序到达目的地。包括网络视频会议系统在内的众多的客户/服务器模式的网络应用都需要使用 UDP。

8-3-2 Java 的网络通信机制

Java 提供了网络编程的 API，这些 API 为用户提供了与平台无关的接口，隐藏了网络通信程序设计中的一些复杂而烦琐的细节。Java 支持网络通信的类在 java.net 包中，这些类包括 URL 类、Socket 类和 ServerSocket 类等。Java 提供了两个不同层次的网络支持机制，URL 层和 Socket 层。

Java 提供了使用 URL 直接访问网络资源的机制，而不需要编程人员考虑 URL 中各种协议的处理过程。这种方式特别适合访问互联网上的资源。

IP 地址与端口号的组合构成一个网络套接字 Socket。Socket 表示应用程序与网络之间的接口，例如 TCP Socket，UDP Socket 等。Java 中提供的对应网络套接字机制的类支持流和数据报两种通信机制。在 Java 的网络套接字传输中，用户需要自己考虑通信双方约定的协议，因此，程序更灵活，应用也更广泛。

事实上，URL 层次是建立在 Socket 层次之上的，要依赖下层支持网络套接字通信的类来实现。由于 URL 层次的类中已经有几种协议的处理，所以编程简单易行。

8-3-3 Java 的 URL 通信机制

在 Java 的 URL 通信机制和 Socket 通信机制中，首先来介绍第一种：Java 的 URL 通信机制。这种通信机制不如 Socket 通信机制使用灵活，但抽象层次高，使用简单。

1. URL 和 URL 类

URL（Uniform Resource Locator）常常表示 WWW 上的一个文件，它的组成包括两个部分：协议和资源名称。资源名称又包括主机名、文件名、端口号和引用。后两者是可选的。例如：

http://www.baidu.com/

上面的 URL 中，协议是 HTTP，主机是 WWW 上的 baidu.com，文件名是/index.html。如果文件名是/index.html 则可以省略不写，而直接用一个斜线表示。

URL 类是 URL 的抽象，其构造方法的过载版本较多，下面给出两个常用的构造方法：

（1）public URL(String spec) throws MalformedURLException：使用表示 URL 的字符串 spec 创建一个 URL 类的对象。

（2）public URL(String protocol, String host, String file) throws MalformedURLException：使用协议名、主机名和文件名创建一个 URL 类的对象。这个构造方法是上一个构造方法的分解形式。

2. URL 的信息解析和资源读取

URL 类提供了获取 URL 对象信息的方法，这些方法包括：

（1）public String getProtocol()：获取该 URL 对象的协议。

（2）public String getHost()：获取该 URL 对象的主机名。

（3）public String getFile()：获取该 URL 对象的文件名。

（4）public int getPort()：获取该 URL 对象的端口号。如果没有设置端口号，则返回-1。

创建 URL 对象后，可以通过 URL 类的 openStream()方法得到 java.io.InputStream 类的一个对象引用，从该输入流或该输入流的过滤流就可以读取 URL 对象所表示的资源。

3. 获取 URL 信息和资源举例

下面的例子利用 URL 类获取 URL 的信息和读取 URL 的资源内容。在输入网络资源地址并确认后，就可以把输入的网络资源 URL 的信息显示在分割窗口的上面部分；而网络资源文件的内容显示在分割窗口的下半部分。

【程序 8-13】TestURL.java

```
import java.awt.*;
import java.awt.event.*;
import javax.swing.*;
import java.io.*;
import java.net.*;
public class TestURL extends JFrame implements ActionListener{
    JTextField address=new JTextField(18);
    JButton buttonOperate=new JButton("察看");
    JTextArea info=new JTextArea();
    JTextArea content=new JTextArea();
    TestURL(){
        Container con=getContentPane();
```

```
        JPanel controlPanel=new JPanel();
        controlPanel.add(new JLabel("网络资源地址: "));
        controlPanel.add(address);
        controlPanel.add(buttonOperate);
        buttonOperate.addActionListener(this);
        JSplitPane sp=new JSplitPane(JSplitPane.VERTICAL_SPLIT,
            new JScrollPane(info),new JScrollPane(content));
        con.add(controlPanel,BorderLayout.NORTH);
        con.add(sp,BorderLayout.CENTER);
        setTitle("获得 URL 信息和资源内容");
        setBounds(100,100,400,300);
        setVisible(true);
        setDefaultCloseOperation(JFrame.EXIT_ON_CLOSE);
    }
    public void actionPerformed(ActionEvent e){
        if(e.getSource()!=buttonOperate)
            return;
        try{
            info.setText("");
            content.setText("");
            String addressText=address.getText();
            URL url=new URL(addressText);
            info.append("Protocol:"+url.getProtocol()+"\n");
            info.append("Host:"+url.getHost()+"\n");
            info.append("Port:"+url.getPort()+"\n");
            info.append("FileName:"+url.getFile()+"\n");
            BufferedReader br=new BufferedReader(
                new InputStreamReader(url.openStream()));
            String line;
            while((line=br.readLine())!=null)
                content.append(line+"\n");
            br.close();

        }
        catch(Exception ex){
            info.setText(ex.toString());
        }
    }
    public static void main(String[] args){
        new TestURL();
    }
}
```

上面程序的运行效果如图 8-15 所示。在程序执行过程中要注意运行程序的计算机要和互联网保持连接，否则会出现异常，而异常信息将显示在分割窗口上面的部分。

图 8-15　“程序 8-13”的运行效果

4. InetAddress 类

有时需要通过域名获取主机的 IP 地址，或者根据主机地址获取其域名。要实现这样的功能需要用到类 java.net.InetAddress。

创建 InetAddress 类的对象可以使用 InetAddress 类的静态方法：

（1）public static InetAddress getByName(String host) throws UnknownHostException：通过主机名称创建一个 InetAddress 类。主机名称可以是域名，也可以是 IP 地址名。

（2）public static InetAddress getLocalHost() throws UnknownHostException：获得本地主机信息的 InetAddress 类。

创建了 InetAddress 类的对象后，可以利用创建的对象调用两个成员方法分别获取域名和 IP 地址：

（1）public String getHostName()：获得 InetAddress 对象的域名。

（2）public String getHostAddress()：获得 InetAddress 对象的 IP 地址。

下面的例子用来得到百度的 IP 地址和本机名称及地址。

【程序 8-14】TestInetAddress.java

```
import java.net.*;
public class TestInetAddress{
    public static void main(String[] args){
        try{
            InetAddress address;
            address=InetAddress.getByName("www.baidu.com");
            System.out.println(address.toString());
            address=InetAddress.getLocalHost();
            System.out.println("本机名称: "+address.getHostName());
            System.out.println("本机 IP 地址:"+address.getHostAddress());
        }
        catch(Exception e){
            System.out.println(e);
        }
    }
}
```

上面程序的运行效果如图 8-16 所示。

图 8-16　“程序 8-14”的运行效果

8-3-4　Java 的 Socket 通信机制

Java 的 URL 通信是建立在 Java 的 Socket 基础之上的，也就是 Socket 通信机制更基础；但由于 Socket 通信机制所在层次更低，因此编程就更灵活。Java 的 Socket 通信机制有两种方式：有连接的 TCP 方式和无连接的 UDP 数据报方式。对于有连接的方式，Java 提供了两个类 Socket 类和 ServerSocket 类，前者表示连接的客户端而后者表示连接的服务器端。在数据报方式中，Java 提供了 DatagramSocket 类，既表示发送数据报的发送端，又表示接收数据报的接收端。

当网络中的两台主机进行通信时，无论是有连接方式还是无连接方式，都需要对方主机的地址（或域名）和端口号。由于众所周知的 0~1023 端口号被预留给一些常见的服务，因此，为了避免冲突，我们在 1024~65535 之间选择端口。例如，“程序 8-15”和“程序 8-16”中所选的端口号就是 2007。

下面分别介绍 Java 的有连接和无连接的两种基于 Socket 的通信方式。

1. 有连接的通信方式

对于 Java 的有连接的 Socket 通信机制，先分别给出一个例子，然后介绍重要的相关语法。这个例子中客户端和服务器端是两个独立运行的程序。两个程序通过网络进行通信。这里选择的服务器端的端口号是 2007。由于是在一台计算机上做实验，我们把服务器端的域名设置为“localhost”（本机）。

【程序 8-15】TestFactorialServer.java

```
import java.io.*;
import java.net.*;
public class TestFactorialServer{
    public static void main(String[] args){
        try{
            ServerSocket server=new ServerSocket(2007);
            Socket socket=server.accept();
            BufferedReader in=new BufferedReader(
                new InputStreamReader(socket.getInputStream()));
            PrintWriter out=new PrintWriter(socket.getOutputStream());
            String numString;
            while(true){
                numString=in.readLine();
                if(numString==null||numString.equals(""))
                    return;
                System.out.print("收到阶："+numString);
                int order=Integer.parseInt(numString);
                String feedback=String.valueOf(factorial(order));
                System.out.println("，将要返回结果："+feedback);
                out.println(numString+"的阶乘是："+feedback);
                out.flush();
            }
        } catch(Exception e){
            System.out.println(e.toString());
        }
    }
```

```
    public static int factorial(int order){
        int result=1;
        for(int i=1;i<=order;i++)
            result*=i;
        return result;
    }
}
```

【程序 8-16】TestClient.java

```
import java.net.*;
import java.io.*;
public class TestClient{
    public static void main(String[] args){
        try{
            Socket socket=new Socket("localhost",2007);
            PrintWriter out=new PrintWriter(socket.getOutputStream());
            BufferedReader in=new BufferedReader(
                new InputStreamReader(socket.getInputStream()));
            for(int i=3;i<8;i++){
                out.println(String.valueOf(i));
                out.flush();
                String s=in.readLine();
                System.out.println(s);
                try{
                    Thread.sleep(1000);
                } catch(InterruptedException ie){
                    System.out.println(ie);
                }
            }
            out.close();
            in.close();
        } catch(Exception e){
            System.out.println(e);
        }
    }
}
```

对于“程序 8-15”和“程序 8-16”，先分别编译两个程序。编译后，首先运行服务器端“程序 8-15”，此时这个程序处于等待请求的状态；然后运行客户端“程序 8-16”，这个程序每隔一秒向服务器发送一个整数，服务器接收到这个整数后，运算得到该整数的阶乘，把结果返回给客户端。

“程序 8-15”和“程序 8-16”同时运行的效果如图 8-17 所示。

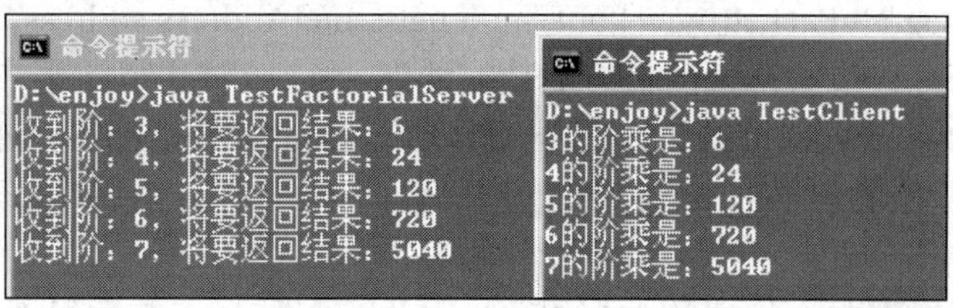

图 8-17　“程序 8-15”和“程序 8-16”的运行效果

如果要创建一个服务器端的 ServerSocket 对象，可以采用如下构造方法：

```
public ServerSocket(int port)throws IOException
```

在上面的构造方法中，参数 port 是要选择的端口号，也就是要和服务进行绑定的端口，这个端口号要在 1024~65535 之间选择。在“程序 8-15”中选择了端口号 2007（第 6 行）。

如果要创建客户端的 Socket 类对象，则最常用的方法是：

（1）public Socket(String host, int port) throws UnknownHostException, IOException：利用通信对方的主机名（可以是域名也可以是 IP 地址串）和端口号创建一个客户端 Socket 对象。

（2）public Socket(InetAddress address, int port) throws IOException：利用通信对方主机的 InetAddress 类对象 address 和端口号创建一个客户端 Socket。

Socket 类的对象建立之后，其目的主要是为了读取和发送数据。Socket 类的对象可以产生输入/输出流，方法如下：

（1）public InputStream getInputStream() throws IOException：创建一个输入流。

（2）public OutputStream getOutputStream() throws IOException：创建一个输出流。

上述两个成员方法创建的流都是节点流，可以在这两个流的基础上创建层次更高的过滤流。例如，“程序 8-16”就在 OutputStream 的基础上创建了 PrintWriter 流（第 7 行）；在 InputStream 的基础上创建了 BufferedReader 流（第 8、9 行）。

但是服务器端创建的不是 Socket 类的对象，而是 ServerSocket 类的对象。ServerSocket 类是 Socket 类的子类。为了进行输入和输出，可以利用 ServerSocket 类的对象创建一个掌管输入/输出的 Socket 类的对象：

```
public Socket accept()throws IOException
```

“程序 8-15”的第 7 行就利用所创建的 ServerSocket 对象 Server 创建了掌管输入/输出的 Socket 对象 socket，然后利用 socket 接收从客户端发送过来的数据和要传输到客户端的处理结果。

Java 的有连接的 Socket 通信方式中客户端和服务器端程序的关系如图 8-18 所示。

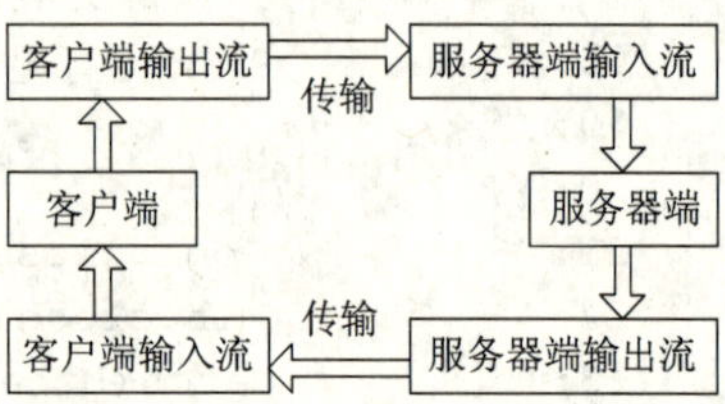

图 8-18 Socket 通信的程序连接方式

2. 无连接的通信方式

虽然无连接的数据传输方式不能保证数据是否能够准确到达目的地，也不能保证数据到达目的地的顺序，但为了快速传递，有时选择无连接的数据传输方式。

Java 中的无连接传输机制是针对 UDP 的数据报。数据报是 UDP 方式传送字节数据的基本单位，一个数据报中数据的长度一般不超过 8 192KB。可以把数据报比作一封普通的信件，信件上有地址和收信人，并且信件有内容。数据报的常用构造方法如下：

（1）public DatagramPacket(byte[] buf, int length, InetAddress address, int port)：把 buf 内的前 length 个字节打包成数据报，目的地是地址为 address 的主机，端口为 port。

（2）public DatagramPacket(byte[] buf, int offset, int length, InetAddress address, int port) ：把 buf 内的从 offset 开始的前 length 个字节打包成数据报，目的地是地址为 address 的主机，端口为 port。

以上两种构造方法中，构建的数据报可以看作一封信，字节数组 buf 可以看作信的内容，address 看作收信人的地址，port 看作是收信人。

信件构建完成后，需要发送。数据报也是如此。数据报在创建之后，需要一个专门进行发送数据报的 DatagramSocket 类的对象发送。DatagramSocket 类的构造方法是：

（1）public DatagramSocket() throws SocketException：创建一个可以为任何数据报提供发送功能的 DatagramSocket 对象。

（2）public DatagramSocket(int port) throws SocketException：创建一个可以为特定端口的数据报提供发送功能的 DatagramSocket 对象。

（3）public DatagramSocket(int port, InetAddress laddr) throws SocketException：创建一个可以为特定地址和端口的数据报提供发送功能的 DatagramSocket 对象。

如果 socket 是 DatagramSocket 类的一个对象，则发送或接收数据报 pack 的语法分别是：

```
socket.send(pack);
socket.receive(pack);
```

下面的两个程序中，第一个是发送端（或者认为是客户端）程序，该程序把“Welcome to Java world”中的每个单词打包成一个数据报，然后每隔一秒通过无连接的 UDP 数据报方式发送到目的计算机（localhost）的 2007 端口（发送之前要在屏幕上打印出要发送的内容）。第二个程序是接收端（或者认为是服务器端）程序，它负责接收发向该主机 2007 端口的 UDP 数据报。在接收到数据报后，要把接收的内容在屏幕上打印。

【程序 8-17】TestSendUdp.java

```
import java.net.*;
import java.io.*;
public class TestSendUdp{
    public static void main(String[] args)throws Exception{
        DatagramSocket socket=new DatagramSocket();
        InetAddress address=InetAddress.getByName("localhost");
        String[]words="Welcome to Java world".split(" ");
        int len=words.length;
        for(int i=0;i<len;i++){
            byte[] buf=words[i].getBytes();
            DatagramPacket packet
              =new DatagramPacket(buf,buf.length,address,2007);
            System.out.println("发送: "+words[i]);
            socket.send(packet);
            Thread.sleep(1000);
        }
        socket.close();
    }
}
```

【程序 8-18】TestReceiveUdp.java

```
import java.net.*;
import java.io.*;
public class TestReceiveUdp{
    public static void main(String[] args) throws Exception{
        DatagramSocket socket=new DatagramSocket(2007);
```

```
6:         while(true){
7:             byte[] buf=new byte[512];
8:             DatagramPacket packet=new DatagramPacket(buf,buf.length);
9:             socket.receive(packet);
10:            int length=packet.getLength();
11:            String s=new String(buf,0,length);
12:            System.out.println("接收到: "+s);
13:        }
14:    }
15: }
```

“程序 8-17”和“程序 8-18”的运行效果如图 8-19 所示。

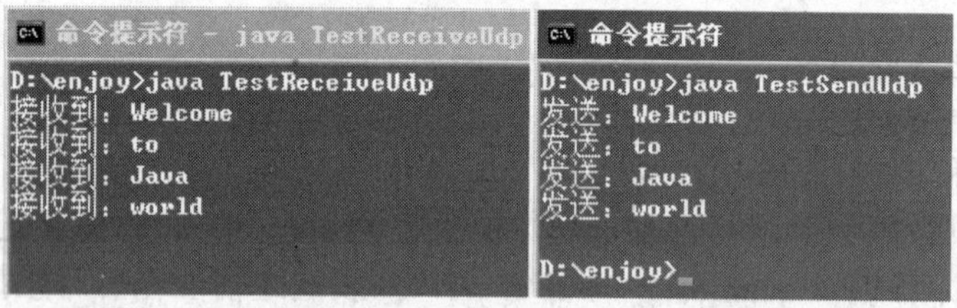

图 8-19 “程序 8-17”和“程序 8-18”的运行效果

“程序 8-17”是发送 UDP 数据报的程序。该程序把字符串“Welcome to Java world”分割成一个个的单词（第 7 行），然后把每个单词转换成字节数组的形式存放（第 10 行），再把字节数组打包成 DatagramPacket 型的对象（第 11~12 行，这个 DatagramPackage 对象明确规定了目的地和端口号 2007），最后把这些数据报发送出去（第 14 行）。为了有更好的显示效果，每个数据报发送后，有 1 秒的停顿（第 15 行）。

“程序 8-18”是接收 UDP 数据报的程序。该程序始终处于循环接收和处理状态（事实上服务器一般都处于这种状态），每接收一个 UDP 数据报（第 9 行），该程序都要把它转换成字符串并显示出来（第 10~12 行）。

8-4 用 JDBC 访问数据库

数据库的支持几乎是所有大型软件不可缺少的部分。各种高级编程语言一般都提供访问数据库的方式和方法，Java 也不例外。

Java 具有健壮、安全、易用和跨平台等优秀特性，是编写数据库应用程序的杰出语言。数据库的种类有很多，例如，大型商业数据库 Sybase、DB2、Oracle、Informix、SQL Server 等，桌面数据库 Access、Excel 等，还有免费数据库 MySQL 等。怎样使用 Java 方便地访问这么多不同类型的数据库呢？Java 应用程序与各种不同数据库之间对话的方法和技术保证是什么？

使用 Java 方便地访问各种数据库，首先得益于结构化查询语言 SQL（Structured Query Language），一种对关系数据库进行访问的语言。该语言由美国规格协会（ANSI）制定了严格的世界标准规格，一般的数据库都支持 SQL。SQL 使得用户在访问不同的关系数据库时，可以不关心数据库内部的实际存储结构，而是按照用户自己的意愿和喜好定义和操纵数据库中的数据结构，按照自己需要的格式获取数据。可以说，SQL 是关系数据库的“世界语言”。

通过向数据库系统发送 SQL 语句，Java 应用程序就可以查询或操纵数据库中的数据结构或数据。实现这一功能的技术就是 JDBC。有意思的是，JDBC 本身是个商标名而不是一个缩写字；但是，JDBC 常被认为代表“Java 数据库连接”，是 Java Database Connectivity 的缩写。JDBC 由一组用 Java 语言编写的类和接口组成，为数据库程序开发人员提供了标准的 API，使得他们能够用纯 Java API 编写数据库应用程序。

有了 JDBC，Java 应用程序向各种关系数据库发送 SQL 语句就成为一件很容易的事：不必为访问 Acess 数据库专门编写一个程序，为访问 Oracle 数据库又专门编写一个程序，为访问 MySQL 数据库再编写另一个程序等。而且，也无须为不同的平台编写不同的应用程序。程序员只需用 JDBC API 编写一个程序就够了，

JDBC 像一座桥，一端是数据库系统，另一端是 Java 应用程序，使得 Java 的数据库编程成为可能。本节要介绍一种免费数据库——MySQL 以及结构化查询语言 SQL 的几种典型应用，并且介绍 JDBC 的原理和使用方法，最后举例说明怎样使用 JDBC 进行 Java 的数据库编程。

8-4-1　MySQL 数据库系统

MySQL 数据库系统是一种开放源代码的关系型数据库管理系统。与桌面数据库（例如微软的 Access 数据库）不同，它还是一个网络数据库，也称为数据库服务器。当用户在客户端向网络数据库提交访问命令时，数据库服务器在服务器端执行访问命令，并把结果返回给客户端。

由于 MySQL 是开放源代码的，因此用户可以从网上自由下载并根据个性化的需要对其进行修改。MySQL 因为其速度、可靠性和适应性而备受关注。MySQL 的运行性能与许多商业数据库不相上下。

本部分将简单介绍 MySQL 数据库系统的下载、安装和使用。

1. 下载

MySQL 关系型数据库系统于 1998 年 1 月发行第一个版本，其版本更新速度很快。截至目前，其 5.0 版本已经正式发行，并且有 5.1 版本的 Beta 测试版本和 6.0 版本的 Alpha 测试版本。登录 MySQL 官方站的下载页面 http://dev.mysql.com/downloads/就可以下载所需要的版本。本书的例子和测试程序使用了已正式发行的用于 Windows 32 操作系统的 5.0.45 版本，该版本下载后是一个扩展名为.zip 的压缩文件：mysql-5.0.45-win32.zip。解压缩该文件后，得到一个扩展名为.exe 的可执行文件，即安装文件 Setup.exe。

2. 安装、启动和配置

双击解压后的 Setup.exe 文件，根据安装向导的提示完成 MySQL 数据库系统的安装，每一步都采用默认设置。数据库服务器是必须安装的，在安装过程中选择安装客户端程序，利用客户端程序，用户可以用命令行访问数据库。

安装时会提示安装用户输入数据库超级用户 root 的密码，假设输入的密码是 rootpass。超级用户对本服务器所有的 MySQL 数据库有最高权限。

安装完成后，安装程序会让用户选择是否进行配置。选择“是”，进行数据库系统配置。配置时，全部采用默认配置，但在确定字符集时，需要进行更改，如图 8-20 所示。

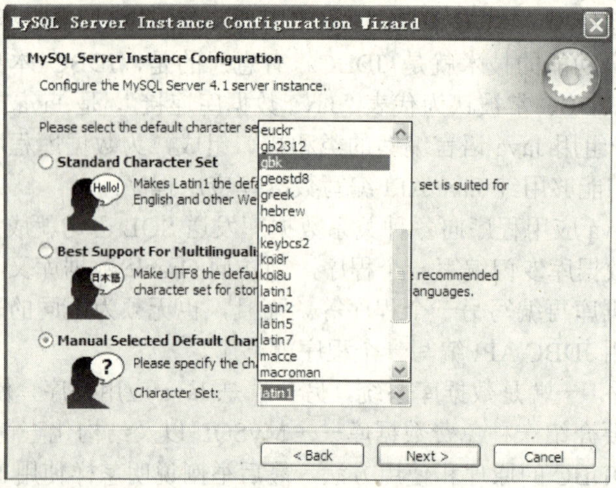

图 8-20　选择 MySQL 的字符集。

选择 gbk 字符集的原因是：后面的程序需要用到中文，如果采用系统默认的字符集，则在中文字符显示时会出现乱码，采用 gb2312、gbk 或 utf8 都可以解决中文字符乱码的问题。

在 Windows 系统下，通过双击“控制面板”→“管理工具”→“服务”图标，可以找到 MySQL 的后台服务管理器，在这个条目上右击，可以启动或终止数据库服务器的后台服务，也可以对后台服务进行配置。如果右击 “属性”，在“启动类型”列表中选择“自动”选项，则在计算机启动后，该服务会自动启动。

3. 通过客户端程序访问数据库

MySQL 数据库系统安装、配置和启动完成后，如果已经安装过了客户端程序，就可以启动它，启动的步骤是：执行“开始”→“所有程序”→“MySQL”→“MySQL Server5.0”→“MySQL Command Line Client”命令。客户端启动后，会提示用户输入超级管理员的密码。如果输入不正确，客户端程序会马上退出；如果输入正确，可以输入命令，访问数据库。

用户输入的命令要以英文的分号（;）结尾，如果不输入分号而按回车键，则客户端程序认为这个命令的输入没有结束，一直等分号出现才把输入的若干行作为一个命令发送到数据库服务器。

MySQL 客户端的常用命令有：

（1）查看本数据库服务器下有哪些数据库：show databases;。

（2）使用某个数据库：use 数据库名称;。例如，默认安装了 MySQL 数据库服务器后，系统中会自动产生一个名称为“test”的数据库，可以用这个命令使用这个数据库：use test;

（3）查看正在被使用的数据库中共有哪些数据表：show tables;。但是，只有当前用户有相应的权限时，才能察看这些数据表。

（4）查看某个数据表的字段结构：describe 表格名称;。

（5）管理员把权限赋给某个用户。例如，grant all privileges on words.* to reciter@localhost identified by 'reciterpass'。这条命令的意思是：把 words 数据库中对所有表格的所有操作权限全部赋予本地的 reciter 用户，其登录密码是 reciterpass。在创建了 words 数据库后，需要把该命令执行一次，因为程序中使用了这个用户名和密码。

8-4-2 结构化查询语言 SQL 简介

SQL 是用于访问关系数据库的标准语言，它包括若干关键字和一致的语法，便于数据库元件（如表、索引、字段等）的建立和操纵。SQL 语句主要分为两大类：数据结构操作和数据操作。

1. 数据结构操作语句

数据结构操作语句用来创建、删除和修改数据结构，包括数据库、数据表、索引和字段等，其常用语句有如下几种：

（1）创建新的数据库

创建一个新的数据库的语句格式是：

```
create database 数据库名称;
```

例如，

```
create database words;
```

上面这条语句创建了一个名称为 words 的 MySQL 数据库。

（2）删除某个已经存在了的数据库

删除某个数据库的语句格式是：

```
drop database 数据库名称;
```

例如，

```
drop database test;
```

上面这条语句删除了名称为 test 的已经存在了的数据库。

（3）在某个数据库中创建一个数据表

创建新的数据表的格式是：

```
create table 数据表名称 (字段名称 1 数据类型,字段名称 2 数据类型,...);
```

例如，如果当前数据库为 words，则执行下面的命令可以创建一个名称为 w_table 的数据表：

```
create table w_table (id int,en varchar(20),ch varchar(20));
```

新创建的表格有 3 个字段，第一个字段是整型的，存放每条记录的标号，另外两个字段分别存放某个单词的英文和中文，其长度都不超过 20 个字符。

（4）删除某个已经存在的数据表

删除数据表的格式是：

```
drop table 数据表名称;
```

例如，如果数据表 xyz 已经存在，则执行如下命令就可以删除这个名称为 xyz 的数据表：

```
drop table xyz;
```

创建数据表时，可以根据需要为字段选择类型。常用的类型包括：char(size) ——长度为 size 的字符串；varchar(size) ——最大长度为 size 的字符串；tinyint——短整型；int——整型；float——单精度型浮点数；double——双精度型浮点数。

为了后面的应用，在 words 数据库中创建一个名称为 w_table 的数据表，其语句为：

```
create table w_table(id primary key auto_increment,en varchar(20),ch
varchar(20));
```

在上面的语句中，“primary key”是指 id 字段是这个表的主键，不同的行有不同的 id，其值不能重复；“auto_increment”的意义是：当用户向 w_table 数据表中添加数据时，可以不关心这一列，这一列的数值会自动生成。

我们将向其中添加数据，如表 8-1 所示。

表 8-1　w_table 中的数据

id	en	ch
1	language	语言
2	wind	风
3	vicissitude	变迁兴衰
4	times	时代
5	success	成功

2. 数据操作语句

数据操作语句比数据结构操作语句使用更多，Java 应用程序更多地使用数据操作语句和数据库进行交互。数据操作语句共有 4 种，分别以 select、insert、delete、update 打头，这 4 种语句也分别称为 select 语句（记录查询语句）、insert 语句（记录插入语句）、delete 语句（记录删除语句）和 update 语句（记录更新语句）。其中，select 语句使用最多。

（1）select 语句

select 语句的格式如下：

```
select 字段 1[,字段 2,…] from 数据表名称 [where 子句] [order by 子句];
```

上面的记录查询语句中，where 子句用来限定对哪些记录进行查询，order by 子句规定结果集以什么方式排序。如果对所有的字段进行查询，则可以把所有的字段替换成为“*”。

例如，如果要查看表 8-1 所示的 w_table 中英文单词（字段 en）首字母是 t 或 t 之后的字母的记录的所有字段，并且要按照英文的字典降序排列，则采用下面的查询语句：

```
select*from w_table where en>='t' order by en desc;
```

上面查询语句的“by en desc”的意思是结果按照字段“en”的降序排列。按照升序排列使用“asc”，可以省略。上面语句的执行结果如表 8-2 所示。

表 8-2　一次 SQL 查询结果

id	en	ch
2	wind	风
3	vicissitude	变迁兴衰
4	times	时代

（2）insert 语句

insert 语句负责向数据表中添加新记录，有两种格式，第一种格式是：

```
insert into 数据表名称 values(字段 1 的值,字段 2 的值,…)
```

上面的插入语句格式中，各个字段的值的排列顺序要和数据库中对应字段的排列顺序一致。如果某个字段的值可以为空（这在数据表定义时规定），则相应的值可以是 null。例如，下面的语句向表 w_table 中添加一条新记录：

```
insert into w_table values(6,null,'苹果');
```

注意：插入语句中数字直接书写，而字符串要用单引号包括起来。上面的插入语句中，单词有汉语解释，没有英文，但插入操作是成功的。这是因为，数据表定义时，规定除了第一个字段外，另外两个字段可以为空。

insert 的第二种格式是：

```
insert into 数据表名称(字段1,字段2,…)values(字段1的值,字段2的值);
```

需要注意的是，上面的插入语句格式中，各个字段的先后顺序是任意的，但字段名的顺序和相应的值的顺序要一致。例如，如果某个单词"banana"暂时不知道汉语解释，仍然可以使用下面的语句插入到数据表 w_table 中：

```
insert into w_table(id,en)values(null,'banana');
```

这条语句在 w_table 表中增加了一条记录，其 id 字段为系统自动编号（这个字段中所有值的最大值加 1），字段 ch（中文解释）为空。注意，上述插入语句在 Access 数据库中插入时不成功，它必须采用如下形式：

```
insert into w_table(en) values('banana');
```

（3）update 语句

update 语句用来更新数据表中满足某种条件的所有语句，其格式是：

```
update 数据表名称 set 字段1=字段1的值[,字段2=字段2的值,…] [where 子句]
```

例如，下面的语句把数据表 w_table 中的单词 times 的汉语意思更改为"时代，次数"

```
update w_table set ch='时代，次数' where en='times';
```

（4）delete 语句

delete 语句用来删除数据表中满足某种条件的所有语句，其格式是：

```
delete 数据表名称 [where 子句];
```

例如，下面的语句把刚刚插入的两条记录删除掉：

```
delete from w_table where en='banana' or ch='苹果';
```

上面的语句执行后，单词表 w_table 中英文单词为"banana"的记录和中文解释为"苹果"的记录都被删除。

8-4-3 JDBC

正如本节开始所述，JDBC 在应用程序和数据库之间架起了一座桥梁，使得应用程序能够方便地访问到不同类型的数据库。下面将介绍 JDBC 的结构和工作原理、JDBC 的几个主要的类，以及 JDBC 的使用等。

1. JDBC 的结构和工作原理

JDBC 是 Sun 公司提供的一个用于 SQL 访问的 Java API，它由 Java 语言编写的类和接口组成，旨在让各数据库开发商或第三方厂商能够实现这些 API，为 Java 程序员提供标准的数据库 API 的实现。JDBC API 定义了若干 Java 中的类，表示数据库连接、SQL 指令、结果集、数据库元数据等。同时，Sun 公司提供了一个驱动程序管理器，通过驱动程序管理器，JDBC API 可利用不同的驱动程序连接不同的数据库系统。

JDBC 的设计在思想上沿袭了微软的 ODBC（Open DataBase Connectivity）模式，这使

得JDBC容易被接受。JDBC驱动程序管理器是用来管理与实际数据库进行通信时插入的、数据库厂商提供的驱动程序。JDBC的结构如图8-21所示。

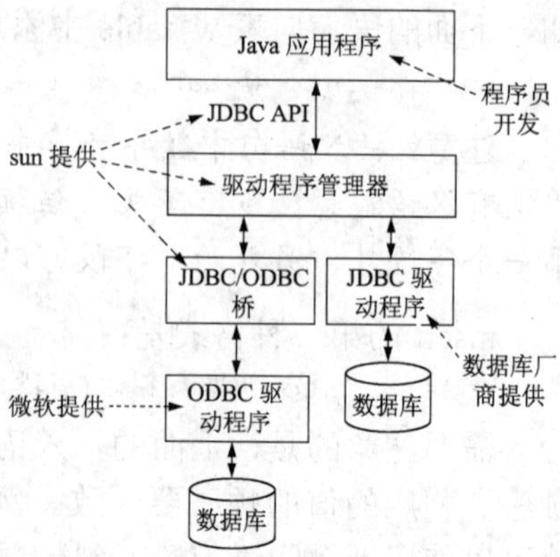

图8-21 JDBC的结构

如图8-21所示，JDBC共有4类驱动程序，这4类驱动程序的功能和性能有很大不同。4种驱动类型决定了4种不同的数据库连接方式。

（1）应用程序→JDBC-ODBC桥（JDBC第1类驱动程序）→ODBC驱动程序→数据库。这类驱动程序是Sun公司开发的，只要数据库在机器上注册了ODBC连接，就可以采用这种方式。这种方式不需要数据库厂商提供额外的驱动程序，应用比较方便。但是，这种数据库连接方式由于通过了中介ODBC，效率低下，主要用于原型系统开发。对有些不提供JDBC驱动程序的数据库，如微软的Access，只能采用这种方式。但是，不推荐使用这种数据库连接方式。

（2）应用程序 → JDBC驱动程序（JDBC第2类驱动器）→ 本地数据库提供的类库 → 数据库。这种数据库连接方式中，直接用Java语言开发本机代码，与本机数据库进行通信。但是，除了要安装Java API库之外，还要安装本机平台的代码。这种方式的性能比第1种略好。

（3）应用程序→ JDBC驱动（JDBC第3类驱动器）→ Java中间件 → 数据库API → 数据库。这种连接中，客户程序通过数据库协议和数据库连接，独立于实际数据库而运行，部署得到了简化。

（4）应用程序→ JDBC驱动（JDBC第4类驱动器）→ 数据库引擎 → 数据库。这种连接方式中的JDBC驱动器是纯粹的Java API库，通过自己的本地协议直接与数据库引擎通信，具备在Internet装配的能力。这种方式的性能最高。大多数数据库厂商都提供第4类驱动。

用JDBC访问数据库的步骤是：加载驱动程序 → 建立数据库连接 → 创建Statement对象→发送SQL语句 → 获取操作成功与否的结果或获取结果集。下面分别介绍这几个步骤。

2. 加载JDBC的数据库驱动程序

本节的示例程序采用MySQL数据库系统和第4类驱动，也就是说，JDBC的MySQL驱动程序由MySQL厂商提供。首先，登录到MySQL的官方网站下载JDBC驱动程序。本书写作时，MySQL的JDBC驱动程序版本是5.0.7。从MySQL的官方网站上下载压缩文件“mysql-connector-java-5.0.7.zip”，在本地解压缩后，得到一个文件夹，在该文件夹下有一个文件“mysql-connector-java-5.0.7-bin.jar”，这就是我们需要的JDBC驱动程序。

为了能让程序找到这个文件，需要把该文件复制到JDK的安装目录下的“\jre\lib\ext”文件夹下。这样做，程序编译和执行时，都能发现这个jar文件。也可以把该文件复制到磁盘的任何位置，把文件的路径加载到classpath变量中。或者采用更简单的方式，压缩文件“mysql-connector-java-5.0.7.zip”解压缩后，有一个com文件夹和一个org文件夹，把这两个文件夹复制到应用程序的执行代码目录中即可。

在应用程序中还必须有一条语句把驱动程序的字节码加载到内存中，加载驱动程序的语句是：

Class.forName("驱动程序名称");

对于 MySQL 数据库和 5.0.7 版本的 JDBC 驱动程序，需要用如下语句加载：

```
Class.forName("org.gjt.mm.mysql.Driver");
```

3. 建立数据库的连接

为了建立数据库的连接，需要调用 java.sql 包中的 DriverManger 类的静态方法。DriverManger 类就是图 8-21 中的“驱动程序管理器”。建立连接的静态方法是：

```
public static Connection getConnection(String url,String user,String
password)throws SQLException
```

如果要和本节前半部分建立的背单词的数据库 words 建立连接，则用下面的语句：

```
con=Driver.getConnection("jdbc:mysql://localhost:3306/words","reciter",
"reciterpass");
```

方法的返回类型 Connection 是 java.sql 包中的一个类。方法的参数有 3 个：

（1）url：表示待连接的数据库的定位信息。例子中的 localhost 指本机数据库，如果是网络上的 MySQL 数据库，则需要写其主机域名或 IP 地址；3306 是 MySQL 安装时的默认端口，如果安装时对端口有改动，则此处也要有相应的改动；words 是数据库的名称。

（2）user：用户名。本例中使用了“reciter”，这是因为我们曾经把对 words 数据库的全部操作权限赋给了该用户。当然，也可以采用超级用户“root”，但不提倡这样做。

（3）password：用户的登录密码。用户“reciter”对应的密码是“reciterpass”，而超级用户“root”的密码在安装时已经设定，是“rootpass”。

建立连接的目的是为了向数据库发送 SQL 语句，在发送工作完成后，需要关闭创建的数据库连接。关闭连接不再由 DriverManager 执行，而是由创建的连接类 Connection 的对象执行：

```
public void close()throws SQLException
```

例如，上面创建的 con 对象可以调用该方法关闭：

```
con.close();
```

与数据库交互的许多类的对象，如 Connection 对象和后面要介绍的 Statement 对象和 ResultSet 对象，在弃用之前都要进行关闭，这样会减少资源的占用并提高效率。

4. 创建 Statement 对象

建立数据库连接后，Connection 对象并不能直接向数据库发送 SQL 语句，而是要创建一个 Statement 的对象，让 Statement 对象向数据库发送 SQL 语句。产生 Statement 对象时，需要有几个参数确定 Statement 对象的性质，以及由 Statement 对象产生的 ResultSet 对象的性质。Statement 对象由建立数据库连接的 Connection 对象产生，其方法是：

（1）public Statement createStatement() throws SQLException

（2）public Statement createStatement(int resultSetType, int resultSetConcurrency) throws SQLException

（3）public Statement createStatement(int resultSetType, int resultSetConcurrency, int resultSetHoldability) throws SQLException

上面方法中的参数可以有不同的取值。其中，resultSetType 有 3 种取值：

（1）ResultSet.TYPE_FORWARD_ONLY：结果集的游标只能向前移动，不能后退。当过载方法（第 1 个方法）默认对应 resultSetConcurrency 参数时，默认值是 ResultSet. CONCUR_READ_ONLY。

（2）ResultSet.TYPE_SCROLL_INSENSITIVE：结果集的游标可以向前或向后移动，并且对他人对数据库的更新不敏感。

（3）ResultSet.TYPE_SCROLL_SENSITIVE：结果集的游标可以向前或向后移动，并且对他人对数据库的更新敏感。

方法中的 resultSetConcurrency 参数可以取如下 2 种值：

（1）ResultSet.CONCUR_READ_ONLY：结果集是只读的。当过载方法（第 1 个方法）默认对应 resultSetConcurrency 参数时，默认值是 ResultSet.CONCUR_READ_ONLY。

（2）ResultSet.CONCUR_UPDATABLE：允许对结果集进行更新。

方法中的 resultSetHoldability 参数可以取如下 2 种值：

（1）ResultSet.HOLD_CURSORS_OVER_COMMIT：当方法 Connection.commit 调用时，结果集可以不关闭；

（2）ResultSet.CLOSE_CURSORS_AT_COMMIT：当方法 Connection.commit 调用时，结果集必须被关闭；

5. 发送 SQL 语句

通过连接对象创建的 Statement 对象可以向已建立连接的数据库发送 SQL 语句。Statement 对象发送 SQL 语句的常用方法有两个：

（1）public int executeUpdate(String sql) throws SQLException

（2）public ResultSet executeQuery(String sql) throws SQLException

第一个方法用来发送 insert、update、delete 语句，并返回语句执行后所影响的记录条数；第二个方法用来发送 select 语句，并返回一个 ResultSet 类型的结果集。

注意：一个 Statement 对象在某个时间只能产生一个结果集，如果它所产生的结果集没有被关闭而产生了第二个结果集，则再次访问第一个结果集时会抛出异常。因此，在编程过程中要养成随时关闭弃用结果集和 Statement 对象的习惯。但要注意，在关闭 Statement 对象之前，要首先关闭由它创建的所有结果集。

6. 获取结果集中的数据

要获取结果集中的数据，需要把结果集的游标移动到相应的记录行。ResultSet 对象的移动游标的方法有：

（1）public void beforeFirst() throws SQLException：把游标定位到第一条记录之前。在结果集刚产生时，游标就在第一条记录之前。

（2）public void afterLast() throws SQLException：把游标定位到最后一条记录之后。

（3）public boolean first() throws SQLException：把游标定位到第一条记录。

（4）public boolean last() throws SQLException：把游标定位到最后一条记录。

（5）public boolean next() throws SQLException：把游标移到下一条记录。

（6）public boolean previous() throws SQLException：把游标移到前一条记录。

（7）public boolean absolute(int row) throws SQLException：把游标定位到行号为 row 的记录。

有时，在游标移动前，需要对游标的位置进行判断，判断的常用方法有：

（1）public boolean isFirst() throws SQLException：游标是否指向了第一条记录。

（2）public boolean isLast() throws SQLException：游标是否指向了最后一条记录。

（3）public boolean isBeforeFirst() throws SQLException：游标是否在第一条记录之前。

（4）public boolean isAfterLast() throws SQLException：游标是否在最后一条记录之后。

为了获取结果集当前记录中某个字段中的数据，需要用如下形式的方法：

（1）public 类型 get类型(int columnIndex) throws SQLException：获取当前记录中列的序号为 columnIndex 的字段中的内容。列的序号 columnIndex 从 1 数起，而不是从 0 数起。

（2）public 类型 get类型(String columnName) throws SQLException：获取当前记录中字段名称为 columnName 的字段中的内容。这个方法的效率比上一个方法要低一些，但编程时更清楚。

上面两个方法中的“类型” 可以是 int、long、boolean、byte、String、java.sql.Date 等。一个字段如果是数值型也可以直接从结果集中取出其对应的字符串。例如，如果结果集 rs 的第一个字段是 int 型，则下面的语句可以获取当前记录的第一个字段中数值对应的字符串：

```
rs.getString(1);
```

8-4-4 Java 的数据库连接举例：轻松背单词

利用本节前面部分介绍的连接数据库的方法，可以开发一个背单词的简单应用程序。这个程序假设数据库中已有英文单词相关的数据，如表 8-1 所示。当程序运行时，会和后台数据库建立连接，并取出当前记录的中、英文。界面上只显示中文，用户输入英文后，进行结果匹配检查，界面上反馈给用户结果。对一个单词操作完毕后，用户可以选择“上一条”或“下一条”分别对上一个单词或下一个单词进行操作。程序界面如图 8-22 所示。

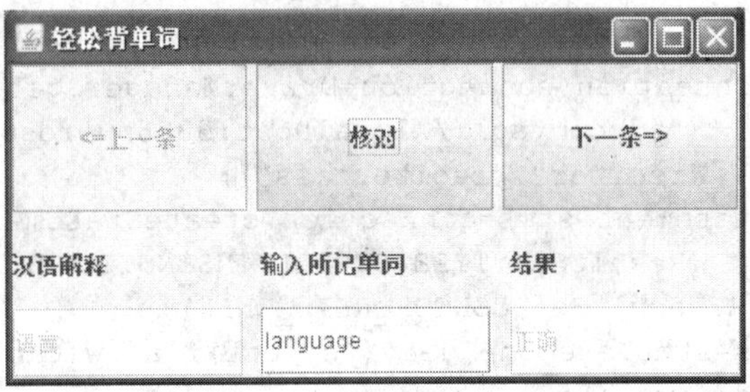

图 8-22 “程序 8-19”的运行界面

程序清单如下所示。

【程序 8-19】 TestDB.java

```
import javax.swing.*;
import java.awt.*;
import java.awt.event.*;
import java.sql.*;
public class TestDB extends JFrame implements ActionListener{
    String english;
    ResultSet rs;
    Container con;
```

```
    JButton buttonPrevious=new JButton("<=上一条");
    JButton buttonCheck=new JButton("核对");
    JButton buttonNext=new JButton("下一条=>");
    JTextField fieldCh=new JTextField();
    JTextField fieldInput=new JTextField();
    JTextField fieldResult=new JTextField();
    TestDB(){
        con=this.getContentPane();
        con.setLayout(new GridLayout(2,1,10,10));
        JPanel panelControl=new JPanel();
        panelControl.setLayout(new GridLayout(1,3,5,5));
        JPanel panelContent=new JPanel();
        panelContent.setLayout(new GridLayout(2,3,10,5));
        con.add(panelControl);
        con.add(panelContent);
        panelControl.add(buttonPrevious);
        panelControl.add(buttonCheck);
        panelControl.add(buttonNext);
        panelContent.add(new JLabel("汉语解释"));
        panelContent.add(new JLabel("输入所记单词"));
        panelContent.add(new JLabel("结果"));
        panelContent.add(fieldCh);
        panelContent.add(fieldInput);
        panelContent.add(fieldResult);
        fieldCh.setEnabled(false);
        fieldResult.setEnabled(false);
        buttonPrevious.addActionListener(this);
        buttonNext.addActionListener(this);
        buttonCheck.addActionListener(this);
        try{
            Class.forName("org.gjt.mm.mysql.Driver");
            Connection connection=DriverManager.getConnection
                ("jdbc:mysql://localhost:3306/words",
                "reciter","reciterpass");
            Statement stmt=connection.createStatement
                (ResultSet.TYPE_SCROLL_INSENSITIVE,
                ResultSet.CONCUR_READ_ONLY);
            rs=stmt.executeQuery("select*from w_table order by id");
            rs.first();
            showCurrRecord();
        }catch(Exception e){
            System.out.println(e);
        }

        setTitle("轻松背单词");
        setLocation(100,100);
        setSize(400,200);
        setDefaultCloseOperation(JFrame.EXIT_ON_CLOSE);
        setVisible(true);
    }
    public void actionPerformed(ActionEvent e){
```

```
60:         Object obj=e.getSource();
61:         try{
62:             if(obj==buttonPrevious){
63:                 rs.previous();
64:                 fieldInput.setText("");
65:                 fieldResult.setText("");
66:                 showCurrRecord();
67:             }
68:             if(obj==buttonNext){
69:                 rs.next();
70:                 fieldInput.setText("");
71:                 fieldResult.setText("");
72:                 showCurrRecord();
73:             }
74:             if(obj==buttonCheck){
75:                 if(english.equals
76:                  (fieldInput.getText()))
77:                     fieldResult.setText("正确");
78:                 else
79:                     fieldResult.setText("错误");
80:             }
81:         }catch(Exception ex){
82:             System.out.println(ex);
83:         }
84:
85:     }
86:     void showCurrRecord(){
87:         try{
88:             buttonPrevious.setEnabled(!rs.isFirst());
89:             buttonNext.setEnabled(!rs.isLast());
90:             fieldCh.setText(rs.getString("ch"));
91:             english=rs.getString("en");
92:         }catch(Exception e){
93:             System.out.println(e);
94:         }
95:     }
96:     public static void main(String[] args){
97:         new TestDB();
98:     }
99: }
```

在“程序 8-19”中，数据库连接、产生 Statement 对象和产生结果集对象的工作都在主类的构造方法中完成（第 38~51 行）。首先，利用 Class.forName()方法加载了 MySQL 数据库连接的驱动程序（第 39 行）；然后，建立连接，产生了一个 Connection 对象 connection（第 40～42 行）；接下来，产生了一个用于发送 SQL 语句的 Statement 对象 statement；最后，通过 statement 对象产生了一个结果集，所产生的结果集自始至终存在，也就是说，在程序运行的整个过程中，都是对这个结果集进行操作。

界面中用户点击“上一条”对应结果集对象的 previous()方法，点击“下一条”对应结果集的 next()方法。游标每指向一条记录，该记录的英文单词和汉语意思都被取出，但只显示汉语意思，不显示英文单词。当用户输入的英文单词和从数据集中取出的英文单词完全匹配时，反馈“正确”的信息，否则，返回“错误”的信息。

“程序 8-19”中没有对数据库进行添加、删除和修改记录的功能，读者可以在界面和数据库操作方面丰富程序的功能。这项任务留给读者作为练习。

8-5 小 结

本章介绍了 Java 的 4 个高级特性：线程、小应用程序、网络编程和数据库编程。线程是 Java 程序开发的难点。要注意线程创建的两种方法：继承 Thread 类和实现 Runnable 方法。编写线程程序要熟悉 Thread 类中的方法，包括类方法和成员方法。Java 程序共分为两种：Java 小应用程序和 Java 应用程序。Java 小应用程序用在网页中，丰富了网页的功能，可以从网页向小应用程序传值，也可以在小应用程序中绘图和播放声音文件、显示图像文件等。网络编程是 Java 语言的优势所在，使用 Java 语言可以方便、简洁地编写网络应用程序。Java 网络编程有两个层次：URL 层次和 Socket 层次。Socket 层次中又包含有连接的方式和无连接的方式。对数据库编程应该深刻理解 JDBC 的工作原理，并掌握其中的 3 个常用类：Connection、Statement 和 ResultSet。

思考与练习题

一、思考题

1. 线程有哪几种状态？创建线程有哪两种方式？
2. 线程和进程有什么关系？
3. 具有同一个线程体的两个线程是不是共享局部变量？是不是共享目标对象的成员变量？
4. Java 小应用程序如何得到它所嵌入的网页中的数据？
5. JDBC 的工作原理是什么？共有哪几类数据库连接的驱动程序？

二、选择题

1. 关于线程，请选择一个正确的答案。（ ）

   A．多线程是 Java 语言独有的

   B．多线程需要多 CPU

   C．多线程要求一个计算机拥有单独一个 CPU

   D．Java 语言支持多线程

2. 调用以下哪些方法可以启动一个线程？（ ）

   A．start()　　B．init()　　C．run()　　D．main()

3. 当线程在 I/O 处堵塞时，以下哪个描述是正确的？（ ）

   A．线程进入准备状态　　B．线程进入消亡状态

   C．没有其他线程可以完成 I/O 操作　　D．线程进入等待状态

4. 以下哪个不是 Applet 的标签？（ ）

   A．Paint　　B．Code　　C．Param　　D．Width

5. Java 小应用程序运行时，被浏览器或 appletviewer 调用的第一个方法是：（ ）

A．paint()　　B．init()　　C．start()　　D．destroy()

三、填空题

1．Java 的线程由________、________、________三部分构成。

2．Java 线程的线程体是一个线程类的________方法。

3．创建一个线程对象的两种方法分别是：继承________类的方法和实现________接口的方法。

4．基于 Socket 的通信包括________的通信和________的通信两种方式。

5．网页中向 Applet 传值的标签是________、key 和 value。

参考文献

[1] ECHEL B. Thinking in Java. 影印版. 北京：机械工业出版社，2005.

[2] 耿祥义. Java 大学实用教程. 北京：电子工业出版社，2006.

[3] HORSTMANN C S，CORNELL G. Java 核心技术：第 1 卷，第 2 卷. 程峰，等译. 北京：机械工业出版社，2004.

[4] 教育部考试中心. 全国计算机等级考试二级教程：Java 语言程序设计. 北京：高等教育出版社，2004.

附录A 授课及实验课时安排参考

章　号	内　容	讲授课时	实验课时
0	绪论	2	1
1	Java 语言基础	4	3
2	Java 的面向对象特征	6	2
3	类的高级特性	4	2
4	常用类	4	2
5	异常处理	4	2
6	输入/输出流和对象串行化	6	2
7	图形用户界面	6	4
8	Java 高级特性介绍	4	2
合　计		40	20

附录 B 二级考试大纲索引

Java 语言程序设计

基本要求

1．掌握 Java 语言的特点，实现机制和体系结构。
2．掌握 Java 语言中面向对象的特性。
3．掌握 Java 语言提供的数据类型和结构。
4．掌握 Java 语言编程的基本技术。
5．会编写 Java 用户界面程序。
6．会编写 Java 简单应用程序。
7．会编写 Java 小应用程序（Applet）。
8．了解 Java 的应用。

考试内容

一、Java 语言的特点和实现机制
二、Java 体系结构
1．JDK 目录结构。
2．Java 的 API 结构。
3．开发环境设置。
4．Java 程序结构。
三、Java 语言中面向对象的特性。
1．面向对象编程的基本要领和特征。
2．类的基本组成和使用。
3．对象的生成、使用和删除。
4．接口与包。
5．Java 类库中常用类和接口。
四、Java 简单数据类型及运算
1．变量和常量。
2．基本数据类型及转换。
3．Java 类库中对简单数据类型的类包装。
4．运算符和表达式运算。
5．数组和字符串。
五、Java 语言的基本语句
1．表达式语句。
2．条件语句。
3．循环语句。
4．注释语句。
5．异常处理。

六、Java 编程技术基础

1．线程的要领和使用。

2．同步与共享。

3．串行化要领和目的。

4．串行化方法。

5．串行化的举例。

6．基于文本的应用。

7．文件和文件 I/O。

8．汇集（collections）接口。

七、编写用户界面程序

1．图形用户界面。

2．AWT 库简介。

3．Swing 简介。

4．AWT 与 Swing 比较。

八、编写小应用程序（Applet）

1．小应用程序概念。

2．安全机制。

3．Applet 执行过程。

4．Applet 的图形绘制。

5．Applet 的窗口。

6．Applet 的工作环境。

7．Java Application 和 Applet。

九、Java 的应用

十、J2SDK 的下载和操作

考试方式

1．笔试：90 分钟，满分 100 分，其中含公共基础知识部分的 30 分。

2．上机操作：90 分钟，满分 100 分。

上机题目类型要求：

1．基本操作。

2．简单应用。

3．综合应用。

附录C 二级考试样题

Java语言程序设计

一、选择题

1. Java语言具有许多优点和特点，下列选项中，哪个反映了Java程序并行机制的特点？（ ）

   A．安全性　　B．多线程　　C．跨平台　　D．可移植

2. 下列哪个类声明是正确的？（ ）

   A．abstract final class H1{…}　　B．abstract private move(){…}

   C．protected private number;　　D．public abstract class Car{…}

3. 下列关于for循环和while循环的说法中哪个是正确的？（ ）

   A．while循环能实现的操作，for循环也能实现

   B．while循环判断条件一般是程序结果，for循环判断条件一般是非程序结果

   C．两种循环任何时候都可替换

   D．两种循环结构中都必须有循环体，循环体不能为空

4. 异常包含下列哪些内容？（ ）

   A．程序中的语法错误

   B．程序的编程错误

   C．程序执行过程中遇到的事先没有预料到的情况

   D．程序事先定义好的可能出现的意外情况

5. Character流与Byte流的区别是？（ ）

   A．每次读入的字节数不同　　B．前者带有缓冲，后者没有

   C．前者是块读写，后者是字节读写　　D．二者没有区别，可以互换使用

6. 监听事件和处理事件由什么完成?（ ）

   A．都由Listener完成　　B．都由相应事件Listener处登记过的构件完成

   C．由Listener和构件分别完成　　D．由Listener和窗口分别完成

7. Applet可以做下列哪些操作？（ ）

   A．读取客户端文件　　B．在客户端主机上创建新文件

   C．在客户端装载程序库　　D．读取客户端部分系统变量

8. 下列哪个属于容器的构件？（ ）

   A．Jframe　　B．Jbutton　　C．Jpnel　　D．Japplet

9. 如果希望所有的控件在界面上均匀排列，应使用下列哪种布局管理器？（ ）

   A．BoxLayout　　B．GridLayout　　C．BorderLayout　　D．FlowLayout

10. 为实现多线程之间的通信，需要使用下列哪种流才合适？（ ）

    A．Filter stream　　B．File stream

    C．Random access stream　　D．Piped stream

二、填空题

1. 对象串行化可以很容易地扩展成支持 Java 对象的_____[1]_____，它提供了对象从流中重建的补充方式。
2. Vector 类的对象是通过 capacity 和 capacity Increment 两个值来改变集合的容量，其中 capacity 表示入伍最多能容纳的_____[2]_____，capacityIncrement 表示每次增加多少容量，不是一个一个增加。
3. 下列程序的功能是判断某一年是否为闰年。请在横线处填入适当内容，使程序能够正确运行。

```
import java.io.*;
public class LeapYear{
    public Static void main(string arge[])throws IOException{
        InputStreamReader ir;
        BufferedReader in;
        ir=new InputStreamReader (System.in);
        in=new BufferedReader(ir);
        System.out.println("输入年份是: ");
        String s=_____[3]_____;
        int year=Integer.parseInt(s);
        if(year%4==0&&year%100!=0||year%400==0)
        {
            System.out.println(""+year+"年是闰年");
        }
        else
        {
            System.out.println(""+year+""年不是闰年。"");;
        }
    }
}
```

4. 下面程序对数组中每个元素赋值，然后按逆序输出。请在横线处填入适当内容，使程序能正确运行。

```
import java.io.*;
public class ArrayTest{
    public static void main(String args[]){
        int i;
        int a[]=new int[5];
        for(i=0; i<5; i++)
        a[i]=i;
        for(_____[4]_____;i>=0;i--)
            System.out.println("a["+i+"]="+a[I]);
        }
    }
}
```

5. 下列程序的功能是：输入一个姓名，程序运行后，输出“姓名 Welcome you !”。例如，输入“张三”，则输出“张三 Welcome you !”。请在下面横线处填入正确的方法名，使程序可以正确运行。

```
import java.io.*;
```

```
import java.awt.event.*;
public class WelcomeYou{
    public static void main(string args[])
    {
        new FrameInOut();
    }
}
class FrameInOut extends Frame implements ActionListener
{
    Label prompt;
    TextField input, output;
    Button btnn;
    void FrameInOut()
    {
        prompt=new Label("Please input your name");
        input=new TextField(10);
        output=new TextField(25);
        btnn=new Button("Closs");
        ___[5]___(new FlowLayout());
        add(prompt);
        add(input);
        add(output);
        add(btnn);
        input.addActionListener(this);
        btnn.addActionListener(this);
        setSize(300.200);
        show();
    }
    public void actionPerformed(ActionEvent e)
    {
        if(e.getSource()==input)
            output.setText(input.getText()+"Welcome you!");
        else
        {
            dispose();
            System.exit(0);
        }
    }
}
```

三、上机操作题

1. 下列程序中，指定变量 b=50 为字节类型，变量 f=0.55F 为单精度实型，变量 l=OxfffL 为 64 位整型，并将这 3 个变量打印输出。请将程序补充完整。

```
import java.io.*;
public class Assign{
    Public  static void main(String args[]){
        ______b=50;
        ______f=0.55F;
        ______l=OxfffL;
        System.out.println("b="+b);
        System.out.println("f="+f);
```

```
        System.out.println("l="+l);
    }
}
```

2. 请完成下列Java程序：用位于JFrame窗口下方的Open按钮，打开一个文件对话框，检索.gif或者.png图像文件，并在窗口中央将图像显示出来。（提示：将图像文件嵌入图像图标内，再将图像图标置于标签中）

注意：请勿改动主方法main ()和其他已有语句内容，仅在横线处填入适当的语句。

```
Public class ImageViewer
{
    public static void main(String[] args)
    {
        JFrame frame=new ImageViewerFrame();
        frame.setDefaultCloseOperation(JFrame.EXIT_ON_CLOSE);
        frame.show();
    }
}
class ImageViewerFrame extends JFrame
{
    public ImageViewerFrame()
    {
        setTitle("ImageViewer");
        setSize(DEFAULT_WIDTH,DEFAULT_HEIGTH);
        label=new Jlablel();
        Container contentPane=getContentPane();
        ContentPane.add(label,BorderLayout.CENTER);
        Chooser=new JfileChooser();
        Chooser.setCurrentDirectory(new File("."));
        Button button=new Button("Oprn");
        ContentPane.add(button,BorderLayout.SOUTH);
        Button.addActionListener(new ActionListener()
        {
            public void actionPerformed(ActionEvent evt)
            {
                int r=chooser.showOpenDialog(null);
                    if(r==JfileChooser.APPROVE_OPTION)
                {
                    String name
                            = ____________
                    ______________________
                }
            }
        }
        });
    }
    private JLabel label;
    private JfileChooser chooser;
    private static fimal int DEFAULT_WIDTH=300;
    private static fimal int DEFAULT_HEIGHT=400;
}
```

3. 下面是一个 Applet 程序，其功能是接收用户输入的两个整数，比较它们的大小，并且用户单击“比较”按钮后，将 Applet 中显示的“请先输入两个待比较的整数”，改为“两个整数中最大值是: x”, x 是两个数中的最大值。请改正程序中的错误（有横线的语句），使程序能输出正确的结果。

注意：不改动程序的结构，不得增行或删行。

```
Import java.applet.*;
Import java.awt.*;
Import java.awt.event.*;

Public class FindMax extends Applet implements ActionListener{
    Label result;
    TextField in1,in2;
    Button btn;
    int a=0,b=0,max;
    public void init(){
        result=new Label("请先输入两个待比较的整数");
        in1=new TextField(5);
        in2=new TextField(5);
        btn=new Button("比较");
        add(in1);
        add(in2);
        add(btn);
        add(result);
        btn.addActionListener(this);
    }
    public void actionPerformed(ActionEvent e){
        a=in1;
        b=in2;
        if(a>b)
            max = a;
        else
            max = b;
        btn.setText("两个数中最大值是: "+max);
    }
}

findmax.html:
<HTML>
<HEAD>
<TITLE> A Simple Program </TITLE>
</HEAD>
<BODY>
<APPLET CODE="FindMax.class " WIDTH=800 HEIGHT=400>
</APPLET>
</BODY>
</HTML>
```

附录D　参考答案

第0章

二、选择题

1．C　2．D　3．A　4．B　5．C

三、填空题

1．系统
2．指针操作
3．操作系统
4．编译方式　解释方式
5．操作分布

第1章

二、选择题

1．B　2．D　3．A　4．A　5．D

三、填空题

1．数字
2．boolean
3．>>>
4．continue
5．类

第2章

二、选择题

1．B　2．C　3．B　4．A　5．D

三、填空题

1．数据的操作
2．垃圾收集
3．实参对象引用
4．当前对象自身
5．最开始

第3章

二、选择题

1．D　2．D　3．A　4．B　5．A

三、填空题

1．运行时多态
2．运行时绑定
3．抽象类
4．public　abstract
5．多态

第 4 章

二、选择题

1．D　　2．A　　3．D　　4．B　　5．B

三、填空题

1．MAX_VALUE　MIN_VALUE
2．Object
3．同一对象
4．clone()
5．对象类型

第 5 章

二、选择题

1．C　　2．B　　3．A　　4．A　　5．D

三、填空题

1．Throwable
2．try…catch…finally
3．具体　抽象
4．宽于
5．Exception

第 6 章

二、选择题

1．A　　2．A　　3．D　　4．A　　5．D

三、填空题

1．输入流　输出流
2．字节流　字符流
3．OutputStream
4．Unicode
5．PrintStream

第7章

二、选择题

1. A　　2. C　　3. A　　4. B　　5. B

三、填空题

1. JTabbedPane
2. 适配器
3. WindowEvent
4. JTextArea
5. setEchoChar()

第8章

二、选择题

1. D　　2. A　　3. D　　4. A　　5. B

三、填空题

1. CPU　代码　数据
2. run()
3. Thread　Runnable
4. 有连接　无连接
5. param

二级考试样题（Java语言程序设计）参考答案

一、选择题

1. B　　2. D　　3. D　　4. C　　5. C
6. B　　7. A　　8. A　　9. B　　10. D

二、填空题

1. [1]　持续存储或持久存储
2. [2]　元素个数
3. [3]　in.readLine ()
4. [4]　i = a.Length−1
5. [5]　setLayout

Learn more about it!

笔记栏